工作像蚂蚁 生活像蝴蝶

打造卓越人生的终极指南

冷雪峰◎编著

工作与生活的态度决定你人生的高度

心态左右一个人的意识，意识则决定着一个人的行为，你的心态就是你真正的主人。为了事业的成功和生活的幸福，必须建立一种积极的心态。无论从事什么工作，要尽量保证每天给自己一个希望，每天拥有好的心情。

内蒙古出版集团
内蒙古人民出版社

美国著名摄影记者罗伯特·卡帕说过这么一句精妙的话——“像蚂蚁一样工作，像蝴蝶一样生活”。

“你们这些懒汉，去看看蚂蚁是怎么个活法吧！”。是的，我们所有的人都要仔细去看看蚂蚁是怎样辛勤耕耘的。

——所罗门格言

工作就是生活的中心。对于工作要是没有兴趣，那么每天的生活便会过得索然乏味。只要把工作视为事业而埋头苦干，那么你就不难在工作里发掘到生活的乐趣。

——松下幸之助

图书在版编目(CIP)数据

工作像蚂蚁 生活像蝴蝶/冷雪峰编著．—呼和浩特：内蒙古人民出版社,2012.12

ISBN 978-7-204-11444-3

Ⅰ.①工… Ⅱ.①冷… Ⅲ.①人生哲学-通俗读物
Ⅳ.①B821-49

中国版本图书馆 CIP 数据核字(2013)第 006003 号

书名 工作像蚂蚁 生活像蝴蝶

编　　著 冷雪峰
责任编辑 晓　峰
出版发行 内蒙古出版集团 内蒙古人民出版社
地　　址 呼和浩特市新城区新华大街祥泰大厦
印　　刷 北京旺银永泰印刷有限公司
开　　本 787×1092 1/16
印　　张 16
字　　数 250 千
版　　次 2013 年 1 月第 1 版
印　　次 2013 年 5 月第 1 次印刷
印　　数 1-12000 册
书　　号 ISBN 978-7-204-11444-3/G·3590
定　　价 28.00 元

序言

一只蚂蚁钳着一粒针尖大的白色猎物匆忙钻进洞穴，紧随其后，一只蚂蚁拖着比它本身要大至少三四倍的猎物，看上去艰难而吃力地倒退着向洞穴挪动；在离这只倒行的蚂蚁不远处，五只蚂蚁又推又拖，搬运一个死去了的蜜蜂，蜜蜂展开来的翅膀和弯曲的腿，不时地遭遇沙粒、草根和细碎枯叶的阻挡，每至此，后面推的蚂蚁便会马上跑到前面加入拖的行列，绕过阻挠，又迅速奔赴原位，各施其能，齐心协力向同一方向前进……

美国《国家地理》杂志的一个记者就曾经讲述过这样一个有关蚂蚁的故事：一片原始山林着火了，大火借风势迅速蔓延开来，很多动物都因无法逃生被烧死在里面。突然，一个巨大的火球劈劈啪啪地燃烧着，从大火中滚出来，那火球上不断掉落着零星的小东西，火球越滚越小，但终于滚出火区，滚进了远离大火的一汪水潭。火球熄灭了，黑压压漂浮在水面上的那厚厚一层，竟全是烧焦了的蚂蚁尸体。烧剩下的那个由蚂蚁组成的球慢慢散落开来，球的中心，是它们的蚁后。它们的生命之源就这样免遭了灭顶之灾。蚂蚁们面对灾难时所展示的敬业精神和勇于牺牲的勇气，让号称所向无敌的人类相形见绌，望尘莫及。

美国著名摄影记者罗伯特·卡帕说过这么一句精妙的话——“像蚂蚁一样工作，像蝴蝶一样生活。”

一个人工作的时候，是需要兢兢业业、求实务实的，所以要像蚂蚁；一个人生活的时候，是需要有点浪漫主义精神的，所以要像蝴蝶，大概是这样的意思吧。每个人开始时都是一只忙碌的虫子，只不过有些人知道终会变成蝴蝶，而有些人以为虫子就是虫子。

毛毛虫变成蝴蝶过程是极其痛苦的，要经受住寂寞和挑战。如果能够做到，那么在工作和生活之间就能够游刃有余，不费吹灰之力地化解工作中的难题，批量饲养生活中的快乐。

敏捷而灵巧地规避工作中的枯燥，将其转化成令个人前进的兴奋点，抓住稍纵即逝的快乐，随意延长扩大，像蝴蝶一样漫天飞舞。

本书立足于现实，深入浅出地讲述了蚂蚁的工作态度和蝴蝶的生活态度。无论是蚂蚁还是蝴蝶都有着值得我们每一位员工学习的地方。

目录 CONTENTS

上篇：工作像蚂蚁

第一章　像蚂蚁一样勤奋敬业 / 2

像蚂蚁一样，认真踏实做事 / 3

像蚂蚁一样，勇于承担责任 / 5

像蚂蚁一样，用行动证明优秀的我 / 8

像蚂蚁一样，每天多做一点点 / 11

像蚂蚁一样，主动工作赢得一切 / 14

像蚂蚁一样，变“要我工作”为“我要工作” / 16

像蚂蚁一样，勤奋是事业成功的催产婆 / 19

像蚂蚁一样，做一个无可替代的好员工 / 22

第二章　像蚂蚁一样“未雨绸缪” / 26

像蚂蚁一样，工作好态度，人生有高度 / 27

像蚂蚁一样，以主人公心态对待工作 / 30

像蚂蚁一样，自动自发地工作 / 32

像蚂蚁一样，不做“按钮式”员工 / 35

像蚂蚁一样，学会高效自我管理 / 37

像蚂蚁一样，主动工作找机会 / 39

像蚂蚁一样,做事有效率,工作有成效 / 42
像蚂蚁一样,抢先一步投入工作 / 45
像蚂蚁一样,不折不扣执行任务 / 48

第三章　像蚂蚁一样永不放弃 / 51

像蚂蚁一样,用平常心面对挫折 / 52
像蚂蚁一样,对工作充满使命感 / 55
像蚂蚁一样,学会坚持懂得放弃 / 58
像蚂蚁一样,拓宽生命的宽度 / 60
像蚂蚁一样,大胆尝试直至成功 / 63
像蚂蚁一样,危难时刻挺身而出 / 65
像蚂蚁一样,只为问题找方法 / 68
像蚂蚁一样,与困难抗争逆境前行 / 70
像蚂蚁一样,把工作做到最好 / 73
像蚂蚁一样,把岗位视为比生命更宝贵 / 76
像蚂蚁一样,坚持不懈地完成任务 / 79

第四章　像蚂蚁一样忠诚守信 / 82

像蚂蚁一样,工作就意味着责任 / 83
像蚂蚁一样,把忠诚当做一种职业品德 / 85
像蚂蚁一样,把组织利益放在第一位 / 88
像蚂蚁一样,忠诚于自己的团队 / 91
像蚂蚁一样,朝着目标奋进 / 93
像蚂蚁一样,与公司同存亡共命运 / 95
像蚂蚁一样,以忠诚为本 / 97

第五章　像蚂蚁一样依靠团队 / 100

像蚂蚁一样，把自己融入团队中去 / 100
像蚂蚁一样，协同作战让组织更加强大 / 103
像蚂蚁一样，在团结协作中实现共赢 / 105
像蚂蚁一样，学会沟通传递良好合作信号 / 107
像蚂蚁一样，强化团队合作精神 / 110
像蚂蚁一样，依靠团队的力量获得成功 / 113
像蚂蚁一样，培养你的合作能力 / 116
像蚂蚁一样，重视团队精神才能稳操胜券 / 118

下篇：生活像蝴蝶

第六章　像蝴蝶一样热爱生活 / 124

像蝴蝶一样，给自己一个笑脸 / 125
像蝴蝶一样，把幸福藏在心中 / 127
像蝴蝶一样，对待生活多一点热情 / 129
像蝴蝶一样，把幸福当做一种感觉 / 132
像蝴蝶一样，懂得感恩才能抓住幸福 / 136
像蝴蝶一样，打开千千结幸福永相伴 / 138
像蝴蝶一样，热爱生活是永恒的选择 / 141
像蝴蝶一样，尽享生命的绚烂 / 143
像蝴蝶一样，善待他人幸福自己 / 144

第七章　像蝴蝶一样活出光彩 / 147

像蝴蝶一样，生活丰富多彩 / 147
像蝴蝶一样，让人生活出精彩 / 150
像蝴蝶一样，学会善待生活 / 154
像蝴蝶一样，走自己的路 / 156
像蝴蝶一样，活出你的情趣 / 158
像蝴蝶一样，我是独一无二的 / 161
像蝴蝶一样，给生活着点颜色 / 164
像蝴蝶一样，让幽默给生活添彩 / 167
像蝴蝶一样，用心来感觉生活 / 169

第八章　像蝴蝶一样享受生活 / 173

像蝴蝶一样，享受生活每一天 / 173
像蝴蝶一样，每天给自己一个希望 / 175
像蝴蝶一样，轻松快乐度过每一天 / 176
像蝴蝶一样，好心情成就完美人生 / 178
像蝴蝶一样，把苦日子过好过甜 / 180
像蝴蝶一样，人生在零度也能沸腾 / 181
像蝴蝶一样，经历挫折重新站立起来 / 183
像蝴蝶一样，在绝境中重生 / 185
像蝴蝶一样，追寻成功的宝藏 / 187

第九章　像蝴蝶一样快乐生活 / 191

像蝴蝶一样，生活本是一种心情 / 192
像蝴蝶一样，安享自己的幸福世界 / 194

像蝴蝶一样，别让幸福从你身边溜走 / 195
像蝴蝶一样，心灵超脱就幸福 / 198
像蝴蝶一样，永远保持活力和激情 / 200
像蝴蝶一样，让快乐赶走坏心情 / 202
像蝴蝶一样，养成快乐的习惯 / 204
像蝴蝶一样，保持和气享受家庭快乐 / 208
像蝴蝶一样，把快乐种在心里 / 211
像蝴蝶一样，让快乐的钥匙放在手心 / 213
像蝴蝶一样，在工作中体验快乐 / 215
像蝴蝶一样，不断发掘工作的乐趣 / 216
像蝴蝶一样，留一份欢喜给自己 / 219

第十章 像蝴蝶一样自由生活 / 222

像蝴蝶一样，每天为自己腾出一点时间 / 223
像蝴蝶一样，活好就要潇洒 / 225
像蝴蝶一样，找到真正属于自己的生活 / 227
像蝴蝶一样，选择适合自己的路 / 229
像蝴蝶一样，积极生活由自己选择 / 232
像蝴蝶一样，给自己解解压 / 234
像蝴蝶一样，别让心中的顽石阻路 / 236
像蝴蝶一样，做自己愿意做的事 / 239
像蝴蝶一样，简化生活寻找快乐良方 / 241
像蝴蝶一样，把握好生活的节奏 / 244

下篇：生活像蝴蝶

生活总是多彩的，蝴蝶的生活更是多彩的，即便是生如朝露，也是尽情尽兴。

蝴蝶无声地蜕变，静默地飞翔，它是属于阳光的，它是旖旎的，它是多彩的。每一只在阳光中飞舞的蝴蝶，都有着自己一段美丽的故事。都有着一颗对美好未来无限向往的心。浮世喧嚣，蝴蝶安守生命的馈赠，珍惜每一天生命的拥有，自由地轻舞，让每一个日子都绽放异彩华光。拥抱阳光，俯仰蓝天，醉舞花间，任天地转换，却在它的翅膀下尽览无遗，这是何等惬意的生命历程。

生活像蝴蝶，不要因为工作沉重、意外打击而怀忧丧志，因为生活总要过下去，高兴如此，痛苦亦然，为什么不用愉快、乐观的心情，看待生活的每一段过程呢？快乐是生活的本质，探索也是乐趣的源泉，而蝴蝶正是生活精彩的写照。

生活 蝴蝶

第一章　像蚂蚁一样勤奋敬业

当今社会，在职场中，很多人总是摆出“事不关己，高高挂起”的姿态，或是以各种借口，推辞或拖延工作，哪怕是自己分内的工作。遇到困难动辄发脾气，怨天尤人、满腹牢骚、工作敷衍、没有一点儿责任感……从这个意义上说，今天的我们尤其需要蚂蚁那种兢兢业业的敬业精神；需要像蚂蚁一样任劳任怨地辛勤劳作；需要像蚂蚁那样面对灾难时勇于牺牲奉献的勇气；需要像蚂蚁一样分工协作，高效完成任务的精神。如此，才能成就自我，到达事业成功的彼岸，企业和公司才能团结兴旺、扩展基业、创造辉煌的业绩。

像蚂蚁一样，认真踏实做事

工作像蚂蚁一样踏实，诚实守信，虚怀若谷，上善若水，大度豁达，以浮、露、躁为戒；工作像蚂蚁一样执著，持之以恒，锲而不舍，信念如山，矢志不渝；工作像蚂蚁一样努力，心无旁骛，志存高远，殚精竭虑，不做挖坑的人，只做挖井的人，不畏艰难、勇于进取。

蚂蚁和人类一样都是社会化的动物，它们通过艰苦的集体化运作，建立起复杂的社会。这个社会是每一只蚂蚁辛勤劳动的结果，是蚂蚁们按照社会分工努力的结果，几乎可以说，没有一只只蚂蚁的辛勤劳动，地球上就很难有蚂蚁这个种族存在。

人类要生存下去也有点儿类似蚂蚁这个物种，社会中的每个人都需要工作，工作是个人与社会联系的通道，是个人能力展现的平台。只要你选择了工作，你就要努力去做，就要像蚂蚁一样工作，就必须具备如下品质：

工作像蚂蚁一样勤奋，有韦编三绝、朝乾夕惕的状态，学习颜回“一箪食，一瓢饮，在陋巷，人不堪其忧，回不改其乐”的精神，不懒不怠，孜孜不倦。

工作像蚂蚁一样踏实，诚实守信，虚怀若谷，上善若水，大度豁达，以浮、露、躁为戒。

工作像蚂蚁一样执著，持之以恒，锲而不舍，信念如山，矢志不渝。

工作像蚂蚁一样努力，心无旁骛，志存高远，殚精竭虑，不做挖坑的人，只做挖井的人，不畏艰难、勇于进取。

一个人能够做到实干的话，那么他的敬业精神就是非常好的了，我们通常讲的敬业就是敬重自己的工作，具体表现就是认真负责、一丝不苟、善始善终，这里面更有一种使命感和道德责任感。

实干精神是诚实苦干的人面对社会的一种内在驱动力。

当今社会实干精神必不可缺，很多人在工作上敷衍塞责，不去努力做好自己的工作，而只做好表面工作，试图以此换来上级和领导的欣赏。这样也许能够一时得势，但长久来看，实在是得不偿失。任何一家想在竞争中获胜的公司都会想方设法让每个员工树立实干精神。没有兢兢业业、实实在在品质的员工就无法为顾客提供高品质的服务和高质量的产品。

在人的一生中，充满着各种理想、愿望和计划，如果我们在产生他们的时候就能马上付诸行动，那真不知我们的事业能够何等伟大？只是，我们的许多计划都沦为空谈，许多理想都化为泡影。

机不可失，失不再来，机会就像昙花一现，一旦我们没有抓住，就永远错过了。我们的人生是何等短暂，时间如白驹过隙，稍纵即逝，人生的黄金年龄也不过有 30 年的时间，时间在指尖一点一滴地溜走，永远不会再回来，如果我们在这段时间内没有做出任何对自己家庭和社会有价值的事情，那么我们还不如流星，流星的生命虽然短暂，可却在瞬间释放出了生命的光辉。

尽管我们不能定义成功是什么，但我们却可以用一个最简单的方法来衡量，那就是你的身价。只有你的身价随着年龄的增长从铁变为铜，由铜到银，再由银变为金，你才是一步步走向成功的。要想做到这些就从每天多卖一条裤子、每天面对顾客时多一些微笑、每天多一份付出做起，只有聚沙才能成塔。

踩着浮板过日子的人总会有落水的一天，奋力踢开脚下的浮板，义无反顾地踏上坚实的土地，只有这样，才能放出属于你的光彩。

像蚂蚁一样，朝着目标行动，不左顾右盼、犹豫不决、拖延观望，在行动中才能聚集力量增益智慧。因为世界上最伟大的奇迹都是那些勇于行动的人创造的，一个行动胜过一万个思想。

我们总能遇到一些投机取巧、逃避责任之人，他们不仅缺乏一种使命感，而且缺乏对实干精神通俗意义的理解。实干精神难能可贵，实干不仅仅有益于公司、有益于老板，而且最终受益的是员工自己。

事业成败又取决于个人的人格。一个勤奋敬业的人也许并不一定能博得老板的赏识，但至少可以赢得他人的尊重。那些投机倒把之人，即便利用某种卑鄙手段博得老板的一时信任，也会被旁人所轻视，无形之中阻碍了自己的成功，结果只会自毁前程，得不偿失。

不劳而获非常具有诱惑力，如果真是这样的话，不劳而获者就会付出极其沉重的代价，他们将因此失去自身的名誉。由此可见，诚实及敬业的品德可以说是人生最宝贵的财富。

像蚂蚁一样，勇于承担责任

蚂蚁都是“利他主义”者，只要是集体利益的需要，它们可以献出自己的生命。蚂蚁群体独一无二的最重要特性是有工蚁这个分工，它由为后蚁的需要提供便利的雌蚁组成，为了抚育兄弟姐妹，它们愿意放弃自己的生育权。

蚂蚁对待自己的工作全心全意、尽职尽责。只要有“任务”，它们就会竭尽全力去完成。我们要学习蚂蚁的这种敬业精神，要做“蚂蚁式”的员工。

尤其值得一提的是蚂蚁的奉献精神。蚂蚁都是“利他主义”者，只要是集体利益的需要，它们可以献出自己的生命。蚂蚁群体独一无二的最重要特性是有工蚁这个分工，它由为后蚁的需要提供便利的雌蚁组成，为了抚育兄弟姐妹，它们愿意放弃自己的生育权。

分工导致它们不仅放弃生育自己的子代，而且还为了群体的利益甘愿拿自己的性命冒险。它们离巢外出觅食时，选择了危险而不是安全。研究人员发现，美国西部有一种切叶蚁，它在觅食时，由于必须与邻近群体搏斗，它们面临着每小时6%的死亡率。还有一些工蚁死于食肉动物的攻击或者迷路。这种伤亡率很高，但不是唯一的厄运。瑞士昆虫学家保罗·施密德·亨佩尔和吕迪格·魏纳发现，在任何给定的时间里，约有15%的工蚁忙于漫长而危险的离巢巡游，期间它们被蜘蛛和食虫虻大量地捕食。而就在这么短暂的时间里，蚂蚁竟设法采集到了相当于其自身体重 15 ~ 20 倍的食物。

蚂蚁对同类极其友善，且习惯把食物送给饥饿的伙伴吃。每一只蚂蚁体内都有一附属胃，当它的同伴需要时，它可以把附属胃中储藏的食物献给对方。某些澳大利亚蚂蚁将它们的工蚁作为一种活的储藏罐。当工蚁采集了大量的花蜜，即一种源自花中的甜甜的液体，将它吞进体内、身体变得膨大起来之后，它们就将自身挂在巢穴的天花板上，一直到有别的蚂蚁需要食用它们体内储藏的那些花蜜为止。这些“活蜜桶”是一些享有特殊待遇的蚂蚁，除贮蜜之外，不再参与其他任何劳动。待到蚁群断粮季节，“活蜜桶”便“开仓放粮”，接济同胞。

那么，为什么蚂蚁以这种利他主义的方式生活呢？首先，请考虑任何一种社会行为的起源这个较大的问题吧。种群生活的进化优势是什么呢？正确的答案也是最显然的答案。如果一种动物有更多机会幸存下来，并且在其一生中留下了更多的后代作为一个类群的成员，那么合作奉献比继续作为一个独居者要更好。证据表明，这在自然界确实普遍存在。例如，比起孤家寡人的动物来，成群结队的鸟类和结伴而行的大象寿命更长，子代更多。因为依靠着集体的力量，它们找起食物来效率更高，抵抗敌人时就会有更大的胜利希望。“众人拾柴火焰高”的假设对于蚂蚁社会所起的作用更大，蚂蚁王国的成员乐于奉献。曾经在报纸刊登过这样一则招聘文秘的广告:“工作非常轻松，但要求全心全意，尽职尽责。”实际上，不仅仅是文秘工作需要如此，所有的工作都应该全心全意、尽职尽责才能够做好。

不管我们从事的是什么样的工作，都应该尽心尽力地做好自己的工作，并尽最大的努力发挥出自己的最大潜力，求得不断地进步。

全心全意，尽职尽责地工作，是我们从事工作的基本原则，也是我们做人的基本准则。

一个人要选择一项自己所热爱的事业，并全身心地投入，真正做到爱一行、干一行，才能真正掌握自己的命运。

一位总统在德克萨斯州一所学校作演讲时，对学生们说:“比其他事情更重要的是，你们需要知道怎样将一件事情做好；与其他有能力做这件事的人相比，如果你能做得更好，你就永远不会失业。”

一个没有责任感的员工，不可能获得同事的信任和支持，更不可能获得上司的信赖和尊重。

一个现代职业人，首先应该是一个对自己所从事的工作有极强责任心的人。在任何时候，责任感对自己、对国家、对社会都不可或缺。作为一个职业人，无论做何种工作，都必须树立强烈的责任感，履行自己应尽的责任和义务，这是一个人品格中不可缺少的一部分。这种履行不是为了获得奖赏或者别的什么，而必须完全是发自内心的责任感使然。

在一所大医院的手术室里，一位年轻的护士第一次担任责任护士。

“大夫，你取出了十一块纱布，”她对外科大夫说，“我们用的是十二块。”

“我已经都取出来了，”医生断言道，“我们现在就开始缝合伤口。”

“不行。”护士抗议说，“我们用了十二块。”

“由我负责好了！”外科大夫严厉地说，“缝合。”

“你不能这样做！”护士激烈地喊道，“你要对病人负责！”

大夫微微一笑，举起他的手，让护士看了看这第十二块纱布：“你是一位合格的护士。”他说道。他在考验她是否有责任感——而她具备了这一点。

杜鲁门有一句座右铭“责任到此，不能再推”，这名负责任的护士将这句名言诠释得淋漓尽致，也为自己的职业生涯带来一个良好的开端。与此同时，世界上最愚蠢的事情就是推卸责任。

日常生活中，每个人都难免出现错误，但是，当问题发生后，有些人从开始就推卸责任，会找出许多借口为自己辩解，但这样做并不能把责任推得一干二净。

一个员工与其为自己的失职找理由，倒不如勇敢地承认自己的错误。上司会因为你能勇于承担责任而不责难你；相反，敷衍塞责，推诿责任，找借口为自己开脱，不但不会得到别人的理解，反而会把事情弄得更糟糕，让别人觉得你不但缺乏责任感，还缺乏诚意。

人难免有疏忽的时候，没有谁能做到尽善尽美，这是可以理解的。但是，如何看待已经出现的问题，就能看出一个人是否能够勇于承担责任。

对工作负责也就是对自己负责。只有付得起责任的人，才能将工作做得完善，一个有着高度责任心的员工，面对什么样的困难，都会想方设法把工作做到最好，而不是一味地找借口、搬理由。只有认真工作、敢于负责，个人才能被赋予更多职责，才有资格领受更大的荣誉和更多的报酬。

那种把工作当成生存手段的人，参加工作的目的可能仅仅是为了生计，很容易就会把敬业看成是愚蠢的行为，是老板为了剥削员工而推行的一个策略。

但是，转换一下思维，我们就会发现，一个人如果能够将敬业变成习惯的话，他就一定能从工作中获得更多的知识，积累更加丰富的经验。自己也在全身心地投入工作的过程中，寻找到快乐。

工作中承担责任，把它当成一种习惯去培养并固定下来，一旦出现问题，就敢于担当，并设法改善。慌忙推卸责任并置身事外，只会伤害公司和客户的利益，同时，也会伤害到你自己。绝大多数老板都不愿意让那些习惯于推卸责任的员工来做他的得力助手。在老板眼里，习惯推卸责任的员工，是一个不可靠的人。

有较强责任感的员工，不仅能够得到老板的信任，也为自己的事业在通往成功的道路上奠定了坚实的人格基础，从而成为一名优秀的职业人。

我们干事业、干工作，必须要有敬业精神，有了敬业精神，就能鼓舞自我、反省自我，顺利完成各项任务，并不断实现自我的突破！要有敬业精神，必须有一个好的心态，要正视现实，要在平凡中追求不平凡，像蚂蚁那样以渺小之躯做出惊人之举；要有敬业精神，必须脚踏实地地走好每一步，要像一个马拉松运动员，一步一步奔向终点，不松懈、不气馁；要有敬业精神，必须要真抓实干，练就过硬的技术和本领，面对困难时能够迎刃而解、化难为易。

像蚂蚁一样，用行动证明优秀的我

当蚂蚁外出觅食或在回家的途中，一般情况下它们都会释放特殊的气味来标示行进的轨迹——当行进路线出现一定角度的转弯，它们便会释放这种微量的特殊气味作为路口路标，同时标示出来的路口角度还会暗示是否有食物源存在，或仅仅就是一条普通的岔路口。罗马人说，条条大道通罗马。而对蚂蚁来说，则是条条道路通往蚁巢。

最近，英国科学家研究发现，蚂蚁能够将“几何信息学”有效地“应用”在认路上。这项研究成果发表在最新一期的《Nature》杂志上。

群体生活的蚂蚁经常独自外出寻找食物，有时需要走很远的路。从很远的地方回到蚁穴，这可不是一件简单的事情。但小小的蚂蚁却有一套杰出的认路本领，即使浓云密布，或者地面上被破坏，它们仍旧会找到蚁巢，只不过要多走些弯路而已。

为什么蚂蚁能够准确寻找归途，这个问题像谜团一样，长久吸引着动物学家的兴趣。在探索过程中，研究者也找到了蚂蚁用来辨别方向的、行之有效的方法。比方说，发挥超常的记忆力，利用气味信息等。

研究结果显示，当蚂蚁外出觅食或在回家的途中，一般情况下它们都会释放特殊的气味来标示行进的轨迹——当行进路线出现一定角度的转弯，它们便会释放这种微量的特殊气味作为路口路标，同时标示出来的路口角度还会暗示是否有食物源存在，或仅仅就是一条普通的岔路口。

“罗马人说，条条大道通罗马。而对于蚂蚁来说，则是条条道路通往蚁巢。”弗朗西斯·拉特尼克斯教授说。

蚂蚁从没有虚言，它们只懂得尽心竭力，从不弄虚作假，只懂得努力做好自己的分内之事，也就是这样，蚂蚁王国的事业才蒸蒸日上。

我们不管在什么时候见到的蚂蚁都是在辛勤努力，而从没有见过什么蚂蚁们偷奸耍滑的场景。

相比起来，有些人就做得很差了。例如，有的人刚进入一家单位，还没有做出什么业绩，就提出很多不切合实际的待遇方面的要求。

我们工作的目的不能只是为了升职与加薪，尽管一个人能力越高，受重视程度越高，他在公司的地位就越高，拿到的薪水自然也越高。但是，也不能仅仅把升职与加薪作为自我实现的一种证明。

对于任何事物，不是我们想到就能得到。在想到和得到之间，我们还要做到。那么，在你想得到更好的待遇和报酬之前，你是否应该先问问自己：我凭什么要求这些？

一位计算机博士毕业后找工作，他自以为才华横溢，所以，最初谋职的目标都是一些高职位，应聘了好多单位，一直都没有如愿。后来，他认识到，自己应该务实一些，于是，就以自己的本科文凭应聘到一家公司任程序输入员。虽说这个职位对于一名计算机博士来讲，简直就是“高射炮打蚊子——大材小用”，但他还是干得一丝不苟。

没过多久，老板就发现这个员工非一般的程序输入员可比，因为他能看出程序中别人不易察觉的错误。这时候，他亮出了硕士证，老板随即给他调换了更高一级的职位。

又工作了一段时间，老板还是觉得他和别人不一样，因为他几乎能解决工作中遇到的所有技术难题。在老板的一再盘问下，他才说出了自己是计算机博士的真相。这次，没有等他出示自己的博士证，第二天一上班，老板就宣布了他的新职位——公司副总裁。

一个人做工作时通常都要从最底层干起，而且每个人都要对工作保持足够的耐心。

在工作中，我们首先应该积累自己的实力，不断调整自己的方向，才能一步一步接近自己的目标。只有将这些工作做得比别人更专注、更正确、更完美，才有可能在未来走上重要的工作岗位。也只有经历过基础岗位的锻炼，才能胜任更高的职位。

不知道你有没有听过这么一个“从洗碗的孩子到全球麦当劳总裁”的故事，从这个故事中，我们每个人多少可能会有所启发。

麦当劳是誉满全球的快餐店，麦当劳的成功，与其正确的用人观念是分不开的。麦当劳要求所有的员工从零开始，从炸薯条、做汉堡包、收款、烤生排等等这些最基础的工作做起，另外，还要做清洁工作，以及服务顾客，这些都是为了以后的工作积累管理经验。麦当劳不要求员工长得漂亮，只要求员工工作勤奋负责、待人热情，让顾客有宾至如归的感觉。

1976 年，15 岁的贝尔家境贫困，于是就到麦当劳做了一名临时工。贝尔的第一份工作是打扫厕所，虽说这活儿又脏又累，他却干得踏踏实实。贝尔常常是扫完厕所，接着就擦地板；地板干净了，又去帮着翻翻烘烤中的汉堡包。他的工作很快得到了店长的赏识。

后来，他参加了麦当劳的员工职业培训，并且不断被选派到外地学习。经过几年的锻炼，他全面掌握了麦当劳的生产、服务、管理等一系列工作。

19 岁那年，贝尔被任命为澳大利亚最年轻的麦当劳店面经理。店面经理的职位给贝尔提供了更多施展才华的机会，经过他的不断努力，1980 年，他被派驻欧洲，主管那里的业务，并积累了不少经验。

从此，他成了麦当劳的一颗新星，被调到麦当劳美国总部，并先后担任亚太、中东和非洲地区总裁、欧洲地区总裁及麦当劳芝加哥总部负责人。2004 年，贝尔被任命为麦当劳（全球）董事长兼执行官，成为第一位非美国人的麦当劳公司掌门人，而且也是麦当劳最年轻的 CEO（首席执行官）。

平步青云的贝尔无论在澳大利亚，还是在欧亚或美国，都用心研究业务和顾客消费规律。他深知，中午和傍晚马路上车最多的时候，便是顾客最需要麦当劳的时候。每到这时，他都要和员工们一道亲自站台服务，接待顾客。有人说，贝尔是近年来餐饮业中唯一亲自站柜台的董事长。

大多数企业家通常都是从最基层做起，都有过一番吃苦、受累的磨难历程。这样，在他们成为主管后，就会知道基层的重要，懂得基层需要做什么和怎样做，更懂得怎样去管理基层工作。

作为一名员工，应该少说空话、废话，多干实事，多做一些实际的工作。无论你有多么远大的理想和抱负，无论你有多么成熟的计划和方案，只有落到实处，才是最基本的。只有像蚂蚁一样全心全意，脚踏实地努力工作，把工作的每一个环节都落实了，工作才会有结果。

像蚂蚁一样，每天多做一点点

工作像蚂蚁一样勤奋，有韦编三绝、朝乾夕惕的状态，学习颜回“一箪食，一瓢饮，在陋巷，人不堪其忧，回不改其乐”的精神，不懒不怠，孜孜不倦。

像蚂蚁一样勤劳并兢兢业业地工作，你就会因此拥有辉煌而充实的幸福生活。这是从蚂蚁身上得出的最好的启示！

人们有一种错误的观点，以为天才不需要勤奋与苦干，这种思想断送了不少员工的大好前途。

有些年轻人以为，天才能干出惊天动地的大事，于是觉得只要自己也是天才的话，不费吹灰之力就会成为伟人。他们认为，天才不需要刻苦学习，在不经意中，就能取得巨大成绩；或者为生活所迫，偶尔拿起笔来挥舞一番，只要生活境况稍一改善，就重新贪图享乐起来；或者作息毫无规律，要么到处游荡，要么在火炉边胡思乱想。他们甚至认为，天才生来就对规则和体制深恶痛绝，反对束缚，要求“潇洒自如”，对注重细节、辛勤劳动不屑一顾。甚至认为只要轻松一跃——成功就唾手可得。

根据英国画家雷诺兹的理解：“天才除了全身心地专注于自己的目标，进行忘我的工作以外，与常人无异。”

一位法国作家写道：“我见过米开朗基罗，他60岁的时候身体已不是那么强壮了，但他仍然在大理石上飞快地挥舞刻刀，弄得石头碎屑四处飞溅，他一刻钟干的活比三个棒小伙一小时干得都多。没有亲眼见过的人简直难以置信，他工作起来真是精力充沛、生龙活虎，让人担心他会把石头劈碎，他的每一刀都会劈下三四指厚的碎片。”很多人知道，做雕刻工作就怕分寸把握不好，有时多削一根头发的厚度都不行，在一般人眼里，米开朗基罗的做法可真够悬的，他手里是一块石头，又不是可以修修补补的泥巴或石膏。

而米开朗基罗这样评价同时代的天才拉斐尔：“他是有史以来最杰出的人物之一，他的成就更多得益于他的勤奋而不是他的天才。”当有人问拉斐尔怎么能创造出这么多奇迹般的作品时，拉斐尔回答说：“我很小就养成了一个习惯——从不忽视任何事情。”这位艺术家去世的时候，整个罗马都为之悲痛，罗马教皇利奥十世痛哭流涕。拉斐尔终年38岁，留下287幅绘画作品、500多张素描，每一幅都价值连城。对那些懒惰散漫、游手好闲的年轻人来说，拉斐尔是个多好的榜样啊！

你千万不要依靠自己的天赋。如果你有着很高的才华，勤奋会让它绽放无限光彩。如果说你智力平庸，能力一般，勤奋可以弥补全部的不足。如果目标明确，方法得当，勤奋会让你硕果累累。没有勤奋工作，你终将一无所获。

一位智者说：“一个中等智力水平的人，只要踏踏实实，坚持不懈，就比反复无常、浅尝辄止的天才更值得尊敬与赞扬。”

如果你觉得自己是个天才，如果你觉得“一切都会顺理成章地得到”，那真是太不幸了。你应该尽快放弃这种错觉，一定要意识到：只有勤奋工作才会使你获得自己想要的东西，在有助于成功的种种因素中，勤奋工作总是最有效的。

现在开始请你比别人晚睡1小时来阅读，早起1小时来行动，打电话拜访客户，做计划；当别人拜访10个顾客结束工作，请你拜访11个、12个……当别人下班，请你继续加班，留下来多做一些事情；当别人出去玩的时候，请你找一个安静的地方来阅读，甚至上课；当别人想放弃的时候，你多坚持一会儿；当别人走累了，你多走几步路，即使你只是一个负责清洗厕所的清洁工，那也得恪尽职守竭尽所能，就像贝多芬作曲、莎士比亚写诗、伦勃朗作画一样。这些细小琐碎的工作都预示和象征着你未来作为的不可限量。当你坚持一直这样做的时候，成功就会变得简单！

很多人花费大量的时间和精力去寻找成功的捷径，却从来不肯多花费一点儿时间用在工作上。不要小瞧自己比别人多付出的那一点儿，它也许就会改变你的一生，伟大的成就通常是一些平凡的人们经过自己的不断努力而取得的。

在一个多雨的午后，一位老妇人走进了费城一家百货公司，大多数的柜台人员都懒得理她，只有一位年轻人问她是否能为她做些什么。当她回答说只是在等雨停时，这位年轻人不但没有推销给她并不需要的商品，而且也没有转身离去，反而拿给她一把椅子。

雨停之后，这位老妇人向年轻人说了声谢谢，并向他要了一张名片，几个月之后这家百货公司老板收到了一封信，信中要求派这位年轻人前往苏格兰收取装潢一整座城堡的订单。这封信就是那位老妇人写的，而她正是美国钢铁大王卡耐基的母亲。

当这位年轻人准备去苏格兰时，他已经升格为这家百货公司的合伙人了。

这位年轻人是不是付出了很多的心血和劳动？未必。他只是比他旁边的人多付出了一些关心和礼貌。但是，再细想一下，他肯定是经常这样做，所以才养成了良好的习惯。对于我们来说，“每天”多付出一点点，“天天”都多付出一点点，而不是哪天心血来潮了，就多做一点儿，做好一点儿，第二天，热情一过，则又回归原样。

比别人多付出一点儿关心和礼貌。这对于每个人来说，都能够轻而易举地做到，但却并不是谁都会去做，只有做了的人才会得到更多的回报。你多付出一分，就多一分的回报；你多付出十分，也许就会多得到一百分的回报，所谓“多一分耕耘多一分收获”。你所付出的额外服务会为你带来更多的回报，也许，成功的契机就隐含其中。

宇宙中有一种伟大的定律，叫付出定律。它告诉我们，只要你有付出，就一定有获得，获得不够，表示付出不够，想要得到更多，你必须付出更多。

一个好员工，光是全心全意、尽职尽责为公司工作是不够的，你还要时刻提醒自己，我可不可以为公司、为客户多付出一点点呢？答案是肯定的，每天多付出一点点并不会把你累垮，相反，这种积极主动的工作态度将使你更加敏捷主动，将为你自我提升创造更多的机会。

像蚂蚁一样，每天多付出一点点，你就能在公司里脱颖而出，这个道理对于普通职员和管理阶层都是一样的。每天都能多付出一点点，上司和客户都会更加信任你，从而为你提供更多的机遇。

像蚂蚁一样，主动工作赢得一切

你可曾见过蚂蚁们有歇息的时间？你所能见到的都是蚂蚁们辛勤努力创造的过程。蚂蚁们懂得只有不断努力才能建设自己的家园。

蚂蚁的勤奋是出了名的，如果用一句最经典的话来形容蚂蚁的精神，那就是“蚂蚁每天都不辞辛劳兢兢业业工作着”。

机会永远都只会垂青于那些勤奋的人。这是一个亘古不变的真理，在一个公司里，并非具有杰出才能的人才容易得到提升，反而是那些有良好技能并勤奋刻苦的人有着更多成功的机会。

“一分耕耘一分收获。”怕吃苦，图安逸，是成不了大事的。试想：哪位杰出的人物不是吃尽人间诸多苦头才奋斗出来的。成功有多种因素，环境、机遇、学识等外部因素固然都很重要，但更重要的是依靠自身的努力与勤奋。缺少勤奋这一重要的基础，哪怕是天赋异禀的鹰也只能栖于树上，望天兴叹。有了勤奋和努力，即便是行动迟缓的蜗牛也能雄踞山顶，观千山暮雪，望万里层云。

美国伟大的政治家亚历山大·汉密尔顿曾经说过："有时候人们把我的成功归咎于我自己的天赋，但据我所知，所谓的天赋不过就是努力工作而已。"

杰特每天都要从家里徒步行走12里路到学校读书。假期，他仍然要走12里路到城里去打工，在那里，他帮人洗碗一个月能得到300元的工资，晚上回到家还要做假期作业，一直到很晚才能睡觉。他这种勤奋刻苦的精神让很多人都深受感动。

几年后，杰特毕业了，到了一家小公司做职员。在公司里，他勤奋刻苦，努力工作，不断地向上攀登。后来杰特自己创办了一个公司，经过多年的勤奋经营，成为了远近闻名的富人之一。后来，他针对自己的成功这样说道："勤奋敬业的精神是走向成功的坚实基础，只要你有了这种勤奋、努力的精神，它就会像一个推助器一样，把你一直向前推。我的成功很显然就是勤奋的结果。"

还有美国的政治家丹尼尔·韦伯斯特在70岁生日时谈起他成功的秘诀时，说："努力工作使我取得了现在的成就。在我的一生中，还没有哪一天不是在勤奋地工作。"

所以，勤奋地工作被称为"使成功降临到个人身上的信使"。与勤奋相反的则是懒惰，一个人要想成功，首先要做的一件事，就是把懒惰消灭掉。你不妨自问，靠自己能否生存下去，如果不能，那么你必须靠你的勤奋去创造自己生存的空间。如果你认为你能生存下去，那么，你更应该用勤奋去创造更美好的生存条件。只有这样，你才是一个有价值的人。

"勤能补拙"是千古不变的良训。一分耕耘一分收获，只有勤奋的人才能打败所遇到的挫折与困难，最终向成功迈进。

同时，我们还必须认清，在如今职场竞争激烈的现状中，想要保住自己的饭碗，努力工作是第一原则，同时还要有危机意识，时刻提醒自己"今天工作不努力，明天努力找工作"。努力工作一方面为他人创造了利润，同时也实现了自己的价值，给自己带来了精神上的满足。一切工作，只有勤奋努力、苦心钻研，才能获得更高的收益，才能更好地实现个人的自我价值。

命运掌握在自己的手上，如果你一生都勤勤恳恳，那么你一生都是幸福的，即使你的智力比别人差一些，你也会在日积月累的勤奋中弥补你的缺陷。正如一位成功的学者所说:“如果你永远保持勤奋的工作状态，你就会得到他人的认可和称赞，同时也会脱颖而出，并得到成功的机会。做一个勤奋的人，阳光每天的第一个吻，肯定先落在你的脸颊上。”

另外，勤奋本身也是一种财富，如果你是一个勤奋、肯干、努力的员工，那么，你就会像蜜蜂一样，采的花越多，酿的蜜也越多，享受到的甜美也越多。

任何一个人的成功，都是不停努力的结果。工作中，为了取得更好、更大的成就，就必须不断地努力奋斗。如果你是一个有远大目标的人，想成为一个事业有成的人，那么，应该仔细地问问自己，你是不是一个勤奋的人，因为这对你的成功非常重要。

任何一个缔造辉煌事业的人士，像蚂蚁一样，都有一个共同的特征——那就是勤奋。

像蚂蚁一样，变“要我工作”为“我要工作”

蚂蚁给人的形象就是一个勤劳的工兵，它们忠诚敬业，终日在大地上奔走忙碌，好像总有做不完的事。太阳升起，蚂蚁就开始了一天的劳动，尽管脚步很小，但可以走遍全世界。炎炎烈日下，还是一如既往，忙忙碌碌，从不停息，因此，到了冰天雪地的时候，才不会饿肚子。

许多时候，企业有了好的制度，未必能有好的结果，这是因为员工在很大程度上决定着执行的好坏。从员工的角度来看，“要我工作”和“我要工作”是有天壤之别的。

工作中，有的员工并不能自觉以公司为家，总是能少干就少干。有时候，邻桌的业务电话持续响了很久，他也会充耳不闻。即使是自己的办公电话响了起来，他也会慢条斯理地做着自己的事情而不会立刻去接电话，更为严重的是投诉部门的员工即使办公室里面的电话响个不停，他们也不去接。

更为常见的是，有些员工在上班前就到了办公室，但只是喝着茶水，看着报纸，连办公桌都要等到上班的时候才去整理。如果有什么正事让他干，他会说：“还没到上班时间呢。”其实，离上班时间仅差几分钟而已。

一些客户部门的员工讲述自己的秘密：“5点下班得赶紧跑，不然慢了，遇到客户投诉就麻烦了——耽误回家做饭。即使有电话也不要轻易接，接了就有可能走不掉了。”可以说这样的员工在每一个公司里不在少数。

试想，这种工作态度怎么能让顾客满意呢？怎么能带来高效的竞争力呢？不难想象，一旦遇到事关生死存亡的大事，那么企业只能在这散漫的做派中走向毁灭了。

无论站在企业可持续发展的角度，还是站在员工自身成长的角度，我们都应该争做一名优秀的员工，树立主人翁意识，变“要我工作”为“我要工作”。

也许有人会说：“我只是一名普通员工，没必要事事主动，领导积极一点儿才对。”果真如此吗？实际上，企业里任何一个人想有所成就，都要先付出后收获。在积极主动付出的过程中，你会锻炼自己的工作能力、熟悉更多公司业务，迟早会赢得大家的信任、青睐，被委以重任。

李东是一家大型企业的质检员。但是，在日常工作中，他不仅仅做好上面交代的事情，还仔细研究市场营销。

有一次，李东看见公司的一位宣传员在为公司编撰一份材料。但是，他发现这位宣传员文笔生疏，缺乏才情，编出来的东西无法引起别人的阅读兴趣。因为平时喜爱阅读，有些文采，他便主动编出一本几万字的宣传材料，送到了那位宣传员面前。

宣传员仔细一看，发现李东编撰的这本材料内容详实，文笔出众，水平远在自己之上。于是，他干脆把这本精彩的材料交给了总经理。

总经理详细地把这本宣传材料看过一遍之后，也十分满意。第二天，总经理把那位宣传员叫到了自己的办公室。

“这大概不是你做的吧。”总经理问。

“不……是……”宣传员有些紧张。

“是谁做的呢？”总经理问道。

“是车间里的一位质检员。”宣传员回答。

接着，总经理又找来了李东。

“小伙子，你怎么想到把宣传材料做成这种样子?”总经理问。

“我觉得这样做，既有利于对内部员工进行宣传，灌输我们的企业文化、理念和管理制度，更有利于对外扩大我们企业的声誉，加强我们的企业品牌，有利于产品的销售。”李东回答。

总经理频频点头，高兴地说:“我很喜欢它。这样，你来宣传科工作吧!”

第二天，李东被调到了宣传科任科长，负责对外宣传，开始了新的工作。更重要的是，这个岗位是他梦寐以求的。

后来，李东凭借工作中的出色表现，又被调到总经理办公室担任助理，成为别人艳羡的对象。其实，这一切，都是李东积极主动、努力付出的结果，而他的所得更是水到渠成而已。

达能中国区总裁秦鹏说:“什么是优秀的员工?作为公司的一员，就应该把公司当作自己的家庭一样来看待，在工作或生活之中，如果碰到一些虽非自己岗位职责范围内的事务，也不要置身于事外。而应积极、主动地为公司处理好这些事务。尽管上司没有交待，也要把它们当成自己应该履行的职责，认真、负责地把它处理妥当，为公司消除隐患，这才是一名优秀而出色的公司职员。”

付出多少，得到多少，这是众所周知的因果法则。也许你的投入无法立刻得到相应的回报，不要气馁，应该一如既往地工作，主动多付出一些，回报将会以出人意料的方式出现。在此，关键是有“我要工作”的态度。

具体来说，在工作中只要是事关企业的事务，我们就不应该置身事外，袖手旁观。尽管做这些职务范围以外的事务，会占用我们宝贵的时间，但我们的行为是在为企业做贡献，我们的主人翁表现将会为我们赢得良好的声誉，为企业的利润作出我们的贡献。

事实上，工作中不分分内分外，是“主人翁”意识的一个重要表现。只有像领导一样思考，树立补位意识，积极、主动地为企业处理好需要自己做的分外工作，才是一名尽职尽责的优秀员工。认真、负责地处理好一些分外的事情，不仅可以为企业消除隐患，而且还可以为企业节省时间和人力，提高效率。

作为企业里的一名职员，事关公司的事务，我们都不要以“这不是我的工作”为由，推卸自己的责任，置身事外，而应该抱着公司的事就是自己的事的积极态度，以主人翁的精神为公司的发展着想。那么，你就会为自己树立起认真、负责的工作信念，帮助自己成长为一名优秀的职员。

像蚂蚁一样，勤奋是事业成功的催产婆

蚂蚁奋斗的精神是一种极为难得的美德，它能帮助任何人在不被老板或领导吩咐的情况下去做每一件事。只要你多注意就会发现在你身边的那些成功者，他们都有着勇往直前、不满足于现状的进取心，都是一位永不停息的斗士。

蚂蚁的城堡是勤奋努力的成果，没有蚂蚁们的勤奋努力，又何谈蚂蚁们的宏大蚁穴和成就呢?

勤奋是事业成功的催产婆。伟大的科学家爱因斯坦说过:“在天才和勤奋两者之间，我毫不迟疑地选择勤奋，勤奋几乎是世界上一切成就的催产婆。”同时，勤奋对于个人成长更具有重要意义，一个人若想成为一个有用之才就绝不能离开勤奋。因为勤奋是一切成就的基础，勤奋能使学业和事业有所成就，嬉戏只会使学业和事业遭到失败。大凡有所作为的人，无一不与勤奋有着难解难分的缘分。勤奋能塑造伟大，也能创造一个最好的自我。

我们都知道微软公司是世界上最成功的公司，微软的总裁比尔·盖茨是世界上最富有的人。但是，又有多少人知道，微软成功背后的努力和付出呢?

戴夫·穆尔描述了微软典型的一天。

“在微软，早上醒来，去上班，干活，觉得饿了，下去吃点儿早餐，接着干，干到觉得饿了，吃点儿午餐，一直工作，直到累得不行了，然后开车回家睡觉。”

而众所周知的则是微软员工的八大美德：

1. 忠诚；2. 诚实；3. 守信；4. 勤奋；5. 节俭；6. 热情；7. 敬业；8. 责任心。

其中，勤奋占了重要的地位。

微软无疑是成功的，而它的成功与其别具一格的用人观是分不开的。在微软，招聘人才和使用人才时特别青睐“三心”人才。

具体来讲，“三心”内容如下：

一是热心的人。这种人对公司充满感情，对工作充满激情，对同事充满友情；而且能够独立工作，有许多新奇的想法，又能以公司的整体和长远利益为重，视公司为家。

二是慧心的人。也就是脑子要灵活，行动要聪明敏捷，能够对形势准确把握、从容应对，并尽快适应，在短期内学会、掌握所需的知识和技能。

三是苦心的人。工作要非常努力、勤奋，能吃得了苦。

在微软，我们看不到不努力的人。晚上八、九点钟，很多企业都已经下班了，而微软办公室的人却最多，也最繁忙。销售人员白天拜访客户，晚上要回来赶写报告，还有一些部门开会、听总结等也在办公室里进行。在微软，没有任何一个经理要求员工加班，但是因为员工很有激情，很勤奋，并能从工作中得到无穷乐趣，又希望工作能够做到完美，所以自然会努力、勤奋地工作。

在职场中，勤奋是一个员工应有的工作态度，现代社会是一个充满压力和竞争的社会，人才的较量、知识和能力的迅速发展，都远远地超过了历史上的任何一个时期。

比尔·盖茨有句名言:每天早晨醒来，一想到所从事的工作和所开发的技术将会给人类生活带来巨大影响和变化，我就会无比兴奋和激动。比尔·盖茨的这句话阐释了他对工作狂热的激情。也正是因为有这样一个勤奋、有激情的老板，才造就了一个勤奋、有激情的团队。

正是微软具备了蚂蚁的勤奋、热情的工作作风，才使微软上下齐心协力，共同创造了辉煌的微软帝国。如果你也希望加入这个帝国，那你首先就要衡量一下自己是否具有这样勤奋、热情的精神。

观看财富英雄榜时，我们都会得出一个结论，那些成功者都有一个共同的特点：他们都是勤奋者。所以，在这个世界上，投机取巧是走不上成功之路的，偷懒更是永远没有出头之日。我们必须让自己勤奋起来，只有如此，才能换取明日的舒适生活。

蚂蚁奋斗的精神是一种极为难得的美德，它能让任何人在不被老板或领导吩咐的情况下去做每一件事。只要你多注意就会发现在你身边的那些成功者，他们都有着勇往直前、不满足于现状的进取心，都是一位永不停息的斗士。

现实生活中，有许多人都有很好的想法，但只有那些勤奋、努力地付出了辛勤劳动的人，才有可能取得令人瞩目的成就。同样的，公司的生存是需要每一位员工付出努力才能换取的，当你的公司在死亡边缘时，勤奋刻苦、努力工作的精神更加重要，而你的这种态度会为你带来更多的回报。

如果说勤奋刻苦、努力上进是一所高贵的学校，那么所有想有所成就的人都必须进入其中，也只有在这里，才会学到有用的知识，才会让自己有足够的资本独自生存下去。

有人说过："成功需要刻苦的工作。作为一名普通的员工，你更要相信，勤奋是检验成功的第一道关口。即使你天资一般，只要你勤奋工作，就能弥补自己的缺陷，最终成为一名成功者。"

相反，懒惰会吞噬人的心灵，甚至使人对那些勤奋的人充满了嫉妒。

很多大公司的员工虽然受过职业训练，知识广博，薪水不菲，有着令人羡慕的职业，但他们往往并不愉快！他们孤独、紧张、未老先衰，无论是身体健康还是心理健康，都令人担忧。他们的工作往往是为了生存，因而也就常常视工作如累赘。

如果你在工作中如愿以偿地得到了乐趣，就不要轻易变动。但如果觉得工作压力日益增大，情绪日益紧张，在工作中体会不到乐趣，没有成就感，这就有些不对劲了，这就需要我们从心理上调节自己，否则，再换工作也无济于事。

如果工作时能精益求精，满怀热忱，无论干什么，我们都不会觉得辛苦。以最热忱的态度去做最平凡的工作，你可以成为最出色的艺术家；以最冷淡的态度去做最不平凡的工作，你永远不可能成为一名艺术家。行行有机会，行行出状元，我们没有任何理由藐视任何一项工作。

懈怠会引起无聊，无聊便会导致懒散。反之，工作可以引发兴趣，兴趣则促成热忱和进取心。克服懒惰，就要选择你最擅长、最乐意投入的事，然后付诸行动！

实际上，在勤奋中你与老板获得了双赢，勤奋不只是对老板负责，更重要的是对自己负责。试想，一个公司不大可能因为你一个人的懒惰而一败涂地，但是因为你个人的懒惰，你可能一辈子都会一事无成。所以，你用不着抱怨，更不必自怨自艾，你需要做的仅仅是勤奋工作。

伟大的成功和辛勤的劳动是成正比的。你付出多少就会得到多少，经过日积月累，从少到多，你就会有意想不到的收获。另外，勤奋不是先天生就的，而是后天养成的，当你有了坚定的抱负和信念时，勤奋也就会因此而产生。

公司的管理者总是愿意把勤奋敬业作为对员工最好的教育。

沃尔玛创始人山姆·沃尔顿曾经说过:“一个人缺乏工作经验及相关知识没有多大关系，只要他肯学习并全力以赴，绝对能够以勤补拙。”

要想在这个时代脱颖而出，你就必须付出比任何时候更多的勤奋和努力，拥有积极进取、奋发向上的精神，否则你只能由平凡转为平庸，最后变成一个毫无价值和没有出路的人。

勤奋是走向成功的坚实基础，它更像一个推进器，把你自己推到上司面前。如果有一天，你得到了升迁，你应该自豪地对自己说:“这都是我刻苦努力、勤奋进取的结果。”

像蚂蚁一样，做一个无可替代的好员工

在森林中的一群蚂蚁，面对熊熊烈火，单个单个地冲出火海显然不可能，于是，这群蚂蚁一层一层地抱成团、滚成球，终于闯出了火海，处在外层的蚂蚁用自己的牺牲换得了多数同伴的生存。公司最需要的就是奉献精神，他们就是看中了这种精神，培育着这种精神，冲破惊涛骇浪、战胜艰难险阻，赢来灿烂的今天和明天。

在一些公司中，有些员工觉得做工作、谋职业只不过是为了糊口、混日子，工作上稍微有一点儿困难，他们脑海中马上就会浮现出许多借口。

有一则真实的故事足以证明蚂蚁的奉献精神。在森林中的一群蚂蚁，面对熊

熊烈火，单个单个地冲出火海显然不可能，于是，这群蚂蚁一层一层地抱成团、滚成球，终于闯出了火海，处在外层的蚂蚁用自己的牺牲换得多数同伴的生存。公司最需要的就是奉献精神，他们就是看中了这种精神，培育着这种精神，冲破惊涛骇浪、战胜艰难险阻，赢来灿烂的今天和明天。

世界首富比尔·盖茨有一句话:“离微软倒闭永远只有100天!”微软公司这个名字代表的就是实力，可是，这样一个很有实力的企业为什么会有如此强烈的忧患意识呢？这是提醒微软员工要以忧患意识警醒自己不断提高、不断进步，如果不这么做，那么等待你的将是明天的失业。

身在职场，我们必须对生存环境保持清醒的认识，要时刻告诉自己：如果现在我不努力工作，那么明天我就有可能失业。“今天工作不努力，明天努力找工作”，就是告诉员工对工作要有忧患意识。如果今天你不努力工作，没有工作的危机感，那么你就可能被淘汰，接着再去努力找新的工作。为了让工作顺利，不至于失业，你就要时刻为自己施加压力，以压力督促自己不停地向优秀靠近，使自己不至于落后。压力就是动力，它能使你保持激情，努力做到更好。

有一古语这样说道:“生于忧患，死于安乐。”

这就是说人要有忧患意识，具有忧患意识的人才能更好地生存下去，没有忧患意识的人则会在安乐的环境中走向灭亡。这也告诉我们，不论我们多有才能，多么年轻，只有每天提醒自己：我还要再努力、再努力。只有这样，我们才能得到自己想要的结果，也才能更舒适地生活下去。

一个安逸舒适的环境不仅会削减人的意志力，还可以让人失去奋斗的动力和忧患的意识。当一个人长期处于舒适安逸的环境时，就有可能忽略一些极微小但会造成巨大后果的事情，直至分崩离析。解决这种困境的办法只有一个，那就是提醒自己每天都再努力一点儿。

时时刻刻都要让自己保持努力的精神，是一个人立足职场的根本法宝。不管何时何地，让自己走在最前端永远不会错，在风云变幻的职场中，只有让自己时刻保持第一，才能永不落伍，才能避免被淘汰的危险。

每天多做一点点，意味着什么呢？意味着改变自己——一件事情会影响一个人的命运，几件事情会改变一个人的一生。只要你每天多做一点点，每一天都是一个阶梯，都是新的一步——向着既定的目标前进。换句话说，只有不断地追求才有不断地进步。只有不断地行动，才有不断的成就。每天多做一点点，日积月累，作为普通员工的你也会踏上成功的阶梯，摘取满意的成果。

一位著名的企业家说过这样一段话：“我的员工中最可悲也是最可怜的一种人，就是那些一心只想获得薪水，而对工作中的其他方面一无所知的人。”

不可否认，工作是我们的安身立命之本，我们每个人都需要一份工作，需要借助这个平台实现自己的人生价值。通过工作，我们不仅能赚到养家糊口的薪水，还能得到锻炼自己各方面能力的机会。如果没有工作，我们将只能游离于社会之外，事业、前途也将无从谈起。因此，我们的确没有任何理由不去好好珍惜这份来之不易的工作。

成功的人永远比一般人做得更多更彻底。

卡洛·道尼斯先生最初替汽车制造商杜兰特工作时，只是担任很低微的职务。但他现在已是杜兰特先生的左右手，而且是杜兰特手下一家汽车经销公司的总裁。他之所以能够在很短的时间升到这么高的职位，也正是因为他提供了远远超出他所获得的报酬以外更多以及更好的服务。

当他刚去杜兰特先生公司上班时，他很快注意到，当所有的人每天下班回家后，杜兰特先生仍然留在办公室内待到很晚。因此，他每天下班后也继续留在办公室看资料。没有人请他留下来，但他认为，应该留下来，以便为杜兰特先生随时提供协助。

从那以后，杜兰特在需要人帮忙时，总是发现道尼斯就在他身旁。于是，他养成随时随地招呼道尼斯的习惯。因为道尼斯自动地留在办公室，使他随时可以找到他。道尼斯这样做，获得了报酬吗？没有。然而，他获得了一个最好的机会，获得了某个人的信赖，而这个人就是公司的老板——有提升他的绝对权力。

海伦是某数据公司的职员，对海伦一生影响深远的一次职务提升是由一件小事情引起的。一个星期六的下午，与海伦同在一层楼办公的一位律师走进来问她，哪儿能找到一位速记员来帮忙——手头有些工作必须当天完成。

海伦告诉他，公司所有的速记员都去观看球赛了，如果晚来5分钟，自己也会走。但海伦同时表示自己愿意留下来帮助他，因为“球赛随时都可以看，但是工作必须当天完成”。

做完工作后，律师问海伦应该付多少钱。海伦开玩笑地回答：“哦，既然是你的工作，大约1000美元吧。如果是别人的工作，我是不会收取任何费用的。”律师笑了笑，向海伦表示谢意。

海伦的回答不过是一个玩笑，并没有想真正得到1000美元。但出乎意料，那位律师竟然真的这样做了。

6个月后，在海伦已将此事忘到九霄云外时，律师找到了海伦，交给她1000美元，并且邀请海伦到自己的公司工作，薪水比她原来的薪水高出1000多美元。海伦放弃了自己喜欢的球赛，多做了一点儿分外的事情，最初的动机不过是出于乐于助人，而不是金钱上的考虑。海伦并没有放弃自己的休息日去帮助他人的义务，但那是她的一种特权，一种有益的特权。她不仅为自己增加了1000美元的现金收入，而且为自己带来一个比以前更重要、收入更高的职务。

作为一名员工，不应该抱有“我必须为老板做什么”的想法，而应该多想想“我能为老板做些什么?”无论你在哪里，做什么事情，都要始终保持热情，比别人做得更多更好。

第二章 像蚂蚁一样“未雨绸缪”

《诗经》中有一篇标题为“鸱鸮”的诗，描写了一只失去孩子的母鸟，仍然在辛勤地筑巢，其中有几句诗：“迨天之未阴雨，彻彼桑土，绸缪牖户。今女下民，或敢侮予！”意思是说：趁着天还没有下雨的时候，赶快用桑根的皮把鸟巢的空隙缠紧，只有把巢坚固了，才不怕人的侵害。

后来，大家把这几句诗引伸为“未雨绸缪”，意思是说做任何事情都应该事先准备，以免临阵手忙脚乱。

蚂蚁也具备这种“未雨绸缪”的思维能力。整个夏天蚂蚁都在为遥远的冬天做准备。夏天一到，蚂蚁就开始储备冬天的食物。这样在万物凋零的冬季，蚂蚁同样可以丰衣足食。

像蚂蚁一样，工作好态度，人生有高度

蚂蚁们在一起努力进行工作，无数蚂蚁兢兢业业的工作才换来了蚂蚁王国的繁荣和昌盛。蚂蚁王国的壮大正是蚂蚁们的辛勤努力所造就的。蚂蚁们的态度是虔诚的，工作是勤奋和努力的。也正是这勤勤恳恳的努力，才换来了事业的成就。

蚂蚁用自己的行动实践着自己生存的梦想，面对困难，我们应该有小蚂蚁那样大无畏的精神。蚂蚁的忧患及危机意识保证了它们能够平稳过冬。我们在职业生涯的盛夏期是否已积淀个人发展的力量来应对市场的激烈竞争呢？是否已有居安思危的心态呢？事业的成就感来自于自身价值的极大体现。我们只有以积极的态度来赢得赞许，才能为工作注入源源不断的动力。

蚂蚁们在一起努力进行工作，无数蚂蚁兢兢业业的工作才换来了蚂蚁王国的繁荣和昌盛。蚂蚁王国的壮大正是蚂蚁们的辛勤努力所造就的。蚂蚁们的态度是虔诚的，工作是勤奋和努力的。也正是这勤勤恳恳的努力，才换来了事业的成就。

成功与失败二者之间只是态度之差！成功人士与失败者之间的差别是：成功人士始终用最积极的方式去思考，用最乐观的精神和最丰富的经验支配和把握自己的人生；失败者刚好相反，他们的人生是受过去的种种失败与疑虑所引导和支配的。

有些人总是喜欢说，他们现在的境况是由别人造成的，是环境决定了他们的人生位置。这些人常说他们的想法是无法改变的。实际上，我们是谁并不是由周围的环境所决定的。说到底，如何看待人生，是由我们自己决定的。纳粹德国某集中营的幸存者维克托·弗兰克尔说过：“在任何特定的环境中，人们仍然有一种最后的自由，就是选择自己态度的自由。”

马尔比·D. 巴布科克说：“最常见的，同时也是最昂贵的一个错误，是认为成功有赖于某种天才、某种魔力、某些我们所不具备的东西。”

成功实际上是能掌握在我们自己手中的。成功是正确态度的结果，一个人能取得多大成功，固然有其他的因素，但更多的是受他自己的态度所制约。

我们的态度在很大程度上决定了我们的人生：

1. 我们怎样对待生活，生活就怎样对待我们。

2. 我们怎样对待别人，别人就怎样对待我们。

3. 我们在刚开始执行一项任务时的态度决定了最后的成败，这比其他任何因素都重要。

4. 人们在任何重要组织中的地位越高，他的态度就越佳。

难怪有人说，我们创造了自己的环境——心理的、情绪的、生理的、精神的，这些都是由我们自己的态度决定的。

未来学家弗里德曼在《世界是平的》一书中预言道：“二十一世纪的核心竞争力是态度。”他的这番言论告诉我们，积极的心态已经成为当今世纪比黄金还要珍贵的最稀缺的资源，它是个人决胜于未来最为根本的心理资本，是纵横职场最核心的竞争力！

企业在市场上的竞争表面上看是品牌、产品、价格、服务的竞争，实质上却是企业所有员工的品质和心态的竞争；职场上的竞争表面上看是能力、职位、业绩、关系的竞争，实质上却是员工职业心态和人生态度的竞争。

很多现代管理者越来越重视人才的心态素养。

某公司的一位员工虽然已经工作了近10年，但他总是抱着“我只是被雇来的，做多做少一个样”的心态来工作，工作上也从来没有什么出色的业绩。因此，10年来他的薪水从不见涨。

有一天，他终于忍不住向老板大诉苦水。老板对他说：“你虽然在公司待了近10年，但你的工作经验却和只工作了1年的员工差不多，能力也只是新手的水平。”

这名员工在他最宝贵的10年青春中，除了仅仅得到10年的薪水外，其他却一无所获，这是一件多么遗憾的事情！由此可见，有一个良好的心态对我们的工作甚至职业前景是多么重要。

在工作中，如果时刻保持一种积极向上的心态，保持一种主动学习的精神，那么我们每个人都可以做得更好。如果我们不懂得珍惜自己的工作，从而懒惰怠慢、不求进取，那么，我们注定在工作上会和那位“十年新手员工”有着相同的命运。

美国成功学院对1000名世界知名成功人士的研究结果表明，积极的心态决定了成功的85%。对比一下身边的人和事，我们不难发现，有的员工是先进、是模范，并且取得了出色的工作业绩；有的员工尽管有过多年的工作经历，却连自己的本职工作都难以胜任。他们之间真正的区别，就在于对工作态度的认识，在于谁更积极、更努力、更认真、更负责，在于谁对待工作是尽心尽力、积极进取，谁对待工作是敷衍了事、安于现状，而不止是在聪明才智、业务技能或工作能力上有区别。

的确，在一个既定的规则框架内，如果你没有能力改变规则，那么，你首先就要反躬自省，调整好自己的心态。我们每个人虽然都无法决定自己人生的开场和结局，也不能控制别人的思想或行动，但是我们可以选择自己心态的好与坏。

无论哪个领域的成功者，他们的共同特点就是在心态上超人一等，他们具有踏实肯干、积极进取、服从自律、认真负责、心怀感恩、团结协作等积极的良好心态。这是一个称职的员工应该具备的基本特质。

心态积极的员工，知道自己工作的意义和责任，并且永远保持着全力以赴的工作态度。他们在为企业创造价值和财富的同时，也在不断丰富和完善着自己的职业人生。一个企业的成败与否，与这部分员工有着密不可分的联系。他们是每一个企业、每一位老板都极力寻求的人才，他们才是所有组织最器重的员工！

在职业生涯的第一步就选择好自己的职业态度，将使你成为职场中的一棵常青树。相反，工作中偷懒、抱怨、投机取巧、麻木不仁，对领导分派的任务眼高手低、吹毛求疵、找借口推脱等等消极被动的不良心态，都会影响员工个人未来的职业前途。

尽管良好的精神状态并不是财富，但它却能给你带来财富，也会让你得到更多成功的机会，增加在同事中脱颖而出的几率。

让你获利的金钱经常来自对你有利的工作。一个人可以确保他所有的财产在他死后归于他选择的人。和死亡不同的是，金钱的馈赠是可控制的。

据说，富翁的儿子经常不会表现出父亲所拥有的能力，他从一出生就生活在安逸的环境里，周围是金钱和金钱铸就的一切，他想要的都有了。假设他真的天生有意愿要努力工作，但结果往往会被他不劳而获的现实所取代，因此他绝对学不到生存的基本本领。

我们来分析一下父亲。财富只有在大部分用于造福他人时才发挥了作用，如果一个父亲剥夺了儿子的进取心便无法使他获利，虽然初衷可能是要保护其继承人免于穷困。

有积极的思维并不能保证事事成功。积极的思维肯定会改善一个人的日常生活，但并不能保证他凡事都心想事成；但如果你抱着消极的态度，则必败无疑。

像蚂蚁一样，以主人公心态对待工作

蚂蚁们从没有想过自己是不是应该有自己的利益，是不是应该把私利放在第一位，试想如果这样的话，也许蚂蚁王国也就不会存在了。蚂蚁们始终是用自己高度的责任感在做着自己的事情。

紫博拉是一位精力充沛、热爱冒险的女性，但她一开始可不是这个样子。她是经过一个自我认定的转变才成为现在这个样子的。

从小时候起，她就一直是个胆小鬼，不敢做任何运动，凡是可能受伤的运动她一概不做。

在参加过几次发挥潜能的研讨会后，她有了一些新的运动经验（潜水、赤足过火和高空跳伞），从而知道自己是可以做到一些事情的，只需要一些压力即可。虽然她是这么想的，可是这些体验还不足以使她形成有力的信念，改变她先前的自我认定，顶多认为自己是个“有勇气高空跳伞的胆小鬼”。依她的说法，当时转变还没发生，后来才知道当时转变已经开始。她说其他人都很羡慕她那些表现，告诉她“我真希望也能有你那样的胆子，敢尝试这么多的冒险活动”。一开始，她对大家的夸奖的确很高兴，听多了之后她便不得不质疑起来："是不是我以前错估了自己。"

随后，紫博拉开始把痛苦跟胆小鬼联系在一块儿，她知道胆小鬼的信念使自己受限，从而她下决心不再把自己想成是个胆小鬼。事情并不是这么说说便完了，她的内心有很强烈的争战，一方面是她那些朋友对她的看法，一方面是她对自己的认定，两方并不相符。

后来又有一次要高空跳伞，她把它当成是改变自我认定的机会，要从"我可能"变成"我能够"，而让想冒险的企图从而扩大为敢于冒险的信念。

当飞机攀升到 1.25 万英尺的高空时，紫博拉望着那些没有跳伞经验的队友，多数人都极力压抑着内心的恐惧，但故意装作兴致很高的样子。她告诉自己："他们现在的样子正是过去的我，而此刻我已不属于他们那一群人，今天我可要好好地玩一玩。"她运用了他们的恐惧，来强化出她希望变成的新角色，她心里说道："那就是我过去的反应。"随之，她很惊讶地发现自己刚刚已经历了重大的转变，她不再是个胆小鬼，而成为一个敢于冒险、正要去享受人生的女性。

她是第一位跳出飞机的队员。下降时，她一路兴奋地高声狂呼，似乎这辈子从没这么有活力和兴奋过。她之所以能够跨出自我设限的那一步，主要原因在于：她很快采取了新的自我认定，从而发自心底想好好表现，以作为其他跳伞者的好榜样。

作茧自缚将永远无法发挥自己真实的力量，勇敢地迈出第一步，新的体验将使你认清自己，一步步淡化旧的自我认定，从而作出决定，去拓展更大的可能。

一些人因为缺乏主人意识，很容易养成半途而废、心不在焉、懒懒散散的坏习惯，喜欢运用一些小伎俩来蒙混过关，那么，他就很难出色地完成任务。参加会晤经常迟到因而让对方感觉不受重视；会见客户时，邋里邋遢，因而会让客户失去合作的信心。这些人的办公桌与垃圾站没有两样，将大量宝贵的办公时间浪费在寻找东西上，很难有所成就，久而久之，老板就会对其失去信心。

更严重的是，一个人的行为会影响到周围许多人，这种人不仅自己不会成功，而且会破坏公司良好的工作氛围，正所谓"一粒老鼠屎坏了一锅粥"，这也就是我们通常所讲的"烂苹果效应"或"污水与酒法则"，这样一来，个人的缺陷和弱点就会渗透到整个事业中去，影响公司的正常发展。

一个对工作不负责任的人，往往是一个缺乏自信的人，也是一个无法体会到快乐真谛的人。要知道，当你将工作推给他人时，实际上也是将自己的快乐和信任转移给了他人。受人尊重会获得更多的自尊心和自信心。不论你的工资多么低，不论你的老板多么不器重你，只要你像蚂蚁一样能够忠于职守，将自己所有的精力和热情倾注到工作当中去，渐渐地就会为自己的工作感到骄傲和自豪。也将会赢得他人的尊重。以主人公的心态去对待工作，工作自然而然就能做得更好。

像蚂蚁一样，自动自发地工作

蚂蚁们不曾有鞭子在身后，但是，也不曾见这些蚂蚁们推脱和耍滑。自发自动是整个蚂蚁群前行的动力。

罗丹说:“工作就是人生的价值，人生的欢乐，也是幸福之所在。”

工作是展示自我、实现自我的舞台。不善待它，不用脑思考，不用心做事，在这个舞台上，我们的演出就无法获得鲜花和掌声。

工作拒绝“等、靠、要”。自动自发，积极主动，全力争取，我们一定可以将事情做得更漂亮。

很多人抱怨说自己活做得多，工作又累时间又长，但老板就是看不见，一点儿也不见给自己加薪的迹象，他们为此郁闷、彷徨，对工作开始失去热情，对公司的未来也不再有憧憬。

这些人的不幸就在于只知被动地去工作，不知自动自发。人不是机器，不是在机械地工作，一味埋头苦干，不懂得用心去工作的人非但不会得到老板的赏识和提拔，还会长期饱受工作的折磨，身心遭受极大的伤害。

孟子说:“劳心者治人，劳力者治于人。”只知用力不知用心工作做事的人永远居于公司最底层，受制于那些用心留意工作，积极主动捕捉工作契机的自动自发者。

在一个组织内部，执行力是决定组织成败的一个重要因素，也是构成组织核心竞争力的一个重要环节。比尔·盖茨就曾坦言：“微软在未来10年内，所面临的挑战就是执行力。”当然，我们不可否认创意、战略及经营方式的重要性，而没有执行，这一切也只能是空谈。执行力的强弱，又直接反映出这些创意和战略是否发挥出其应有的作用。只有自发执行，才是有效执行，才是真正的执行。

美国战争爆发之时，美国总统需要马上与古巴的起义军将领加西亚取得联络。加西亚在古巴的大山里——没有人知道他的确切位置，可美国总统麦金莱必须要尽快能与他合作。

怎样才能找到他呢？有人对总统说：“如果有人能够找到加西亚的话，那么这个人一定是罗文。”

于是总统把罗文找来，交给他一封写给加西亚将军的信。至于罗文中尉如何拿了信，用油纸包好、上封，放在胸前藏好；如何坐了4天的船到达古巴，再经过3个星期，徒步穿过这个危机四伏的岛国，终于把那封信送给加西亚——这些细节都不是我们在这里要讨论的重点。

需要强调的是，当美国总统麦金莱把信交给罗文让他交给加西亚时，罗文接过信并没有问“他在什么地方”“为什么要找他”“怎么才能找到他”“别人去不行吗”等等一系列的问题，而是立即行动起来，自动自发、不屈不挠地完成了“把信送给加西亚”的任务。

由阿尔伯特·哈伯德所写的《把信送给加西亚》一书，首次发表于1899年，之所以很快就风靡全球，至今还能畅销不衰，是因为它倡导了一种理念：对上级的命令，自发执行，并以结果为导向，全心全意完成任务。

《致加西亚的信》的作者写道：我钦佩的是那些不论老板是否在办公室都会努力工作的人，这种人永远不会被解雇，也永远不会为了加薪而罢工。如果只有老板在身边时或别人注意时才有好的表现，卖力工作，这样的员工永远无法到达成功的顶峰。

有些刚刚走上工作岗位的年轻人工作伊始，面对自己从未接触过的工作，一时有些手足无措，每当领导交待工作任务时，总要问该怎么办。他们总是被动地应付工作，虽然他们遵守纪律，循规蹈矩，做事却缺乏热情、创造性和主动性，只是机械地完成任务，这种做事方法长此以往就会使他们失去对工作有效执行的态度。

有三个人到一家建筑公司应聘，经过考试，他们从众多的求职者中脱颖而出。人力资源部经理对他们说了一声“恭喜你们”后将他们带到一处工地。那儿有几堆放得乱七八糟的砖瓦。经理告诉他们先每人负责一堆，将那些砖瓦码放整齐，然后在三人疑惑的目光中离开了。甲说：“我们不是被录取了吗？为什么把我们带到这里？”乙对丙说：“经理是不是搞错了，我可不是来干这个的。”丙说：“别说了，既然让我们干，我们就开始干吧。”说完就开始干了起来，甲和乙也只好跟着干。还没完成一半，甲和乙就慢了下来，“经理已经走了，我们还是歇会吧。”甲说，乙跟着也停了下来，丙却还在继续干着。

这样，等到经理回来的时候，丙还有十几块就全码齐了，甲和乙完成的还不到一半。经理说：“下班时间到了，先下班吧，下午接着干。”甲和乙如释重负般扔掉了手里的砖，丙却坚持把最后十几块码齐了。回到公司，经理郑重地对他们说：“这次公司只聘用一人，刚才是最后一场考试，恭喜丙，你被录用了。至于甲和乙你们回去不妨想一下这次自己之所以落聘的原因。”

有些人像甲和乙那样，接到任务后推三阻四，不能立即执行到位。平时他们总是踩着时间点上下班，上司或老板在的时候表现出一副忙碌、认真工作的样子，上司或老板不在身边就开始偷奸耍滑。他们总是在领导的一再催促、甚至是苦口婆心下才能勉强把事情完成。他们做事总好像是有人在背后用鞭子抽着，用脚踢着，迫不得已才去做一样，而且还总是不停地抱怨老板的苛刻与小气，埋怨社会的不公平，并在工作中想方设法拖延、敷衍，只是每天算着领薪水的日子，工作对他们来说就像是负担。这样的人必然不能得到领导的赏识和提拔，甚至随时都可能处在失业的边缘。

具有自动自发工作心态的员工，有着对任务一流的执行力。他们会自觉加班加点，尽最大努力把工作任务完成，他们时刻都在考虑怎样尽善尽美地完成工作。他们不仅会圆满地完成任务，还会为老板考虑，自觉提供尽可能多的建议和信息。这类员工因此得到重用和提升，自然也就拥有比别人更多的成功机会。

像蚂蚁一样，不做“按钮式”员工

每天像蚂蚁那样对待你的工作。全身心投入、合理安排时间、调动一切可以调动的资源，积极主动地去面对。

所谓“按钮式员工”，顾名思义就是像按钮一样，按一下，才动一下。这样的员工总是认为企业是别人的，给我多少薪水，我就该干多少活，其他的事情一概与自己无关。颇有些“事不关己高高挂起”的心态。

这样的职工大有人在，他们每天按部就班地工作，老板指到哪里，就打到哪里，老板不按，他们就会蜗牛般缩在一角，动也不动。这样的人工作往往没有热情，而且喜欢怨天尤人，遇到事情，往往视而不见。他们还常常觉得自己很聪明，暗地里还常嘲笑那些拼命苦干的人，认为别人是傻瓜。

大学毕业后，王丽和刘芳同时应聘到某大型工厂，王丽心态乐观积极，凡事往好处想，而刘芳习惯埋怨，凡事都觉得自己干得多，受委屈。

厂里的一个女工请了病假，王丽主动接替她的工作，从未抱怨过什么。而刘芳多次劝说王丽，不要多管闲事，干好自己的活就行了，领导又不多给一分钱工资。

但王丽却觉得大家互相帮忙是应该的，不应该讲多余的报酬。对于这件事情，车间主任很欣赏王丽的做法，因为她从不说消极的话，而是积极地去做。

“今天太累了，又要加班，真烦人。”刘芳说。

“大家少抱怨几句，把时间用在工作上，做完后就可以早回家了。抱怨是没用的。”王丽说。

“这样加班，应该给报酬的。不给报酬谁想干啊！”刘芳说。

“如果厂子效益好了，我们都会有好处的。好好干吧！”王丽说。

其他的职工还想抱怨，但看到王丽头也不抬地认真干活，衣服都湿透了，大家也就不再说什么了。

对于这些，领导看在眼里，记在心里。三个月后，厂里出口的产品按时完工，王丽被提升为车间副主任。

常有员工认为，干好自己分内之事，就万事大吉了。其实这是消极被动、妥协与顺从，而不是积极主动进取。

如果要变被动为主动，这就需要员工不断超越自我，主动进取，干劲十足。当然这样的积极性，除了要求职工能够敬业、精业，以企业为家外，还需要企业为职工提供一定的自由发挥空间，经常给职工一定的创造平台，让他们能一展身手。而不是去压制他们的才能，唯有如此，员工才能真正为企业考虑，能够积极主动地为企业的发展贡献自己的力量。

现在的年轻人被认为是特立独行的一代。他们对待工作比较“挑剔”，就业时不愿“被安排”，他们更注重个人兴趣，注重个人职业规划，敢说敢做，乐观积极，个性鲜明。它们是新时代的主力军，他们主动与否，关系着一个企业的长足发展。

但他们往往心浮气躁、盲目自我、经验太少、不懂妥协，所以这就要求公司领导注意他们的这些缺点，并通过培训等方式加以引导，以调动他们的积极性与创造性，让他们能找到自身的价值。

微软中国区前总裁李开复曾经说:“不要再只是被动地等待别人告诉你应该做什么，而是应该主动地去了解自己要做什么，并且规划它们，然后全力以赴地去完成。想想在今天世界上最成功的那些人，有几个是唯唯诺诺、等人吩咐的人?对待工作，你需要以一个母亲对孩子般那样的责任心和爱心全力投入、不断努力。果真如此，便没有什么目标是不能达到的。”

当然，如果要做到积极主动，就需要自身不断提升，尽可能做到以下几点:

一、多了解公司的现状，多了解公司的动向，以做到心中有数。

二、将承担自己工作以外的事情作为一种习惯，不需要别人督促。

三、不要等老板发号施令，尽可能去揣摩老板的心思，知道他想要什么。

四、态度决定命运，调整自己的心态，让自己积极主动自信地去面对每一天。

大家在职场培训中可能都知道著名的青蛙效应，一只青蛙被扔进开水里，因为水热，身体不适，它会因巨大的痛苦而用力一蹬，跃出水面，从而获得生存的机会。如果把一只青蛙放进一盆温水里，并逐渐加热，青蛙会渐渐适应水温，当温度逐渐升高时，它会浑然不觉，当它意识到自己处在危险境地时，已经来不及跳出水面了，于是青蛙被活活地烫死。青蛙效应告诉我们“生于忧患，死于安乐”，如果一味地贪图舒适，一味地安分守己，不求主动出击，长期下去，我们也会像青蛙一样慢慢死掉。唯有忧患意识，才能激发出人的主动性，激发出人内心的无限潜力。危机可以使人产生紧迫感，化被动为主动，危机同样可以让员工有一定的压力，有压力才有动力，这未必是件坏事。

现在的年轻人大多缺乏忧患意识，因为他们从小生长的环境大多是安逸的，“衣来伸手饭来张口”，所以他们一般不懂得珍惜。因此企业适当地对员工进行危机意识培训是必要的。可见，像蚂蚁一样，有忧患意识、良好积极的心态都是变被动为主动，不做“按钮式”员工的前提条件。

像蚂蚁一样，学会高效自我管理

蚂蚁们依赖着本能在进行工作，高效地完成各种工作。它们的成就建立在高效的管理基础上。自我管理的高效性才真正是促使蚂蚁们成功的关键。

要学会驾驭时间，就要养成一种实用简便、令人愉快的工作风格，克服拖泥带水的毛病。永远走在时间的前面，拥有时间管理的秘诀和出色的时间管理技巧，不仅能提高你的工作效率，还可以养成一种良好的、高效率的、快节奏的工作作风和习惯。

学会运用有效的时间管理方法来达到自己的目的，就要做到以下几点：

1. 记录自己的时间，以认清时间耗在什么地方；

2. 管理自己的时间，设法减少非生产性工作的时间；

3. 集中自己的时间，由零星而集中，成为连续性的时间段。

在工作上要善于学习，钻研技术。做事专业，熟悉业务，只有对自己的工作精益求精、炉火纯青，才能在工作中形成良性循环，运行良好，不出现那些卡壳、障碍等现象，因此工作畅通、顺利，提高了工作效率。要力争保持高涨的工作热情投入工作。最佳的工作效率来自于高涨的工作热情。兴致勃勃能让人更好地发挥想象力和创造力。

同时还要善于思考，勤于思考，发现问题，并勇于解决问题。在思考中得到成长；在思考中找到工作的方法；在思考中领悟工作的快乐；在思考中提升解决问题的能力。解决问题，要经过确立目标、正常的工作思维、独立的思考问题、试探中纠正问题等几个阶段，建立一种合理的思维方式是提高解决问题能力的必要条件，当一个人具备了独立解决问题的能力后，要在实际工作中发挥自己的力量，展现个人能力，努力实现自我价值。

在工作中有紧凑感，工作步调快，养成一种紧迫感，一次专心做一件事，并且用最快的速度完成，办事打出超前量，在做前一个事情的同时，脑子里已经安排好下一个工作程序。之后，立刻进入下一件工作。养成雷厉风行的工作作风，做到“今日事，今日毕”。与合作伙伴相互间的沟通简洁、明快、明白，一次搞清，不要反反复复，来回拉锯。

自己要有明确的目标、有计划，哪些工作是今天必须完成的，哪些工作是今后几天内在完成的，哪些是长远的目标。这样你就会精确地找到需要优先处理的问题，从而避免被那些不重要的事情分散精力。

学会全情投入，全部身心都要投入到工作之中。工作专心致志，学会调节自已，不受外界干扰，在考虑问题时，不会被身边的同事弄得心烦意乱，使自已在重要事情发生时能够及时地投入到工作中。

在现在这个社会信息多元化的情况下，要善于利用互联网和人际网络。信息时代，互联网和人际网络正在成为人们工作中必不可少的重要资源。实现工作网络化的人，不仅可以提高工作效率，而且还能够把工作做得更出色。必须学会工作策略网络化，利用网络提升自己的工作效率。工作策略网络化就是利用网络提高自己的工作效率和工作效果。做到管理职能自动化、改进公司范围内的信息共享、共享信息资源、快速、便宜的沟通交流、实时在线协作。

学会工作、掌握一定的工作技巧，如集中处理性质相近的工作或是活动，集中在同一个时段来处理，这样会比一件一件分开在不同时段处理，节省一半以上的时间，同时也能提高效率与效能。

把工作分类，想要在紧张中做到井然有序，杂而不乱，有效地提高工作效率，就要将工作按主要和次要分类，主项工作自然要排在本职工作的首位。但只注重工作内容是片面的，还要注意轻重缓急相结合。尽量简化工作流程，将许多分开的工作步骤加以整合，变成单一任务，以减少工作的复杂度。

钟表时间当然是没有生命的，但是充分利用的时间则是有生命的。开发时间、管理时间，在日常生活中，就竭尽所能地想办法运用自己的时间，要找出自己效率最高的时间带，即自己最能集中精力投入工作的时间带，想办法把每件事情都做明确的目标及进度，知道什么时候应该做到什么程度。这样就能缩短时间、提高效率，同时也就等于延长了生命。只要力争做得最好，相信付出总会有回报的。

像蚂蚁一样，主动工作找机会

像蚂蚁一样工作，就要像蚂蚁一样能够主动工作。没有什么比这个更重要了。也只有这样才能换取自己的空间，得到自己应得的回报。

所谓主动工作，就是在没有人要求你、驱使你的情况下，你能够自觉并出色地做好需要做的事情。在竞争异常激烈的时代，被动意味着挨打，主动就可以占据优势地位。世界上从来没有什么救世主，我们的事业、我们的人生不是上天安排的，而需要我们主动去争取。

很多人对工作不满意，抱怨薪水太低、没有发展前途等，总觉得现有的工作不值得自己留恋。特别是工作不久的员工，在单位接触的是一些平平常常的工作，就觉得这种工作对自己是一种折磨，而自己真是怀才不遇呀。再看看周围比自己干得好的同学、朋友，跳槽的念头就油然而生。这种想法大可不必。很多时候，只要我们主动一点儿，就会发现自己的工作实际上是大有可为的。

还有的人认为，只要把自己的本职工作干好就行了。对于老板安排的额外工作，总是抱怨，从来不主动去做。每天多做一些分外的工作，不仅可以让你在工作中不断地锻炼自己，充实自己，而且会让你拥有更多的表现机会，让自己的才华充分地表现出来。如果我们总是能让上司领略到喜出望外的感觉，他将会对我们建立起更高的信任与依赖，产生赏识，从而在有限的资源分配中向我们倾斜。对于有积极心态和主动做事的人来说，“机会空间”的大门从来都是敞开的。

不管你现在所从事的是怎样一种工作，无论你是建筑工地上的一名工人，还是办公室里的一名普通职员，立即行动是必备的素质之一。只有立即动手的人，才能够抓住转瞬即逝的机会，也只有立即动手的人，才能够很快地将自己的想法付诸行动。

积极主动的人都善于跳出工作合同上所界定的条条框框，并主动地去填补工作中的模糊空间。你可以在行动中逐渐完善自己。只要做起来，哪怕很小的事，哪怕只做了五分钟，也是一个好的开端，就能带动我们着手做好更多的事情。

任何一家公司制定的规章制度即使再详细、再完整，也不可能把每一个人应该做的每件事都规定得清清楚楚。公司里总是有很多临时的或意想不到的事情，没有什么明确规定，说这些临时的事情应该由谁负责，但这些事情又是一定要人去做的。如果被指派的人有这样的想法：凭什么要我去？我又不是专门负责这项工作的。那么，可以肯定的是，这种斤斤计较、患得患失的人在任何一个组织里都很难有出头之日。

只有当你主动、真诚地提供真正有用的服务时，成功才会伴随而来。而每一个雇主也都在寻找能够主动做事的人，并以他们的表现来给予他们相应的回报。所以，好员工都明白一个道理：与其被动地服从，不如主动地去完成。

拖延的习惯最能损害及减低人的做事能力，阻碍人的潜能发挥。你应该极力避免拖延的习惯，应该将“拖延”当作最可怕的敌人。因为它要窃取你的时间、能力、机会、品格与自由，从而使你成为它的“奴隶”。随着时间的流逝，工作的压力反而与日俱增，这会让人觉得更加疲惫不堪。

有些刚刚走出大学校门的年轻人毕业伊始，面对自己从未接触过的工作，一时有些手足无措，每当领导交给他们工作任务时，总是要问一句该怎么办，这种做事方法长此下去就会出现依赖心理，只会被动服从，不会主动开拓。

成功的人很早就明白，什么事情都要自己主动争取，并且要对自己的行为负责。没有人能保证你成功，只有你自己；也没有人能阻挠你成功，只有你自己。要想获得成功，你就必须敢于对自己的行为负责，没有人会给你成功的动力，同样也没有人可以阻挠你实现成功的愿望。

养成了率先主动的工作习惯，就掌握了个人进取的精义。那些以无比的热情看待自己工作和事业的人，总能发掘出无穷的机会。相反，那些被动的人只能永远等着别人给他安排任务，而且还要推脱搪塞，与此同时，他也推掉了机会。

只有率先主动，才会让雇主惊喜地发现你实际做的比你原来承诺的更多，你才有机会获得加薪和升迁。如果你只是尽本分，或者唯唯诺诺，对公司的发展前景漠不关心，你就无法获得额外的报酬，你只能得到你应得的那一部分，当然，这比你想象的要少。

公司是一个实现自我价值的平台。你通过自己积极主动的工作，为企业做出贡献，企业通过你的工作取得了效益，因此，它除了给你报酬，还给你提供了机会，让你实现自己的理想。所以，如果你对工作总是采取一种应付的态度，能少做就少做，能躲避就躲避，敷衍了事，实际上就是敷衍自己。

许多职场新人都觉得“打杂”很没面子，不好意思对同学朋友讲真话，好多人认为“打杂”有损自己的尊严。在那些成功人士的眼中，“打杂”可能就是“机遇”的同义词。

通过打杂，你可以慢慢熟悉公司业务的工作流程，并开始为自己将来从事具体业务收集基础信息。比如，你在为上司打字的时候，你就可以琢磨上司是怎么写合同和协议的；你可以利用收发国内外来往传真和整理档案的机会，开始学习业务知识，掌握做合同和谈判的流程与技巧。通过这样的“打杂”，你自己就可以慢慢摸索出其中的门道，将来一旦让你做具体业务，主动的你一定可以成为上司的得力助手。

机会通常来自于自己的主动，主动的人是最聪明的人，是团队中最好的伙伴，是人人都想要有的朋友。永远要记住，主动精神是你最好的老师。在面对困难的时候，可以帮助你的是你自己的主动精神，而不是运气。

像蚂蚁一样，做事有效率，工作有成效

像蚂蚁一样努力工作，就要主动工作，而且这个工作还要是高效劳动。与其把你所有的精力分散到许多无关紧要的事情上，还不如瞅准一件最重要的事，集中精力，埋头苦干，这是给那些三心二意的人最好的忠告。

高效是集中精力“钻透”工作的结果。尽管一个员工的成就取决于公司、个人的毅力和智慧等多方面的因素。但对每个人来说很重要的一条就是集中精力、全力以赴。

许多员工大都没有留意事业成功的要素，常常把事情看得十分简单，不能集中全部的精力去努力工作。须知工作经验好比是一个雪球，在事业中它永远是愈滚愈大的。

你应当把精力集中在一件事上，随时工作、随时学习。你集中的精力越多，工作起来也就愈觉得容易。

同样，当你工作时，你应该把精力都倾注在事业上，不论你的工作是什么，一定要用心地去经营，当你见到它们所带给你的成果时，你一定会惊讶的。

许多青年人不能进步，往往都坏在一件更小的毛病之上——拖拉，草率多误。任何事情，一经过他的手，别人就再也不能放心，不得不再去复核一次，他做事情永远是错误多端，粗忽拙劣。但是，当它们看到别人凭心力赚了大钱时却是又羡慕又嫉妒，而这正是他们的缺点。

他们也许在其他方面有很多优点，但因为有了这粗糙拖拉的瑕疵，他们便与应有的成功机会失之交臂。他们不知道，一个做事马马虎虎、拖拉糊涂的人，性格也应很容易同化。他们不知道，做事的习惯不但会影响他们的前途，并且更易影响他们的性格发展。

不管是谁，都不会信任一个做起事来拖拖拉拉的人，因为他们在精神与工作上含糊粗拙，一点儿也靠不住，只要一看见他那粗拙的成绩，就会想到他的为人。

一位老板要提拔一名员工，当然要挑选办事稳妥、迅速周到的人。他们绝不会看中那些拖拉懒惰、做事总是留下后遗症而必须经人东修西改的人。他们最满意的人，是做起事来必须有条不紊，不辞劳苦的人。

随你去问哪一位雇主，他们都会告诉你：一个不能进步的青年大半失败在做事不能勤快、完整上。有些人从小读书时，就已养成“拖拉癖”，读书不求甚解，考试只知应付；他将来服务于社会时，一定也会犯上没有条理、专门东凑西拼的毛病。到了那时，他再想改善，可就困难万分了。

财富、成功和幸福的获得是长久努力的结果，而不是单靠运气。在人生的成功上获胜的人个个都是勤奋工作，而且通常费时甚久才达到目标的。

成功不在虚无缥缈间，它在于持续不懈、辛勤、日复一日的努力工作。要成功必须准备周详，自律严谨，勤奋工作，全力以赴，坚持不懈，并且充满信心，善用自己的才能。

因此，不论做什么工作，担任什么职位，都要全力以赴，不要埋没了你的才能。

我们真诚地希望每一位员工牢记这几句话：事情不分大小，都应使出全部精力做得完美无缺，否则还不如不做。一个人如能从小养成这样的好习惯，他的工作和生活都会更美好。

有许多人往往不肯把事情做得尽善尽美，只用“足够了”“差不多了”来搪塞了事。结果因为他们没有把根基打牢，所以不多时，便像一所不稳定的房屋一样倒塌了。

世界上没有任何工作是卑微到不值得好好去做的。演艺圈里流传的一句话“没有小角色，只有小演员”，就很好地说明了这个道理。

玛丽就是一个饰演小角色的伟大演员，她大学毕业后来到纽约，想在出版界找个工作，但没有人雇用她。最后，迫于生计，她只得到一家咖啡馆当女侍。

尽管有那些不如意，玛丽毫不气馁，而是尽自己最大的努力干好工作。她认真负责，动作熟练，永远笑脸迎人，过了几个月，有一位常客问她:“我想你不是一直做女侍的吧？你还做什么工作?”玛丽回答道:“我是想找一份编辑的工作，因此，我晚间在这里上班，白天出去应征谋职。”这位客人正是一个有名的出版商，他正要找一位聪慧的年轻的助理，于是，约见玛丽面谈，结果玛丽得到了这个工作。

不难看出，玛丽切切实实践行了“全力以赴”的原则，直觉上，她认为女侍的工作非但不是绊脚石，而且还是个增长经验的阶梯，只是没想到这一步能跨得这么远，这么快。

毫无疑问，事无大小，每做一件事，总要竭尽全力，全力以赴，这是成功者的一种结论。凡是有所作为的员工，都是那些做事不肯自安于“尚可”或“马马虎虎”，而必求尽善尽美的员工。

在日常工作中，对于那些寻常细微的工作认真地做好，才有可能使人渐渐地走上重要的岗位并创造出更大的财富。日常奉献出来的认真和勤奋，可以使我们进入“上升”之门。在做事时，只要你竭尽所能，干得比一般人更好，更敏捷，更精确、更可靠、更整齐些，还能不断创新，运用自如，你自然能引起上级的重视，而使你不断发展和进步。

随便走到何处，一位全力以赴工作得完美无缺的人，总是受人欢迎的。所以，你应该早些打定主意：非把任何事处理得至善至美不可。对于任何事，你都要倾注全部精力去做。

因此，全力以赴是一种必要的品格。只有不懈地坚持，才有可能达到预期的彼岸，才能摘取成功的花朵。快下决心吧，不要管别人做得怎么样，事情一到了你的手里，你就一定要全力以赴地做好。你一生的希望都在这个上面，千万不要再让那些偷闲、取巧、拖拉、不整、不洁的坏习惯来阻碍你了！

蚂蚁是我们最好的榜样，它驮着一颗食物，东碰西撞地前进，一路上不知碰到多少次墙壁、翻过多少个跟斗，才好不容易到达洞口。它给我们的启示是：只有不断地朝着目标努力，才能得到好的结果。

聪明的人了解倾注全部精力于一件事上，才能达到目标；聪明的人还善于利用他那不屈不挠的意志和持续不断的恒心，去争取生存竞争的胜利。

有经验的园艺家，习惯于把许多能够开花结果的枝条剪去，这好像很可惜，可是为了要使树木能茁壮成长，果实结得特别多，就必须将这些多余的枝条剪除。否则，他将来在收获上的损失，会远远超过这些枝条的损失。

花匠们为什么把许多将要开放的花蕾剪去呢？它们不是一样可以开出美丽的花朵吗？原因是他们剪去其中的绝大部分，能将所有的养分集中在剩下的一二朵花蕾上，当这些花蕾开放后，就能变为稀有、珍贵的奇葩。

像蚂蚁一样，抢先一步投入工作

蚂蚁们从不会找什么借口，它们始终站在最前沿的地方，最毫不犹豫地去面对各种问题。它们每天都是最先投入到工作之中。始终领先一步是蚂蚁们的最佳选择。

古希腊哲学家苏格拉底曾说:“要使世界动，一定要自己先动。”

中国的古谚语也说:“早起的鸟儿有虫吃，会哭的孩子有奶喝。”

这些充满智慧的话语和谚语道出了同一个道理：凡事要主动，消极等待则有可能什么也得不到。这个道理在商界中同样适用。商机往往转瞬即逝，一个消极被动的企业只有死路一条，而即使是一个“巨无霸”型的成功企业，稍有松懈，也会在一夜之间轰然倒塌。

一些有智慧的管理者总是在商机来临之前，就比别人抢先一步行动，这样做的结果是企业越做越强，越做越大。反观那些消极被动的管理者，不管他本人具有多么精深的管理知识，但由于他的拖延、等待，因此商机一次又一次地被错过，而企业的发展就会止步，甚至会萎缩和消亡。

乔治的第一份工作，是在一个小镇上当老师，薪水十分微薄。他的优势很明显：教学基本功不错，还擅长写作。乔治一边抱怨命运的不公，一边羡慕那些工作体面，薪水优厚的同学。这样一来，乔治不仅对工作提不起兴趣，写作也变得

索然无味，他不务正业，一天到晚琢磨着“跳槽”，希望能有机会跳到一个较好的工作单位。

两年的时间一晃而过，乔治的本职工作干得一塌糊涂，写作上也一无所获。这期间，他试着联系几家自己向往已久的单位，但没有一家单位愿意接纳他。

正在乔治心灰意冷的时候，一件稀松平常的小事，彻底改变了乔治的生活状态。

那天学校开运动会，这在生活情趣极其贫乏的小镇，无疑是件大事，因而前来观看的人络绎不绝，小小的操场围得水泄不通。乔治来晚了，他站在人墙后面，使劲踮起脚也看不到里面热闹的情景。

这时，身旁一个矮小的男孩引起了乔治的注意，只见他一趟趟地从不远处搬来砖头，在那人墙后面，耐心地垒着台子，一层又一层，足有半米高。乔治不知道他花费了多长时间垒起了这个台子，不知道他因此少看了多少精彩的比赛，但他登上自己垒起的台子朝周围的观众粲然一笑时，那份成功的喜悦，却是那样令乔治神往。

刹那间，乔治的心被震了一下——多么简单的事情啊：要想越过密密的人墙看到精彩的比赛，只要在脚下多垫一些砖头。

从那以后，乔治满怀激情地投入到工作中去。很快，他被评上了优秀教师，各种令人羡慕的荣誉也纷纷落到他头上，业余时间，他笔耕不辍，作品频繁见诸报端，成了多家报刊的特约撰稿人。如今，他已是小有名气的专栏作家。

乔治的成功就在于认识到了努力的重要性，在工作中主动进取，始终领先。

即使你在最卑微的劳动中，只要你着手工作了，你的整个灵魂必将化为一种真实的和谐！疑虑、欲念、忧伤、懊悔、愤怒、失望等所有都将不存在，于是一切也就平和而安宁。

在罗马，人们非常尊敬农业这一行当，那些凯旋的士兵和将军都要去务农。这个国度推崇勤劳的品质，罗马人把勤奋和功绩作为他们的箴言，甚至连古罗马皇帝临终前留下来的遗言竟然都是“让我们勤奋工作！”

成功需要刻苦地工作。作为一名普通的员工，你更要相信，勤奋是成功的试金石。即使你才智一般，只要勤奋工作，就能弥补自身的缺陷，终究你会成为一名成功者。

“一步落后，步步落后；一招领先，招招领先。”这是富士康集团 CEO 郭台铭经常对员工讲的一句话，他这样要求员工，自己更是这句话身体力行的实践者。富士康在30年的时间内持续壮大，并连续7年入选美国《商业月刊》全球信息技术公司100强排行榜；连续3年蝉联中国出口创汇第一名；公司经营的范围横跨计算机、通讯和电子领域，是微软、惠普、戴尔的重要合作伙伴。富士康之所以取得如此骄人的业绩，与其CEO郭台铭无论做什么始终都抱着“比他人领先一步”的管理策略有极大的关系。正因为认识到积极行动、事事比别人领先一步，就能抢占先机，因此富士康才成为“全球代工之王”，而郭台铭也被竞争对手称为华人电子业的“成吉思汗”。

在业界，郭台铭是最善于发挥主动性、抢占先机的管理者，他不像某些企业的管理者那样，喜欢坐在办公室，把所有的事情计划周全后再发号施令，让下级去执行，这样往往就会因为拖延了时间而失去机会。但郭台铭那些管理者不同，只要是他认准了的机会，不管是对人还是对事，他都会在第一时间抢在别人前面去做。一次，海外某公司的一位采购员准备到台湾来采购一大批计算机方面的产品。为了争取到这个大客户，台湾几家大型的计算机代工厂都派出人马去机场等待采购员下飞机，准备把他接到自己的公司。一家计算机代工厂的主管亲自带队，以为志在必得，一定能把采购员接到自己的公司。但出乎意料的是，在出关大厅里，他看见广达董事长林百里亲自出马，率领工作人员也在这里等候。看着对方强大的阵营，这位主管心中叹道:“没想到一开始就落于别人下风，自己已迟到了一步。”但他还是硬着头皮，和林百里一起等待那位采购员，心里想着至少可以和对方打个招呼。

飞机降落后，各公司派出的迎接代表都往接机口涌去，谁都想把这位“财神爷”请回家。然而令众人大跌眼镜的是，当那位采购要员出现在他们的视野中时，他的身边却多了个郭台铭，他俩边走边谈笑风生，所有的接机人员都愣在了当场。原来郭台铭早就掌握了对方的行踪，并抢在竞争对手的前面，在客户转机来台时，“巧遇”他，并和他搭上同一航班回台。

郭台铭仅仅比别人领先一步，就为公司争取到了一大笔订单，那位采购要员和他一起回到了富士康的总部。由此可见，管理者比别人领先一步是非常有必要的。当管理者强调员工要比别人领先一步时，他自己也要做到如此，否则，策略再好，管理能力再强，但迟迟不行动，一切都是枉然。

像蚂蚁一样，不折不扣执行任务

蚂蚁们的堡垒经过了细致的设计，看似粗制滥造实际上却是精雕细作，最完美地实现了蚂蚁们最初的设想。标准是严格的，严格到每只蚂蚁都不打折扣地执行。在这个过程中，每只蚂蚁都自觉自愿地努力，并不断地作出自己的贡献。

一个团队为了完成任务，都会对员工提出严格要求。但最严格的标准是成员或员工自己设定的。要完成上级交付的任务就必须具有强大的执行力，这种自我设定就是一种强大的执行力。接受了任务就意味着做出了承诺，而完成不了自己的承诺是不应该找任何借口的。就如同古代的“军令状”，军无戏言，一旦受命的将领未能完成任务，则军法无情，必须受罚，没有任何借口。

可以说，没有任何借口是执行力的表现，这是一种很重要的思想，体现了一个人对自己的职责和使命的态度。思想影响态度，态度影响行动，一个不找任何借口的员工，肯定是一个执行力很强的员工。

蚂蚁们的堡垒经过了细致的设计，看似粗制滥造实际上却是精雕细作，最完美地实现了蚂蚁们最初的设想。标准是严格的，严格到每只蚂蚁都不打折扣地执行。在这个过程中，每只蚂蚁都自觉自愿地努力，并不断地作出自己的贡献。

一个人除了会做事还是远远不够的，还要能严格地要求自己。严格要求自己不光是一个口号，一个动作，而是要充分发挥主观能动性与责任心，在接受工作后应尽一切努力、想尽一切办法把工作做好。初次听来，这似乎只是一条普通的定义，但细细品读后，反而觉得它更像一种面对人生的态度。我们生活在高速发展的现代社会，每时每刻都会遇到一些新的挑战和挫折。人的一生不可能永远一帆风顺，总会经历一些小风小浪。在这些小风小浪面前，有人退却了，甚或开始怨天尤人平庸一生；当然，也有人在同样的环境中脱颖而出，成为了强人或名人。这一切的一切，就在于那一念之差。而所谓的一念之差，就是一种态度——一种面对生活，面对工作，面对人生的态度。仔细想来，“自动自发”就是一种可以帮助你扫平一切挫折的积极健康的人生态度。

对工作茫然，就无法培养一丝不苟的工作作风，而转向贪图享受、好逸恶劳，背弃了将本职工作做得完美无缺的原则。有一位经努力恳求终获高薪要职的女性，她上任短短几天，便开始高谈阔论想去“愉快地旅行”。月底，她便因玩忽职守而遭解雇。

工作很可能是枯燥的，可是如果不能严格要求自己，那么工作就不光是死气沉沉的，还有可能是错误百出的。当我们不能严格要求自己时，我们的工作依然被无意识所支配的时候，很难说我们对工作的热情、智慧、信仰、创造力会被最大限度地激发出来，也很难说我们的工作是卓有成效的，只能说我们不过是在“过日子”或者“混日子”罢了！

但是如果你能够严格要求自己，你就能提升自己在老板心目中的地位。老板会邀请你参加公司决策会议，你将会被调升到更高的职位，因为你已变成不可替代的了。

拿破仑·希尔曾聘用一名年轻女孩当助手，替他拆阅、分类信件，薪水与从事相关工作的人相同。但是她与众不同，总是用最严格的标准来要求自己。她在晚饭后回到办公室继续工作，不计报酬地干一些非自己分内的工作——譬如替老板给读者回信。她认真研究拿破仑·希尔的语言风格，以至于这些回信和拿破仑·希尔写得一样好，有时甚至更好。她一直坚持这样做，并不在意拿破仑·希尔是否注意到自己的努力。终于有一天，拿破仑·希尔的秘书因故辞职，在挑选合适人选时，他自然而然地想到了这个女孩。

卓有成效和积极主动的人，总是在工作中以严格的标准来要求自己，并且付出双倍甚至更多的智慧、热情。只有以这样的态度对待工作，才可能获得工作所给予的更多的奖赏。如果你对自己的期望比老板对你的期许更高，那么你就无需担心会失去工作。同样，如果你能达到自己设定的最高标准，那么升迁晋级也将指日可待。

工作不是一个关于干什么事和得到什么报酬的问题，而是一个关于生命价值的问题。工作就是主动，就是付出努力，因为工作能够成就自己。严格要求自己，正是为了体现自己的价值，我们才专注于它，并在这个或者那个方面付出自己最大的努力。从这个本质上说，工作不是我们为了谋生才去做的事，而是我们为了创造生命的意义必须去做的事！

卓有成效和积极主动的人，他们总是在工作中以严格的标准来要求自己，并且付出双倍甚至更多的智慧、热情。上司或者公司的要求是严格的，但是最严格的还是自己对自己提出的工作标准，因为严格要求自己，才会去执行自己的标准。

第三章　像蚂蚁一样永不放弃

蚂蚁许多时候之所以战胜对手，不是因为比对手更强大，而是因为比对手坚持得更久，因为它们有坚韧不拔的精神。知道目标后全力以赴，不战胜对手决不罢休的坚韧精神正是所有员工应该具有的品质。

对于捕食、对于生存，蚂蚁的坚韧和毅力很多时候甚至是本能的，也就是说这种精神在蚂蚁群体中普遍存在，不是某一两个优秀分子所特有的。英国一位动物学家曾经见到一条大蛇被军团蚁噬咬的惨状：蛇的全身叮满了蚂蚁，不停地翻滚蠕动，可能是试图摆脱蚂蚁的蛰咬；而军团蚁却死死地缠住不放，一旦有蚂蚁被蹭下来，其他的个体便立即冲上去。最后，蛇的扭动速度越来越缓，直至一动不动。

的确，蚂蚁没有咄咄逼人的霸气与张扬，但它们却有毋庸置疑的毅力和力量。它们可以举起相当于自身重量50倍的物体，它们可以捕食大于自身几千倍的蛇，它们的潜能已激发到极致。以平凡的实力造就奇迹是优秀员工不断激发潜能，不断超越自我的力量体现。就这一点，我们实在应该向蚂蚁多学习。

像蚂蚁一样，用平常心面对挫折

蚂蚁们在建设自己家园时也常常面临意想不到的情况。出现材料不足，塌方事件，但是，这一切并没有阻断蚂蚁们持续努力的动力。来到新的地方，蚂蚁们也往往会感到迟疑和困惑，但是，蚂蚁们仅仅稍作困惑后就继续朝着自己的方向前进了。

挫折是人生的必要内容，一旦遭遇，它也的确提供了一种机会。人性的某些东西，往往由挫折和苦难得到更大的考验和提高。

1822年的冬天，庄严肃穆的音乐大厅里正在演出歌剧《费德里奥》，许多名门贵族观看了这场演出。但在歌剧进行到一半的时候，观众发现乐队、歌手无法协调，而指挥却毫无察觉，仍在台上竭力指挥着。

观众终于忍无可忍了，他们在台下窃窃私语。指挥发现了，他让乐队、歌手重来，但情况更糟。

有人在喊:“让指挥下台。”

指挥已听不到观众在说什么，但是从他们的神情中，他读懂了所有。

他从台上下来，流泪了。

在世界音乐史上，这是一个值得纪念的日子，伟大的音乐天才贝多芬在这一天完全失聪了。

所有人都预感他不会再在音乐上有所发展了，但是两年后，也就是1824年，贝多芬的《第九交响曲》在维也纳上演。这首曲子是他在失聪的情况下写成的，继而在厄运不断地打击下，贝多芬完成了世界音乐史上辉煌的篇章。

贝多芬的苦难与成就是成正比的，苦难给予他多几分，他的音乐才华就增长几分；苦难逼近他的灵魂几分，他灵魂的光彩就会绽放几分。著名指挥家卡拉扬说:“是苦难成就了他。没有苦难，谁知道会发生什么?”

贝多芬长得很丑，他的脸上还经常长一种疮，一直无法治愈，爱情也迟迟不肯垂青他，他唯一的精神依托就是音乐。音乐成了他的生命，他对音乐已没有任何功利向往。

在维也纳演奏《第九交响曲》时，他听不到乐队的任何声响；演奏结束，观众爆发出了热烈的掌声，他仍听不到。

当主持人把他引向舞台中间时，他还没弄明白这是为什么。那是多么令人心酸，但又是任何音乐人修炼一辈子都无法达到的境界。一个人也是这样，刚进入一个新的环境，一切都还是陌生的，你只有尽快地适应这个环境，才会不断成长和成熟，才能避免陷入职业的困顿，从而迈入成功者的行列。

所有通往成功的路没有一条是一路坦途、鲜花似锦的，不管你是谁，都难免会遭遇到挫折的侵袭。只有将每一次挫折都视为一个新的开始、一次新的体验，一切以平常心处之，这样在面对逆境时，就能变得坚忍起来，一旦机会来临便能牢牢抓住。

张南是一家公司的业务员，尽管业务枯燥繁琐，每天还要面对刁钻的同事和无理取闹的客户，但她时刻提醒自己：我是在学习，这只是对我的考验，再坚持一下，一切都会好起来的。

她咬紧牙关，忍受着各方面的压力，在一次次的挫折中总结经验，积攒力量。两年后，她凭借着出色的业务能力和坚忍的态度，终于成为该公司的业务经理。

那些能够忍受不公平的待遇，并且以平常的心态对待困难的人，也必定能成就一番不凡的事业。如果一旦遇到挫折、困难或不顺心的事，就抱怨他人，感叹自己“怀才不遇”，悔恨“明珠暗投”，从而对生活失去兴趣，对美好的东西失去追求。这种心理不仅会磨损人的志气，还是人生的致命伤。最好的办法就是自己加倍努力，忍辱负重，靠自己的实力证明自己。

人生在世，不如意之事十有八九。但只要能把困难当做是磨炼，然后战胜它，就会有很强的自豪感。挫折是一块人生的“磨刀石”，你的进步与成熟正是在与挫折的较量中逐步积累的。

当你刚进公司时，可能要面对着纷繁的工作，每天忙得不可开交。有时，在累得半死不活时，难免会产生放弃的想法，但这时最重要的，就是你要战胜自己，坚持下来。经过一段时间后，你就会发现：工作一条条地理顺了下来，个人在公司内部及外部关系也处理得比较好。

工作中应该抱着一种积极进取的态度，但又要顺其自然，保持一颗平常心。凡事都要尽自己最大的努力去做，但凡事又不能期望太高，否则，只能是徒增烦恼。人应该善待自己，对自己宽容一些，不要给自己背上沉重的枷锁。

随着组织变革的加剧，工作节奏日趋加快，员工面临的压力也越来越大。在工作陷入困境时，适应力强的员工能坦然面对失败，以平常心待之，积极反省自己，想办法解决问题，而不是一味抱怨他人。

张龙所在单位的领导换届了，新上司是个工作作风严谨的人，交给他的都是棘手的工作，发现他的一点儿问题，总是不留情面地批评他。其他同事看在眼里，都为张龙鸣不平。

张龙似乎并不在意，仍一如既往地努力工作，随时把工作进度告知领导，并根据领导提出的意见立即修正……不知道什么时候起，张龙已经成为领导最信任的人。

张龙正是抱着一颗平常心，不计较一时的得失，专注于工作目标，时时处处以工作为重，才最终赢得了上司的认可。

面对职场中的纷纷扰扰，最好的办法是保持一颗平常心，把复杂的人际关系过滤在自己的大脑之外，精益求精，方能做出最好的成绩，从而获得应得的回报。

像蚂蚁一样，对工作充满使命感

蚂蚁勤劳敬业，终日在大地上奔走忙碌，好像总是有做不完的事。蚂蚁的形象整个就是一个勤劳的工兵，你瞧它那一身骨头架子，多么合理的一个力的支撑结构啊！蚂蚁常常去做一些用常人的眼光来看颇有些自不量力的事情，比如，你不时会看见它拖着一些超过自身体积几倍的物品，并且偶尔还能看到许多蚂蚁齐心协力搬运已经失去生命的虫子一类“庞然大物”的场景，虽然这些都是千真万确的事实，但它们的行为给人们留下的印象却总还是有些不可思议。

蚂蚁会非常勤奋地采集自然界的种子并将过量的食物储存在地下仓库里。太阳一出，蚂蚁就开始了一天的劳动，尽管脚步很小，但可以走遍全世界。炎炎烈日下，还是一如既往，忙忙碌碌，从不停息，因此，到了冰天雪地，才不会饿肚子。

蚂蚁勤劳敬业，终日在大地上奔走忙碌，好像总是有做不完的事。蚂蚁的形象整个就是一个勤劳的工兵，你瞧它那一身骨头架子，多么合理的一个力的支撑结构啊！蚂蚁常常去做一些用常人的眼光来看颇有些自不量力的事情，比如，你不时会看见它拖着一些超过自身体积几倍的物品，并且偶尔还能看到许多蚂蚁齐心协力搬运已经失去生命的虫子一类“庞然大物”的场景，虽然这些都是千真万确的事实，但它们的行为给人们留下的印象却总还是有些不可思议。

“蚍蜉撼大树，可笑不自量。”这句取自韩愈《调张籍》诗中的话在老百姓中流传很广，常用来嘲讽那些做事自不量力的人。不过，要真正细究起来，这多少是有些贬低了小蚂蚁，因为它确实是能够做出一些大事来的啊！

科学研究已表明，勤劳的蚂蚁具有很强的支撑力，能承担得起比它自己重得多的物体。还记得“千里之堤，溃于蚁穴”这一警示吗？这就是蚂蚁勤劳的集中体现，虽然在这个成语里，蚂蚁充当了反面形象，可是另一方面，这也不正说明了蚂蚁那种勤劳和滴水穿石的坚韧精神吗？

对于蚂蚁来说，每天不知疲倦地辛勤工作是一种天职，它们甚至不要去寻找一个理由来说服自己。也就是说，勤劳就是它们的一种天性，生而如此。也许正是因为这一点，这个不起眼的物种才得以长期在地球上生存吧。

勤劳的蚂蚁不仅仅要寻找食物，而且它们还经常要骁勇地杀伐旁族蚁类，不仅是为了扩张自己的领土，而且将战败国的幼蚁和蚁卵也俘获过来，将它们驯养成奴隶。它们甚至还饲养家畜，把那些蚜虫、介壳虫都囚禁起来，让它们像奶牛一样为主人生产蜜露。

在遇到一个大虫子时，所有的蚂蚁会倾巢出动，挥舞着大钳子，杀向目标，这就是蚂蚁的团队意识和敬业精神。蚂蚁之所以能成为兵团，就是各有分工，组织严明，劳动起来井然有序，有条不紊，各司其职。

蚂蚁有严格的组织分工和由此形成的组织框架，但它们的组织框架在具体的工作情景中有相当大的弹性，比如，它们在工作场合的组织能力特别强，不需要任何领导人的监督就可以形成一个很好的团队而有条不紊地完成工作任务。这与它们的“组织向心力”“责任感”“主动性”和“无我”分不开。让自己跑起来，蚂蚁的主动性让人们所敬佩。

每天清晨，当太阳刚刚升起，露珠还未完全消失，大草原上的动物们，已经开始了一天的奔跑。

最先跑起来的是羚羊，它们成群结队地跑过平缓的山岗，找到水源，在短暂的休息之后又开始新的奔跑。就在它们不远的地方，也许就在附近的草丛里，狼群也在奔跑。它们的奔跑是为了捕食羚羊。

当狼群开始奔跑的时候，狮子也开始了奔跑。它必须赶在狼群之前找到一日的早餐，否则，今天可能又是一个忍饥挨饿的日子。

这是每天发生在大草原上的一幕，每天都在上演的奔跑比赛。就目前的社会经济发展状况而言，大多数人无需为温饱而苦恼，他们的生理需求已基本得到满足，随之对于精神方面的需求就提高了，它就为培养使命感创造了条件。

国际商业机器公司的第二任董事长小沃森先生希望他的部属都具有野鸭般的精神。他曾经引用丹麦哲学家基尔凯戈尔的话说：“要想驯服一批野鸭，不是一件轻而易举的事。但是要把已驯服的野鸭再放出去，令其自谋生计，也不是那么容易。被驯服的鸭子无法远走高飞，自觅野食，把它们放出去无异于陷之于死地。因此商业界需要的是伸展自如的野鸭，这样才有可能大展宏图。”小沃森先生讲这段话的意思旨在要求公司员工不要只用一种处处小心谨慎的态度，仅满足于完成上级交给的那些工作，而应该生龙活虎，敢闯敢干。

目前公司里的骨干之所以不愿意勇敢地向困难挑战，主要是由于公司的管理者往往喜欢那些“在其位谋其政，不在其位不谋其政”的人。这种做法的弊病在于：造成了部属们只满足于小心翼翼地做好分内工作，毫无积极的精神状态。

一旦公司有所发展，业务有所拓宽，一个个就成了只会循规蹈矩的木偶，拙于应变。这应该完全归罪于公司僵化保守的工作作风。

要想解决上面的问题，公司里的每一位员工都应对公司的情况有清醒的认识，这就要求身为公司最高领导的管理者不断地把公司的状况告诉给广大员工，要鼓励他们出主意、想办法，靠公司上下的齐心协力来克服困难。

倘若公司里的员工都是些唯唯诺诺，无胆无识的“家鸭”，那么老板这个光杆司令是不可能只手撑天，扶大厦于将倾的。为使公司永远充满朝气，就应有一大批有才干、敢创新的优秀人才，而这样一批人才的获得在很大程度上取决于老板的培养，取决于公司里是否有一种鼓励冒尖、鼓励创新的气氛，取决于员工是否具备野鸭的精神。

作为公司的一名员工，你应该时刻支持关心公司的事业发展，将公司的发展与个人的成长进步紧密联系在一起，把公司的事情看作自己分内的事，负起一定的责任，而使命感也就在这潜移默化中悄悄地形成了。

像蚂蚁一样，学会坚持懂得放弃

人们对蚂蚁的勤劳和勇敢精神相当敬佩。小时候，你能长久地蹲在地上，低着头，全神贯注地终日凝望在地面上、草丛间忙碌的小蚂蚁，看它们衔住等同于甚至超过自己身体大的食物残渣，推着拉着，锲而不舍地向着目标行进。对于它们的勤劳，在我们童稚的心中，常常涌起一种近乎崇敬的感动。

24 岁的约翰逊是一位平凡的美国人，他以母亲的家具做抵押，得到了 500 美元的贷款，开办了一家小小的出版公司。

他创办的第一本杂志是《黑人文摘》。为了扩大发行量，他有了一个非常大胆的想法：组织一系列以“假如我是黑人”为题的文章，请白人在写文章的时候把自己摆放在黑人的地位上，严肃地来看待这个问题。

他想，如果请罗斯福总统的夫人埃莉诺来写一篇这样的文章是最好不过的了。于是，约翰逊便给罗斯福夫人写了一封请求信。

罗斯福夫人给约翰逊回了信，说她太忙，没有时间写。约翰逊见罗斯福夫人没有说自己不愿意写，就决定坚持下去，一定要请罗斯福夫人写一篇文章。

一个月后，约翰逊又给罗斯福夫人发去了一封信。夫人回信仍说太忙。此后，每过一个月，约翰逊就给罗斯福夫人写一封信。夫人也总是回信说连一分钟的空闲也没有。约翰逊依然坚持发信，他相信，只要他坚持下去，总有一天夫人是会有时间的。

一天，他在报上看到了罗斯福夫人在芝加哥发表谈话的消息。他决定再试一次。他打了一份电报给罗斯福夫人，问她是否愿意趁在芝加哥的时候为《黑人文摘》写那样一篇文章。

罗斯福夫人终于被约翰逊的坚忍感动了，寄来了文章。结果，《黑人文摘》

的发行量在一个月之内由5万份增加到15万份。这次事件成为约翰逊事业发展的重要转折点。

后来，约翰逊的出版公司成为美国第二大黑人企业。

做任何一件事，都要有始有终，坚持把它做完。不要轻易放弃，如果放弃了，你就永远没有成功的可能。遭受挫折时，你要反复告诉自己：把这件事坚持做下去。

德国著名诗人席勒称自己“勤奋一生但壮志未酬”。英国小说家特罗洛普开始从事写作的时候，一个作家的建议使他受益终生，后来，他又把这句话送给了罗伯特·布坎南。他说：“如果你想成为名垂千古的作家，在坐下来写作之前，先放一点儿鞋匠的粘胶在椅子上，有这样的创作精神才能希望成功。”

放弃是一种智慧。有选择就有放弃，学会放弃也是一种生命的超脱。

非洲土著人会用一种奇怪的狩猎方法捕捉狒狒：在一个固定的小木盒里面，装上狒狒爱吃的坚果，盒子上开一个小口，刚好够狒狒的前爪伸进去，狒狒一旦抓住坚果，爪子就抽不出来了，人们常常用这种方法捉到狒狒。因为狒狒有一种习性，不肯放下已经到手的东西。

人们总会嘲笑狒狒的愚蠢，为什么不松开爪子放下坚果逃命呢？但人们为什么没有审视一下自己呢？并不是只有狒狒才会犯这样的错误。

人的欲望也是如此。因为舍不得放弃到手的职务，有些人整天东奔西跑，荒废了正当的工作；因为舍不得放下诱人的钱财，有人费尽心思，不惜铤而走险；因为舍不得放弃对权力的占有欲，有些人热衷于溜须拍马、行贿受贿；因为舍不得放弃一段情感，有些人宁愿岁月蹉跎……

人总是这样，总是希望拥有一切，似乎拥有的越多，人越快乐。可是，突然有一天，我们惊觉：我们的忧郁、无聊、困惑、无奈，都是因为我们渴望拥有的东西太多了，或者太执著了。不知不觉中，我们已丧失了一切本源的快乐。

一个人，背着包袱走路总是很辛苦的，该放弃时就应果断地放弃，生活中有得必有失，正所谓“失之东隅，收之桑榆”。静观世间万物，体会与世一样博大的诗意，适当地有所放弃，这正是获得内心平衡，获得快乐的好方法。

生命如舟，人的一生载不动太多的物欲和奢求。放弃那些根本不可能实现或带你走上悲剧性道路的欲念吧！不然，生命之舟就有沉没的危险。而在放弃之后，你会发现人生更加轻松而坚强！

放弃那段令你困惑烦恼的情感吧，既然那段岁月已悠然遁去，既然那个背影已渐行渐远，又何必要在一个地点苦苦守望呢？挥一挥手，果断地放弃，勇敢地向前走，前方，有更美的缘分之花在专门为你开放！

学会放弃吧！放弃失恋的痛楚，放弃受辱后的仇恨，放弃满腹的忧怨，放弃心头难以言说的苦涩，放弃费神的争吵，放弃对权力的角逐，放弃名利的争夺……

生活中，外在的放弃让你接受教训，心理的放弃让你得到解脱，生活中的垃圾既然可以不皱一下眉头就轻易丢掉，情感上的垃圾也无须抱残守缺。

学会放弃吧，朋友，在物欲横流的今天，许多事情需要你做出选择，而有选择就有放弃。要想得到野花的清香，必须放弃城市的舒适；要想到达梦的彼岸，必须放弃清晨甜美的酣睡；要想重拾往日羊肠小道的温馨，必须放弃开阔平坦的公路……

人生苦短，若想获得，必须放弃。放弃，让你可以轻装前进，忘记旅途的疲惫和辛苦；放弃，可以让你摆脱烦恼忧愁，整个身心沉浸在悠闲和清静中。放弃不仅能改善你的形象，使你显得豁达豪爽；放弃也会使你赢得朋友的信赖，使你变得完美坚强；放弃会带给你万众瞩目，使你的生命绚丽辉煌；放弃会使你变得聪明、能干，更有力量。

像蚂蚁一样，拓宽生命的宽度

面临实在不能越过的障碍时，蚂蚁们也会毫不犹豫地改变自己的行进路线。它们不迟疑，也不曾有什么怀疑。有的只是聪明的放弃和选择。它们不会拘泥于自己的眼前，而是放眼未来。懂得实现目的，走向未来才是最重要的。蚂蚁是弱小的，但是，生存智慧却又是充满力量的。

文学大师萧伯纳说："人生是一把由我们暂时拿着的火炬，我们一定要把它燃得十分光明灿烂，然后交给下一代的人们。"一代才俊巴斯卡说："人生是芦苇，是自然中最脆弱的，却是一枝会思考的芦苇。"文学才女张爱玲说："生命是一袭美丽的长袍，上面爬满了虱子。"市井百姓则说："人生如同抹桌布，酸甜苦辣都沾过。"人生是什么？体味深深，答案多多。正因为如此，才形成了多姿多彩、多样多味的人生。

有人说，生命是一趟单行列车，没有回程车票，比喻得形象；有人把人生比做天地之间的匆匆过客，比得精练；有人把人生比做几颗夜晚洒下的露珠，比做经历一春一秋的草木，比喻得苍凉；有人把人生看做是孩子偶尔溜出来的一次玩乐——"做人来嬉戏，马上要回去"，比喻得调侃；有人说，人生苦短，好比白驹过隙，稍纵即逝；有人说，人生好比蜉蝣，朝生即灭。所有这些比喻，似乎有点儿消极悲观，不太激励人心，但也实实在在，不虚饰，不做作。人生不在于比而在于做，看破看淡一些也未必不好，尤其是一点儿功利、一点儿名声！

不妨把人生来做一实在的比喻吧——人生是一道减法算术。都说生命有限，但不算不知道。人的一生拥有 2 ~ 3 万个鲜活的日子，而且还日半世夜半世，活一天就会少一天，功名和财富都随时间的推移做着减法，于是，在某一天，当这两条曲线交叉时，生命的显示屏就出现了零，零乘以任何数都等于零，这就是生命的算术方式，残酷而真实。

正因如此，有人感叹，生命是一笔未知的存款，只有人死后，别人才知具体数额；而昨天是作废的支票，明天是未发行的债券，只有今天才是现金。于是，这让人感到，重要的是活着，过程主义并非是消极而是科学的活法。

人生更像一条河，河流的源头可视为人的幼年时期，在那里，水流显得十分舒缓和温柔。人渐渐长大了，犹如河中之水，汇集得越多，速度也就越来越急促。这时，前面遇有山石阻挡，水流下泄时便溅起水花和漩涡，形成了激流、湾道、险滩。这就好比青年时期，踏进社会，就必须拼搏、奋斗，因此，也必然会碰上许许多多的困难、挫折、痛苦。河水咆哮着穿过险境后，河床越来越宽阔，水流也逐渐平缓舒坦起来。这好比人到中年，事业有成，生活也比较稳定，可以边奋斗边享受人生了。河水再往下流，已经疲惫了，最后它注入大海——在无边的生命之海里回归于本源。

对人生多些更透彻的认识，你就会感到光阴似箭，岁月相催，感到无论做人还是做事，都要有“不待扬鞭自奋蹄”的精神才好。这样就能把“减法”做得好一点儿，将“现金”用得活一点儿，使“河流”奔腾得激越一点儿。虽然我们不能左右生命的长度，却能拓宽生命的宽度！

哈里·莱伯是个很喜欢下棋的老人，每天必到老年俱乐部和棋友下几个小时，下完棋后散步回家，日子过得闲适安逸。

有一次，哈里·莱伯的棋友突然病了，没办法和他下棋了。俱乐部的管理员为他安排了其他的老人做他的棋友，他感觉不太适应，所以就放弃了。老人心情沮丧地准备回家，明天再来。这时俱乐部管理员建议：“你可以尝试另一种娱乐方式，譬如去绘画。”

在俱乐部管理员的建议下，哈里·莱伯来到了俱乐部的画室，画室里摆着许多画，还有许多作画的工具。

俱乐部管理员说：“先生，您可以先在这里试着画一画。”

哈里·莱伯听了哈哈大笑：“你说什么，让我在这里作画，我可是从来没有摸过画笔。”

俱乐部管理员鼓励他说：“那有什么关系，您可以试着画一幅，说不定您会觉得感兴趣呢。”

于是，哈里·莱伯来到画架前，平生第一次摆弄起了画笔和颜料。哈里·莱伯在画室里待了一下午，觉得这一切真的很有意思，于是他对画画产生了兴趣，那一年他 80 岁。

哈里·莱伯决定学画，别人都以为他说笑话，80 岁高龄的人，头昏眼花，能画好吗？他还有多少时间画画呢？但他学了，而且学得很好。

哈里·莱伯 81 岁的时候，他到学校去上绘画课，开始学习绘画知识。他把自己的时间全部倾注在绘画上。他画得不但好，而且很特别。

1977 年，洛杉矶一家颇有名望的艺术陈列室举办了一次主题为“哈里·莱伯 101 岁”的画展。哈里·莱伯的作品被许多收藏家高价收藏，他的作品富有活力和想象力，运笔、意境俱佳，受到了评论界高度的称赞。

哈里·莱伯创造了世界画坛上两个奇迹：一是高龄学画；二是画有所成。

在某些事情面前，不要找借口说自己没有时间去做，不要找借口说自己的年龄大了已力不从心。一个人只要专注于一件事，年龄对于他来说，往往是可以忽略不计的。

像蚂蚁一样，大胆尝试直至成功

即便是蚂蚁，也经常遇到不可完成的任务，一天可能会有无数次的失望，有无数次的付出。但是，蚂蚁内在的那份坚韧和刚强是举世公认的，也就是一次次的尝试，小小蚂蚁们搬走了一个个“庞然大物”，坚持下来并成功笑到最后。

有时，我们觉得自己就像一个没有安全阀的锅炉，当压力到了无法承受的程度，似乎突然有一天就会爆炸——精神彻底崩溃，也许是因为我们在生活的道路上遇到了太多的挫折或坎坷，经历了太多的失败或打击。

既然生活的道路布满荆棘，那么前进途中难免要受伤。生活中不可能永远一帆风顺，一定会有挫折和伤痛，这很正常，我们要学会忘却这些不开心的事情，然后继续昂首阔步地前行。

英国劳埃德保险公司曾从拍卖市场买下一艘船，这艘船原属于荷兰福勒船舶公司，它 1894 年下水，在大西洋上曾遭遇过 138 次冰山，116 次触礁，13 次起火，207 次被风暴扭断桅杆，然而它从没有沉没过。

劳埃德保险公司基于它不可思议的经历和在保险费方面可以带来可观收益的考虑，最后决定把它从荷兰买回来捐给国家。现在这艘外壳凹凸不平、船体微微变形的船就停泊在英国萨伦港的国家船舶博物馆里。

不过，使这艘船名扬天下的并非劳埃德公司，而是一名来此观光的律师。当时，他刚打输了一场官司，委托人也于不久前自杀了。尽管这不是他的第一次失败辩护，也不是他遇到的第一例自杀事件，然而每当他遇到这样的事情，他总是有一种负罪感。他不知该怎样安慰那些在生意场上遭受了不幸的人，那些人有的被骗，有的被罚，他们或血本无归或倾家荡产，也有的因打输了官司而落得债务缠身。

当他在国家船舶博物馆看到这艘船时，忽然有一种想法，为什么不让他们来参观参观这条船呢？于是，他就把这艘船的历史资料和这艘船的照片一起挂在他的律师事务所里，每当商界的委托人请他辩护，无论输赢，他都建议他们去看看这艘船。据英国《泰晤士报》说，截止到 1987 年，已有 1230 万人次参观过这艘船，仅参观者的留言就有 170 多本。

吸引人们纷至沓来的原因恰恰是这艘船身上的累累创痕，它以自己的亲身经历向人们昭示了这样一条真理：在大海上航行的船没有不带伤的。光明的未来总是建立在淡忘的基础上，只有摆脱过去的失败和痛楚，你才能继续走好。

该亚·博通早年埋头于发明创造，他先是发明了脱水肉饼干，但却未给他带来多少好处，相反，却使他在经济上陷入窘境。有了第一次失败的教训，又经过两年反反复复的试验，他终于又制成了一种新产品——炼乳，并决定把它推向市场。博通的第一步是要寻找专利保护。

博通发明的炼乳，是一种纯净、新鲜的牛奶，牛奶中的大部分水分在低温中利用真空被抽掉。但是，博通为他的制造方式申请专利权时，得到的答复是产品缺乏新意，并且，专利局官员告诉他，在已批准的专利申请存档中已经有数十种“脱水乳”的专利权，其中包括一种“以任何已知方法脱水”。博通并不甘心，又一次提出申请。但他的第二次申请再度被驳回，因为专利官员判定“真空脱水”并非是必要的过程，博通只是被认为制作态度比较谨慎而已。第三次申请仍被拒绝，理由是博通未能证明“从母牛身上挤出的新鲜牛奶在露天地方脱水”与其他制作方式的目的不一致。

虽然三次申请，三次被驳回，但这并未把博通击倒。他对专利权仍然穷追不舍，因为他坚信他的创造。他的第四次申请终于被批准了。

然而，虽然有了专利权，推销新产品也不是一帆风顺的。博通的工厂是由一家车店改造的，租金便宜，刚开业时，博通每天花费 18 个小时在厂里指导炼乳的生产方法，监督生产程序，检查卫生清洁情况。由于附近有纯正、营养丰富的牛奶供应，因而炼乳的成本较低。

于是，博通小心地挑选一位社区领袖做他的第一位顾客，因为这位社区领袖对炼乳的意见会有助于巩固新公司及其新产品在该地区的地位，而且这位社区领袖对产品也表示了赞赏。但是，当时当地的顾客习惯是把掺有水分的牛奶放入一些发酵品，进行蒸馏，他们只觉得炼乳稀奇古怪，对它存有疑心，所以，很少有人问津。出师屡屡不利，甚至到了山穷水尽的地步——博通的两位合伙人都失去了信心，第一家炼乳厂被迫关闭了。

在失败面前，该亚·博通破釜沉舟，又建起了新厂，也许是他的努力感动了上帝，他的第二次尝试终于获得了成功。他的公司在他逝世时，已成为美国具有领导地位的炼乳公司。博通的创业奋斗奠定了现代牛奶工业生产的基石。

在博通的墓碑上，有这样一段墓志铭："我尝试过，但失败了。我一再尝试，终于成功。"这正是对他一生的总结，这对于每个渴望成功的人来说也是一种激励。

失败决不是致命的，除非你认输。失败也并不可怕，可怕的是在失败中垂头丧气。每一个有所成就的人，无不是经历了一个个失败而走向成功的。因此，要想成功，就不应该惧怕失败，因为失败是通往成功的铺路石。

像蚂蚁一样，危难时刻挺身而出

蚂蚁是忠诚的，蚂蚁们忠于蚁后，这种忠诚是一种虔诚的信仰。正是基于这种忠诚，蚂蚁任劳任怨地工作；也正是基于这种忠诚，蚂蚁在危难时刻，能义无反顾地挺身而出。蚂蚁同时也忠诚于自己的伙伴，这种忠诚表现为蚂蚁之间的团结互助。蚂蚁在"战斗"过程中能互相协助、互相支援，在"战斗"完成后，蚂蚁们能安葬它们的"烈士"。这种忠诚敬业的态度正是我们所有人应该学习的榜样，也是目前所有优秀员工应具备的基本特质。

蚂蚁们的态度是忠诚的，忠诚到不折不扣地按照既定的方针和路线，忠诚到严格地按照标准去努力，忠诚到勤勤恳恳而没有什么怨言。

蚂蚁是忠诚的，蚂蚁们忠于蚁后，这种忠诚是一种虔诚的信仰。正是基于这种忠诚，蚂蚁任劳任怨地工作；也正是基于这种忠诚，蚂蚁在危难时刻，能义无反顾地挺身而出。

蚂蚁同时也忠诚于自己的伙伴，这种忠诚表现为蚂蚁之间的团结互助。蚂蚁在“战斗”过程中能互相协助、互相支援，在“战斗”完成后，蚂蚁们能安葬它们的“烈士”。这种忠诚敬业的态度正是我们所有人应该学习的榜样，也是目前所有优秀员工应具备的基本特质。

我们不能预知生活的各种情况，但我们能够适应它。正确的心理态度和良好的习惯，会有积极的收获。千万不要接纳心灵的垃圾。

你希望有更多的乐趣、更多的贡献、更多的享受、更多的财富、跟邻居相处得更好、更健康、家庭更幸福吗？只要有正确的心理态度，这些事情都能做到。

今天，美国有三万所学校，教你做一切事情，从修指甲、操作重机械到切除扁桃腺或卷发，然而没有一所学校，可以教你如何比平常人更好，除非你具有正确的心理态度。当人负起一项责任时，态度是决定能否成功的关键因素。简言之，你的态度比你的适应性或才能更重要。

纵然有压倒性的事实可以说明正确的心理态度之重要，但从幼儿园到研究所整个教育体系，几乎都疏忽了或未察觉到这个重要的因素。百分之九十的教育在于获得事实与数字，仅有百分之十集中在“感觉”与态度上，而这百分之十还有点儿估计过高，因为这大部分集中在运动及相关的活动上。

美国心理学之父威廉·詹姆斯说，这一划时代的重大发现是，我们可从改变态度来改变生活。

态度包括许多方面，其中之一和乐观有关。悲观者说:“当我看见它时我相信它。”乐观者说:“当我相信它时我看见它。”乐观者看到半杯水说它是半满，悲观者看到同样的半杯水说它是半空。理由很简单：乐观者把水加进玻璃杯；悲观者从玻璃杯中取出水。那些仅取之于社会而不奉献于社会的人是悲观与宿命论者，那些努力而确实有贡献的人是乐观与自信的。因为他在解决问题。在生活中成功与失败通常仅仅是一念之差。

态度真是产生极大差异的“小”事情。常常会因为芝麻那样小的事情而造成了乐观或悲观、成功或失败、胜利或挫折。如时钟误差四小时不会出问题，因为人们都知道那时钟有问题而自动修正了。可是如果你的表差了四分钟——特别是慢了的情形——就造成了各种问题了。你若想搭乘早上十点的班机，结果十点四分才到达机场。这时你跟航空公司之间就有些麻烦了。

积极的态度有积极的结果，这是因为态度有感染力。这种态度之一就是热心。爱伯特·呼巴德曾说：“没有一件伟大的事情不是由热心所促成的。”好的传教士与伟大的传教士、好的母亲与伟大的母亲、好的演说家与伟大的演家、说好的推销员与伟大的推销员之间的差别，时常就在于热心。

只有所有的员工对企业忠诚，才能发挥出团队力量，才能拧成一股绳，劲往一处使，推动企业走向成功。同样，一个职员，也只有具备了忠诚的品质，他才能取得事业的成功。如果你能忠诚地对待工作，就能赢得老板的信赖，从而给你以晋升的机会，并委以重任，在这样一步一步前进的过程中，你就不知不觉提高了自己的能力，争取到成功的砝码。

员工对老板的忠诚，能够让老板拥有一种事业上的成就感，同时还能增强老板的自信心，更能使公司的凝聚力得到进一步的增强，从而使公司得以发展壮大。

所以，很多老板在用人时不仅仅看重个人能力，更看重个人品德，而品德最为关键的是忠诚。那种既忠诚又有很强工作能力的员工是每个老板都心仪的得力助手。

既忠诚又有能力的员工，这种人不管到哪里都是老板喜欢的人，都能找到自己的位置。而那些三心二意，只想着个人得失的员工，就算他的能力无人能及，老板也不会委以重任的。

忠诚于公司、忠诚于老板，实际上就是忠诚于自己。忠诚不同于一味的阿谀奉承，忠诚也不是用嘴巴说出来的，它不仅要经受考验，而且还表现在你的行动和行为上。

忠诚，不仅仅是对老板个人的忠诚，还应是对自己企业事业的忠诚。因此，忠诚的表现是多方面的。

像蚂蚁一样，只为问题找方法

面对挫折，蚂蚁们没有选择逃避，它们还是一如既往、心平如水地生活。它们知道逃避是没有办法的办法。逃避不能解决任何问题，逃避只会让生活变得更加沮丧，失去努力的动力和方向。

面对挫折时最好的办法就是打倒它。让它永远在我们的脚下，挫折是对我们意志的一种考验，是我们能力提升的一个过程，也是引导我们走向成功的基石。

查德威尔是第一个成功横渡英吉利海峡的女性。当她成为第一个横渡英吉利海峡的女人以后，她对自己取得的成就仍不满意，决定从卡塔林那岛游到加利福尼亚去。

查德威尔从卡塔林那岛游到加利福尼亚时，正是秋冬时节，下水没有多长时间，刺骨的海水就把她冻得嘴唇发紫。当她坚持了 16 个小时以后，感觉到自己已经没有力气了，四肢似乎有千斤重。但是她仍然没有放弃，又过去了半个小时，查德威尔抬头看着前方雾气朦胧的海面，她打算放弃了，因为到现在连对岸的海岸线都看不到。

查德威尔请求同伴把她拉上小艇。

“不，查德威尔，你应该相信自己，只有不到一公里就成功了，一定要坚持住啊！”同伴们对她说。可是她已经控制不住自己了。她坚决地对同伴们说道：“真的不行，如果只有一公里，我怎么会看不到海岸线呢？拉我上去吧！”最终她被同伴们拉上了小艇。不到一个小时，她们一行人到了海岸上，当时的查德威尔很后悔，她在心里问自己，我为什么不听从别人的话再坚持一个小时呢？如果我坚持一下就不会失败了。

这个案例告诉我们什么样的一个道理呢？成功与失败往往只有一念之差，前面的大部分困难已经让我们精疲力竭，在这个时候，就算一个小小的障碍都有可能让我们前功尽弃，如果我们想取得胜利，只有咬紧牙关坚持下去，这样胜利才会随之而来。

有这样一段话:“只要坚持不懈地努力下去，总会得到你想要的。”是啊，当你对一件事持有永不放弃的精神时，你就会得到一个圆满的结果。

前进的道路上，我们没有任何权利去嘲笑那些不断前进的人，因为他们不断前进，永不放弃，坚持不懈地奋斗，所以他们获取了成功。然而，那些面对任何一个困难或者挫折就轻言放弃的人，永远也到不了终点。

回顾历史，为什么会有雷斯与贝尔争夺电话发明权的案例呢？曾经宣布自己发明了电话的雷斯最终败给了贝尔，这是法院的最终判决。这究竟是怎么一回事呢？雷斯之所以失败，仅仅是因为他比贝尔少转动了一个螺钉的四分之一圈，使间隔电流转为等幅电流。这正是雷斯没有坚持下去的结果，所以，一种永不放弃的精神是成功路上不可缺少的因素。

当然了，要做一个永不言弃的人，就必须从小处入手，加强自身的修养，锻炼自己多方面的能力，还需要从事自己喜欢的工作。如果你做的是一件自己不喜欢、不感兴趣的事，那么永不放弃的奋斗非但享受不到成功的乐趣，还会让自己陷入迷茫的困境中。

有一位成功的学者说过这样一段话:“一个人的成功与否取决于意志力的强弱。意志坚定的人，他会想尽办法去克服前进道路上的种种困难，排除层层障碍，最终走向成功。意志薄弱的人，当他们遇到困难与挫折时，只想着退缩，最终归于失败。”是啊，意志力坚定的人，他们都是永不放弃者，他们用自己的行动证明了自己成功的历程。

就像这名医学专家一样，他努力试着发明一种新的药品，可是经过多次的失败，他对这项计划失去了全部的耐心与信心，就在离成功一步之遥的地方，他放弃了自己努力几年的成果。当另一位医学专家用他所研究的资料发明了药品之后，他才后悔自己为什么不再试验一次呢？原来另一位医学专家只是比放弃的那位多做了一次试验，只多用了一个星期的时间。

成功往往就在自己坚持之后，如果你把放弃的念头打压下去，让自己拥有一种永不言弃的精神，那么，你最终就会取得不同凡响的业绩。这样的人足以获得大家的钦佩和敬仰，因为他们竭尽全力、坚持不懈地为自己的事业而奋斗。即使他们会因为某种原因而没有走到事业的最前方，他们也在永不放弃和坚持不懈的奋斗中成就了自己的人生，铸就了辉煌。

正如这段话所说:“我们在面对任何困难与挫折时一定要坚持下去，以永不放弃的心态去打败那些困难与挫折，只有如此，才能到达成功的巅峰。”

忍耐力就是把痛苦的感觉或某种情绪抑制住，不使其表现出来的能力。它是意志顽强的一个前提，二者通常是联系在一起的。成功的人在执行决策和处理问题时，对忍受困难、痛苦、挫折有恒久的承受力，对于突发的一些事情，在情绪上能够把握住自己，不大喜大悲，有足够的自制力，这便于平衡心态，积蓄力量，等时机一到，马上行动，赢得最后的胜利。

忍耐力，首先要对来自于外界的压力有足够的承受能力，不能一遇到棘手的问题、困难以及痛苦，就脆弱得马上想逃避，向其投降，这对问题的解决无一利而有百害。成功的职业人士都是以极大的忍耐力和意志忍受着困苦，在艰辛中一点点地向前迈进，跌倒了再爬起来，终于到达成功的顶峰。

意志的刚柔相济、顽强，是一个成功者意志良好的表现，在面临困难和失败时，只有具有顽强的斗志，持久的耐力，在碰到机遇时，才能做出果断的决策，选择执行的合适方法，才能于事业有利，也才能算得上意志坚强。若缺少了其中一个方面的因素，在意志和品格上都不算完整，称不上是具有良好健康的意志素质。所以，作为一个成功者来说，一定要意志坚韧，在果断性、忍耐性和顽强性上磨炼自己是十分必要的。

像蚂蚁一样，与困难抗争逆境前行

面对困难，蚂蚁们选择勇敢面对，即便是牺牲生命也在所不惜，即便是前面是刀山火海，它们也一无反顾地投身。我常常见蚂蚁们集体与身量、体重大自己几倍的强敌较量、英勇奋战。在他们面前，这些困难都不算什么。

困难就像纸老虎，如果你害怕它，畏缩不前，不敢正视，那么它就会吃掉你；但是，如果你毫不畏惧，敢于正视，它就会落荒而逃。

不管什么样的打击和失败降临，一个真正坚强的人都能够从容应对，做到临危不乱。当暴风雨来临时，软弱的人屈服了，而真正坚强的人镇定自若，胸有成竹。

面对困难的态度十分重要。如果你足够强大，困难和障碍就微不足道；如果你很弱小，障碍和困难就显得难以克服。对于懦弱和犹豫的人来说，困难是可怕的，你越犹豫，困难就越发可怕，越发不可逾越；但当你无所畏惧时，困难将会消失。

向困难屈服的人必定一事无成。很多人不明白这一点，一个人的成就与他战胜困难的能力成正比。他战胜困难越多，取得的成就越大。

人的一生都会遇到或多或少的波折。顺境也罢、逆境也罢，只是每个人面对困难，所持有的态度和心理承受力不同而已。

挫折的大小没有什么界定，这取决于你的心理。假如你把自己遇到的困难无限地放大，那它就可能成为你人生中难以逾越的障碍；把它看小，你就有足够的信心和能力去克服和承受它。

如果把人生比喻成一辆远行的汽车，长途跋涉中难免会遇到坎坷的道路。或坎坷、或平坦、或崎岖、或故障，只要驾驶员坚忍不拔、永不放弃，就一定能到达理想中的目的地。

“顺境”“逆境”就像一对双胞胎，会时刻出现在每个人的成长道路中。有的人觉得自己特别不幸，那是他老是盯着自己的挫折；有的人总是乐呵呵的，觉得自己特别幸运，那是他总在享受自己的快乐。

“每天做点儿困难的事”，以此锻炼自己的毅力，这是成功的关键。大部分的工作都可以靠训练来胜任，有些工作要靠天赋，如音乐家、文学家、运动员等，但没有一项成就不需要经过坚持不懈地苦练。

“坚持下去”，是许多懂得享受工作快乐的人所秉持的原则。特别是当困难出现的时候，与其把时间和精力用来逃避、用来收拾残局、用来为自己的失败辩解、开脱，不如用来克服困难，让自己成功、让自己胜利。

在我们的实际工作中，成功者与失败者没有多大的区别，只不过是失败者走了 99 步，而成功者走了 100 步。失败者跌下去的次数比成功者多一次，成功者站起来的次数比失败者多一次。当你走了 1000 步时，也有可能遭到失败，但成功却往往躲在拐角后面，除非你拐了弯，否则你永远不可能成功。

我们往往对事物过早做出失败的判断，当遇到困难时就对自己的工作产生了怀疑，甚至半途而废，那前面的努力就白费了。唯有经得起风雨及种种考验的人才是最后的胜利者。因此，不到最后关头就绝不放弃，永远相信：成功者不放弃，放弃者不成功！

在马德里的监狱里，塞万提斯写出了《唐吉诃德》，那时他穷困潦倒，连稿纸也买不起。有人劝一位富裕的西班牙人资助他，那位富翁却说："上帝禁止我去接济他的生活，唯有他的贫穷才能使世界富有。"

元朝皇帝帖木儿的经历也证明了这一点。他被敌人紧追不舍，不得不躲进了一间坍塌的破屋。就在他陷入困惑与沉思时，他看见一只蚂蚁吃力地背负着一粒玉米向前爬行。蚂蚁重复了69次，每一次都是在一个凸起的地方连同玉米一起摔下来，他总是翻不过这个坎。哦，瞧！到了第70次，它终于成功了！这只蚂蚁的行为极大地鼓舞了这位彷徨的英雄，使他开始对未来的胜利充满希望。

无论是成就辉煌的CEO还是普通平凡的员工，都必须坚持不懈，大胆地采取行动，坚决动手执行工作目标。作家马克·吐温调侃地说："每一个人的一生中，幸运女神都来敲过门。可是许多人竟然跑到邻居家里没有听见。"在人生的旅途中，期待着意外的好运，犹如守株待兔，是一个没有保障的尝试，还是从努力工作中得到人生价值来得实际一些。虽然我们不可能成为达尔文·史密斯那样的商业奇才，但是坚韧和坚决的行动可以使我们的工作变得轻松，充满乐趣。

毕业于哈佛大学的哲学家詹姆斯说："你应该每一两天做一些你不想做的事。"这是一个永恒不灭的真理，是人生进步的基础和上进的阶梯。"每天做点儿困难的事"，就是"逼"自己去完成工作。

如果你是一位营销人员，但是当众演讲又是你最发怵的事情，那你就每天"逼"自己对着镜子练习讲话；如果你是一位公关人员，但是你恰巧又是一个内向的人，那你就每天"逼"自己主动与主要业务伙伴联系，或是打电话，或是发E—mail，或是相约见面；如果你从中学开始就讨厌学法语，可是你要想获得硕士学位，就不得不硬着头皮，每天"逼"自己练习听力、复习语法，再一口气做完一套模拟试题……这样，经常做一些很困难的事情，消除对于未知和不能控制局面的恐惧，不断地肯定自己，主观上赋予自己积极乐观的想象，往往会产生意想不到的效果。

有些事情，在不知道它到底有多难时，我们敢去做，做起来往往也很轻松。这就是人们常说的无知者无畏。所以，在做某些事时，我们不必知道它到底有多难，只管去做就是了，这样往往会做得更好。

像蚂蚁一样，把工作做到最好

蚂蚁们是微小的，微小到没有几个人会注意到他们。但是，蚂蚁们又是坚强的，坚强到可以攻克任何看似坚硬的堡垒。蚂蚁们唯一的信念就是实现自己的使命，维护庞大的蚂蚁家族，让家族的生命不断地延续下去，不断地辉煌发展。

曾经有一份报纸刊登了如此一则招聘文秘的广告："工作非常轻松，但要求全心全意，尽职尽责。"

实际上，不仅仅是文秘工作需要如此，所有的工作都应该全心全意、尽职尽责才能够做好。

不管你从事哪种职业，都应该尽心尽力，发挥自己的最大潜力，以求得不断地进步。这不仅是工作的原则，也是做人的准则。如果没有职责与理想，人就会失去生存的意义。身为一名职员，一定要扪心自问，自己的所作所为是否问心无愧，既对得住自己，也对得住老板。

日本东京岛村产业公司及丸芳物产公司董事长岛村芳雄，不但创造了著名的"原价销售法"，还利用这种方法，由一个一贫如洗的店员变成一位产业大亨。

岛村芳雄初到东京的时候，在一家包装材料厂当店员，薪金十分微薄，时常囊空如洗。由于没钱买东西，岛村下班后唯一的乐趣就是在街头闲逛，欣赏行人的服装和他们所提的东西。

有一天，岛村又像往常一样在街上漫无目的地溜达。无意中，他发现许多行人手中都提着一个纸袋，这些纸袋是买东西时商店给顾客装东西用的。一个念头在岛村的脑中闪现了，他认定这种纸袋一定会风行一时，做纸袋生意一定会大赚一笔钱。

考虑到自己一无经验，二无资金，岛村创造了一种新的销售方法，即"原价销售法"，从而在激烈的商业竞争中站稳了脚跟，并为日后的发展打下了雄厚的基础。

所谓原价销售法，就是以一定的价格买进，然后以同样的价格卖出，在这个过程中，中间商没有赚一分钱。

岛村先往麻产地冈山的麻绳商场，以5角钱的价格大量买进45厘米规格的麻绳，然后按原价卖给东京一带的纸袋工厂。这种完全无利润的生意做了一年后，在东京一带的纸袋工厂中，人们都知道“岛村的麻绳确实便宜”，订货单也像雪片一样，从各地源源而来。

见时机成熟，岛村便开始着手实施自己的第二步行动。他先拿着购货收据，前去订货客户处诉苦：“你们看，到现在为止，我是一毛钱也没有赚你们的。如果再让我这样继续为你们服务的话，我便只有破产的一条路可走了。”

交涉的结果是，客户为岛村的诚实和信誉所感动，心甘情愿地把交货价格提高为5角5分钱。

接下来，岛村又与冈山麻绳厂商洽谈：“您卖给我一条5角钱，我是一直按原价卖给别人，因此才得到现在这么多的订货。如果这种赔本生意让我继续做下去的话，我只有关门倒闭了。”

冈山的厂商一看岛村开给客户的收据存根，大吃了一惊。这样甘愿做不赚钱生意的人，他们生平还是第一次遇到。于是，这些厂商们没有多加考虑，就把价格降低为一条四角五分。

如此一来，以当时一天1000万条的交货量来计算，岛村一天的利润就可以达到100万元。创业两年后，岛村就成为名满天下的人。

真正的智者，真正的有抱负、理想远大的人，不会计较一时的得失，他们往往把眼光投向更远处，看到自己此时的损失能够为未来带来的好处。

斯狄文大学毕业之后为了谋求生计，做了一名普通的银行职员，但工作两年之后，他发现自己总是心不在焉地对待这项工作，而且始终视其为一种谋生的手段，仅仅为了每个月那点儿薪水。在安静的时候，他不停地反思，发现自己并不喜欢这个工作。他早年的梦想和心愿是做一名社区工作者，为社区广大居民排忧解难。因此，他毅然决然地辞掉了银行的工作，选择投身于社区服务事业。果然，他后来干得非常出色，充分发挥了自己的聪明才智。

由此可见，一个人要选择一项自己所热爱的事业，并全身心地投入，真正做到爱一行、干一行，才能真正掌握自己的命运。

成功是需要很多条件的，比如健全的体魄、聪明的头脑、坚忍不拔的精神等，但这些条件并不是每个人都能具备的。一个成功者，首先就在于他从不苛求条件，而是竭力创造条件——哪怕他只剩了一只眼睛可以眨动。

看似不可能的事，完全可以变为可能。

有一家效益相当好的大公司，为扩大经营规模，决定高薪招聘一名营销主管。广告一打出来，报名者云集。

面对众多应聘者，招聘工作的负责人说:“相马不如赛马，为了能选拔出高素质的人才，我们出一道实践性的试题：就是想办法把木梳尽量多地卖给和尚。”

绝大多数应聘者感到困惑不解，甚至愤怒：出家人要木梳何用？这不明摆着拿人开涮吗？于是纷纷拂袖而去，最后只剩下三个应聘者：甲、乙和丙。

负责人交待:“以 10 日为限，届时向我汇报销售成果。”

10 日后。

负责人问甲:“卖出多少把?”答:“1 把。”“怎么卖的?”甲讲述了历尽的辛苦，游说和尚买把梳子，没有收到效果，还惨遭和尚的责骂。好在下山途中遇到一个小和尚一边晒太阳，一边使劲挠着头皮。甲灵机一动，递上木梳，小和尚用后满心欢喜，于是买下一把。

负责人问乙:“卖出多少把?”答:“10 把。”“怎么卖的?”乙说他去了一座名山古寺，由于山高风大，进香者的头发都被吹乱了，他找到寺院的住持说:“蓬头垢面是对佛的不敬。应在每座庙的香案前放把木梳，供善男信女梳理鬓发。”住持采纳了他的建议。那山有十座庙，于是买下了 10 把木梳。

负责人问丙:“卖出多少把?”答:“1000 把。”负责人惊问:“怎么卖的?”丙说他到一个颇具盛名、香火极旺的深山宝刹，朝圣者、施主络绎不绝。丙对住持说:“凡来进香参观者，多有一颗虔诚之心，宝刹应有所回赠，以做纪念，保佑其平安吉祥，鼓励其多做善事。我有一批木梳，您的书法超群，可刻上‘积善梳’三个字，便可做赠品。”住持大喜，立即买下 1000 把木梳。得到“积善梳”的施主与香客也很是高兴，一传十、十传百，朝圣者更多，香火更旺。

毫无疑问，最后丙得到了那个职位。

对于有些人来说，“不可能”这三个字，就是一座不可逾越的高山，在它面前会止住前进的脚步。而对于有些人来说，“不可能”这三个字，却是一条通向成功彼岸的大船。原因在于，后者拥有信心并能够积极地思考，而前者正是缺乏信心和积极的思考。

像蚂蚁一样，把岗位视为比生命更宝贵

蚂蚁们的生命也是宝贵的，但是，在集体面临危险的时候，蚂蚁们却会奋勇前行，不惜牺牲了自己的生命。蚂蚁们把自己的岗位视作比生命还重要的东西。

一天，道尼斯在和一位知心的好朋友聊天时，这位朋友怀着强烈的好奇心询问道尼斯晋升的密诀。

道尼斯听后，耸了耸肩，然后用非常简短的话答道："这个问题困扰了我很久，其实也很简单。当我刚开始进入朗讯工作的时候，我就发现，每天下班后，所有人都马上回家了，可是我们的主管杜兰特先生却依然留在他的办公室里工作，而且一直会待到很晚。

还有，我注意到杜兰特先生在工作的时候，经常要一个人去寻找很多重要资料，或者要到其他办公室找东西。于是我就下定决心，下班后不着急回家，待在办公室内做一些其他工作。当然，没有人要求我留下，是我自愿的，因为我认为我应该这样做。

这样如果杜兰特先生有什么需要的话，我就可以为他提供任何他所需要的帮助。这样也可以为杜兰特先生节省一些时间。就这样，时间久了。杜兰特先生就养成了有事叫我的习惯。这就是事情的经过。"

道尼斯这样做有人强迫他吗？还是为了多拿薪水？都不是。他也的确没有获得任何物质上的奖赏，但是由于他的敬业精神，他得到了老板的赏识和一个晋升的机会。

在挑选人才时，多数500强企业都希望在中国能够招收优秀而且以工作为乐的员工，并且为此发展出一套完善的招聘程序。像英特尔、微软、摩托罗拉、爱立信以及本案例中的朗讯"非凡才智+敬业精神"的标准，这些都是最好的例证。

不光是500强企业，任何一个企业都希望自己能够招收到具有敬业精神的员工。不论是一家什么企业，老板都希望自己的企业能够兴旺发达，这样，他自然就需要一个、几个甚至一批兢兢业业、埋头苦干的下属，需要一些具有强烈敬业精神和强烈责任心的下属。

从这一点来说，敬业的员工可以说是老板最器重的员工，也是最容易抓住成功机会的员工。如果你的能力一般，敬业可以帮你更快地走向成功；如果你十分优秀，那么敬业将会带你走向更成功的领域。

不过我们身边总有一些这样的员工，他们认为：反正我是在给别人打工，能干就干，公司亏了也不关我的事，只要不少我工资就行了。这种想法对员工自己是没有任何好处的。

事实证明，敬业的人能够从工作中学到比别人更多的经验和知识，而这些经验和知识就是你向上发展的踏脚石。不论你以后从事什么职业，丰富的经验和好的工作方法都会为你的成功带来助力，你的敬业精神更会为你的成功带来帮助。因此，一个能够把敬业变成习惯的人，从事任何行业都容易取得成功。

在漫长的人生中，每个人的大部分时间都是在工作中度过的。可以说工作就是我们生命的舞台，工作的成败就是我们人生的成败。我们只有像珍惜生命一样珍惜自己的工作，才能把工作做得尽善尽美，才能获得人生中的最高成就。然而，很多的人却无视自己所拥有的美好工作，而去追求那些表面看起来很美好，实际却很虚幻的东西，直到失去本来所拥有的工作的时候，才懊悔不已。有多少人，在工作岗位上，总是觉得自己大材小用，总是对自己的工作充满了抱怨，总是认为自己应该干更重要的工作。有多少人，总是抱着一副单位需要我、工作需要我的态度，却从没有想过，这个世界上根本没有哪份工作必须你来做才能完成，而是你必须要有一份工作来维持你的生活，愉快地度过你的人生。

现实生活中，很多人都拥有一份令人羡慕的工作，然而，他们却身在福中不知福，不懂得珍惜自己的工作。有的人甚至把工作当成了包袱和负担，对工作抱着一种应付的态度，当一天和尚撞一天钟，得过且过。有的人尽管拥有舒适的工作环境和良好的工作平台，却没有把心思放在工作上，没有把精力用在岗位上，他们更多的是贪图享受，按月领取那份工资和奖金，对工作敷衍塞责，有的甚至还利用手中的职权去干一些损公利己的事。这样的人，迟早会被公司解雇或受到应有的处罚。珍惜才会拥有，感恩才能长久。只有珍惜工作，我们才能热爱工作、热爱事业，才能释放出对工作的积极性和创造性，才能百分之百地投入到工作中去，才会全力以赴地去把自己的工作做到最好，从而追求更美好的人生。

工作岗位是人生旅途拼搏进取的支点，是实现人生价值的基本舞台。珍惜岗位就是珍惜生命，进而提高自己的人生价值。然而，很多人在工作中却不珍惜岗位，总是心浮气躁，好高骛远，这山望着那山高，没有立足本职埋头苦干，当然他们也不会有建功立业的成就感。这种人一见到别人做出了成绩，就会因羡慕而嫉妒，进而大发“英雄无用武之地”的牢骚，似乎自己没有成就不是因为工作不努力，而是岗位不合适。但是，一旦领导将他们放到某个重要岗位上，他们又会因沾沾自喜而乐以忘忧，以致成天在“一杯茶水一包烟，一张报纸看半天”中消磨时光。至于人生的理想、奋斗的激情、进取的潜能、创造的才智，统统都在这种舒适安逸中慢慢泯灭殆尽，到头来，难免平平庸庸、无所作为。

可见，不珍惜岗位，实际上就是苟且偷安，敷衍人生，最终是对自己生命的浪费。有人或许会说：重要的岗位容易调动人的积极性，而平凡的岗位很难让人产生敬业之情，不值得珍惜。但道理并非如此。就一个城市而言，没有人当市长是不行的；同样，没有人做清洁工也是不行的。想当市长的人很多，想当清洁工的人肯定不多。可是，市长只需要一个，清洁工却需要几千人，甚至几万人。即使这样，如果清洁工不认真工作，不珍惜自己的工作，他同样也会失去这一份工作。因为，你不珍惜你的岗位，自然就会有人来替代你。蚂蚁的敬业精神为人所称道。珍惜岗位，实际上表现的是一种敬业精神。当前，我们很多人在学习西方企业的精神和教义，与此同时，我们更应该学习中华民族的优良传统。一千多年前的诸葛亮就曾以“鞠躬尽瘁，死而后已”名垂千古。

珍惜自己的工作是一条实现人生价值的必经之路。只有像那些小小蚂蚁踏踏实实，充分利用好自己在岗位上的每一天，刻苦钻研，奋发图强，才能获得人生的成功。

像蚂蚁一样，坚持不懈地完成任务

蚂蚁许多时候之所以战胜对手，不是因为它们比对手更强大，而是因为它们比对手坚持得更久，因为它们有坚韧不拔的精神。知道目标后全力以赴，不战胜对手决不罢休的坚韧精神正是所有员工应该具有的品质。

对于蚂蚁的韧劲和不屈不挠的毅力，小的时候我就有很深的印象。记得那是上小学一二年级的时候，大概也就10岁不到，我和几个小学的玩伴一起玩蚂蚁。当时我家住的地方门前有一颗大树，可能是法国梧桐之类的高大树种，盘根错节，树身挺粗壮的，树下有好多蚂蚁出没。我们几个顽童经常把蚂蚁洞的出口用泥土或石子堵上，可没过多久，小蚂蚁就能把泥土石子挪开，印象中这些小家伙的出口总是堵不住！记得有一次我们的一个小伙伴家里建房子，他偷偷弄了些水泥来，这下我们这批小顽童可兴奋啦。放学后忙开了，有的打水、有的和水泥，大家伙你堵一个我堵一个，把大树底下的蚁洞和疑是蚁洞的全用水泥堵上了。蚂蚁不见了好几天，我们也高兴了好几天！可是几天后我们又发现了小蚂蚁排着长队浩浩荡荡出现了，简直是向我们游行示威嘛！我们气坏了，可是马上发现，这次我们无能为力了，因为这些小蚂蚁居然将洞口建到了树身的高处！

长大以后每每遇到工作难题的时候，我就会时常想起那些小蚂蚁，想起那些小蚂蚁坚韧不拔的可贵精神！小蚂蚁不屈不挠的执著精神一直鼓舞着我、支撑着我。

《把信送给加西亚》是一本讲述如何坚持不懈的书，讲述的是罗文中尉是如何把信送给加西亚将军的故事。这个送信的传奇故事已在全世界广为流传100多年了，《把信送给加西亚》一书也畅销不衰，风靡世界，这主要是因为它倡导了对工作的勤勉敬业精神。故事中的罗文，是美国陆军的一名年轻中尉，在美西战争期间，孤身一人，在没有任何护卫的情况下，冒着生命危险，历经艰难险阻，终于将总统的信送给了加西亚将军——一个掌握着决定性力量的人，出色地完成了这次重要任务。

毫无疑问，罗文的成功并不在于他杰出的军事才能，而是在于他优良的道德品质，绝对的勇气和不屈不挠的进取精神，这就是一种忠诚和主动性，一种忠于职守、承诺、敬业、服从和荣誉的精神。正如中国有句古话:“地势坤，君子以厚德载物”，“天行健，君子以自强不息”。

做人做事首先要有好的品行做基础，另外就是做什么事都要坚持，不要总想做这件事会给自己带来多少好处，会得到多少花环，荣光，而应重视的是无条件地主动完成任务本身。如果罗文总想着完成送信任务后自己会成为英雄的话，可能就完不成任务了。书中罗文中尉是在孤身一人，不知道加西亚将军具体在哪，长什么样，又没有任何护卫的情况下，从美国出发秘密登陆当时尚被西班牙军队控制的古巴岛，最后成功地把信交到了加西亚将军手中并带回了非常宝贵的资料。整个送信过程充满了艰辛和危险，但在罗文中尉迫切希望完成任务的心中，却有着绝对的勇气和不屈不挠的精神。试想，如果罗文抱怨工作难度大，没有敬业精神，他就不会积极主动去把信送给加西亚。

世界上的雄辩家，有很多都是在最初被认为说话笨拙的人，狄里斯就是其中一个。

狄里斯生于公元382年，在西欧被称为“历史性的雄辩家”。据说，他的声音很低，而呼吸很短促，口齿不清，旁人经常听不懂他在说些什么。不过，他的知识非常渊博，因此他的想法也相当深奥，很擅长分析事理，几乎无人能与其匹敌。

当时，在狄里斯的祖国首都雅典，有很严重的政治纷争，因此，能言善辩的人格外受到重视。一向能先看清时代潮流和趋势的狄里斯，认为自己缺乏说话技巧是很不适宜的。于是他作了一番充分的考虑，并且准备好演讲的内容，从容走上了演讲台。但是，很不幸，他遭遇了失败。

原因就是他那发出的低音和肺活量的不足，口齿的不清，导致别人无法听清楚他所说的话。但是，狄里斯并不灰心，他反而比过去更努力训练自己的胆量和意志力。

他每天都跑到海边去，对着浪花拍打的岩石大声喊叫，回家以后，又对着镜子，照自己说话的嘴形，做发音练习，一直坚持不懈。狄里斯就是这样努力了好几年，直到他27岁时，终于再度走上台向众人演说。

辛苦的努力总算有了成果。他这次盛大的演讲，得到了许多喝彩与掌声，而狄里斯的名气，也就这样打响了。

谁都想得到别人的喝彩与掌声，谁都想取得令人羡慕的成功，但这得之不易，需要付出努力，而且要付出超越常人的努力。唯有如此，我们才能超越别人，超越自己。

人们常说，行动是最美的誓言。但行动往往需要一种内在的动力来支撑，这种内在的动力就是信心。面对困难，只要我们能够树立坚定的信心，再配合以积极的行动，心中的梦想就会变成现实。

第四章　像蚂蚁一样忠诚守信

蚂蚁是忠诚的，正是基于这种忠诚，蚂蚁任劳任怨地工作；也正是基于这种忠诚，蚂蚁在危难时刻，能义无反顾地挺身而出。蚂蚁同时也忠诚于自己的伙伴，这种忠诚表现为蚂蚁之间的团结互助。

蚂蚁在“战斗”过程中能互相协助、互相支援，在“战斗”完成后，蚂蚁们能安葬它们的“烈士”。忠诚于公司、忠诚于老板，实际上就是忠诚于自己。忠诚，不仅仅是对老板个人的忠诚，还应是对自己企业事业的忠诚。这种忠诚的态度正是我们所有人应该学习的榜样，也是目前所有优秀员工的基本特质。

像蚂蚁一样，工作就意味着责任

蚂蚁们对待自己的工作没有认为有什么高低贵贱之分，只是知道尽责是最中意的。员工们常常认为只要准时上班，按时下班，不迟到，不早退就是敬业了，就可以心安理得地去领工资了。敬业所需要的工作态度是非常严格的。一个人不论从事何种职业，都应该心中常存责任感，敬重自己的工作，在工作中表现出忠于职守、尽心尽责的精神，这才是真正的敬业。

生活中的每个人都肩负着对工作、对家庭、对亲人、对朋友的责任，正因为存在这样或那样的责任，才能对自己的行为有所约束。寻找借口就是将应该承担的责任转嫁给社会或他人。而一旦我们有了寻找借口的习惯，那么我们的责任之心也将随着借口烟消云散。没有什么不可能的事情，只要我们不把借口放在我们的面前，就能够做好一切，就能够把自己的工作干好。工作就意味着责任。在这个世界上，没有无须承担责任的工作，相反，你的职位越高、权力越大，你肩负的责任就越重。所以，进入职场后，我们千万不要害怕承担责任，而是要立下决心，决定承担任何正常职业生涯中的责任，这样，就会在人生的道路上品尝到成功的果实。在职场上你也许不得不佩服某些人的高明，他们总是能轻松地把工作、责任推得一干二净，就像泥鳅一样的滑溜。职场上一定有劳逸不均的现象，你也不能保证自己在工作上从不犯错，这时责任的归属常会造成同事间的磨擦和不愉快，如果错在自己，良好的态度可以弥补一切过失，但千万别急着把责任往别人身上推，当你说不是你的错时，别忘了伸出去的只有食指，而另外四指却指向自己。最糟的莫过于自己犯了错还企图掩盖事实，撒一个谎，得用一百个谎来圆第一个谎，谁有把握每一个谎言都能编织得天衣无缝？只有你勇于承认自己的错误，才能把这一些过失抹平，这样也容易在老板和同事间留下一个好的形象，工作起来也就更容易一些了。当然，这也是一种拥有强烈责任感的表现。

每个人不论从事何种职业，都应该心中常存责任感，敬重自己的工作，在工作中表现出忠于职守、尽心尽责的精神，这才是真正的敬业。工作就意味着责任。每一个职位所规定的工作内容就是一份责任。你做了这份工作就应该担负起这份责任。我们每个人都应该对所担负的责任充满责任感。责任感与责任不同。责任是指对任务的一种负责和承担，而责任感则是一个人对待任务、对待公司的态度。责任感是简单而无价的。一个人责任感的强弱决定了他对待工作是尽心尽责还是浑浑噩噩，而这又决定了他做事的好坏。当我们对工作充满责任感时，就能从中学到更多的知识，积累更多的经验，就能从全身心投入工作的过程中找到快乐。这种习惯或许不会有立竿见影的效果，但可以肯定的是，当懒散敷衍成为一种习惯时，做起事来往往就会不诚实。这样，人们最终必定会轻视你的工作，从而轻视你的人品。粗劣的工作，就会造成粗劣的生活。工作是人们生活的一部分，做着粗劣的工作，不但使工作的效能降低，而且还会使人丧失做事的才能。工作上投机取巧也许只给你的老板带来一点点的经济损失，但是却可以毁掉你的一生。

那些责任感不强的泥瓦工和木匠，将砖石和木料拼凑在一起来建造房屋，在这些房屋尚未售出之前，有些已经在暴风雨中坍塌了；那些责任感不强的医科学生不愿花更多的时间学好技术，结果做起手术来笨手笨脚，让病人冒着极大的生命危险；责任感不强的律师在读书时不注意培养能力，办起案件来捉襟见肘，让当事人白白浪费金钱；责任感不强的财务人员，在汇款时疏忽大意写错了一个账号，给公司带来灾难性的损失……这样的人，因为给老板和顾客带来灾难而失去了工作的资格。

责任感是我们战胜工作中诸多困难的强大精神力量，使我们有勇气排除万难，甚至可以把“不可能完成”的任务完成得相当出色。失去责任感，即使是做我们最擅长的工作，也会做得一塌糊涂。

没有责任感的军官不是合格的军官，没有责任感的员工不是优秀的员工。责任感是简单而无价的。工作就意味着责任，责任意识会让我们表现得更加卓越。

西点学员章程规定：每个学员无论在什么时候，无论在什么地方，无论穿军装与否，也无论是在担任警卫、值勤等公务还是在进行自己的私人活动，都有义务、有责任履行自己的职责和义务。这种履行必须是发自内心的责任感，而不是为了获得奖赏或别的什么。

这样的要求是非常高的。但西点认为，没有责任感的军官不是合格的军官，没有责任感的员工不是优秀的员工，没有责任感的公民不是好公民。在任何时候，责任感对自己、对国家、对社会都不可或缺。正是这样的严格要求，让每一个从西点毕业的学员获益匪浅。

西点认为，一个人要成为一个好军人，就必须遵守纪律，有自尊心，对于他的部队和国家感到自豪，对于他的同志们和上级有高度的责任义务感，对于自己表现出的能力有自信。这样的要求，对每一个企业的员工同样适用。

要将责任根植于内心，让它成为我们脑海中一种强烈的意识，在日常行为和工作中，这种责任意识会让我们表现得更加卓越。我们经常可以见到这样的员工，他们在谈到自己的公司时，使用的代名词通常都是“他们”而不是“我们”，“他们业务部怎么怎么样”，“他们财务部怎么怎么样”，这是一种缺乏责任感的典型表现，这样的员工至少没有一种“我们就是整个机构”的认同感。

责任感是不容易获得的，原因就在于它是由许多小事构成的。但是最基本的是做事成熟，无论多小的事，都能够比以往任何人做得都好。

像蚂蚁一样，把忠诚当做一种职业品德

蚂蚁们的忠诚换来了蚂蚁王国的兴盛和壮大。蚂蚁们的成就是巨大的，仔细想想的话，我们就会发现，蚂蚁们这些成就的取得无一不是在忠诚信念支撑下的结果。

有人说：“忠诚，无非是要做出无私的奉献，这对我有什么好处？我对别人忠诚了，谁对我忠诚？”这种人的思维是狭隘的，他没有意识到忠诚的最终受益者是自己。忠诚会给人以可靠的感觉。

在日常生活中，如果一个人曾经欺骗过你，那么想让你再次相信他，他就需要费很大的劲。在中国有一句俗话“一次不忠，百次不用”，说的正是这个道理。去研究那些成功的、被人信赖和敬仰的人，我们可以发现他们都具有忠诚的美德。

忠诚是人类最重要的美德之一。忠实于自己的公司、与同事们同舟共济、共赴艰难，将获得一种集体的力量。这样的人生就会变得更加饱满，事业就会变得更有成就感，工作就会成为一种人生享受。

相反，那些表里不一、言而无信之人，整天陷入尔虞我诈的复杂人际关系中。在上下级之间、同事之间玩弄各种权术和阴谋，即使一时得以提升，取得一点儿成就，但终究不是一种理想的人生和令人愉悦的事业，最终受到损害的还是自己。

A公司和B公司是竞争对手，B公司的生意红火，A公司则一直受到B公司的压制，但想不出制服对手的良策。终于，对策有了。他们想方设法寻找关系，接近B公司的一名仓库主管，让其暗中出卖商业机密。这个主管在利益的驱使下，利令智昏，把自己公司的库存数量、货品结构、价格策略一一泄露。几经交手，商界风向大变，B公司节节败退，最后元气大伤而倒闭。A公司却起死回生，反败为胜。公司倒闭了，B公司的仓库主管的工作也到了终点。当他以功臣的身份来到A公司，准备大干一番事业时，却被对方告知：对于这种蛀虫，他们也是不欢迎的。仓库主管气愤不已，骂他们是冷血无情，利用完了就一脚踢开，可是却毫无办法。更可悲的是，很快，大家就知道了实力雄厚的B公司倒闭的原因，所有的人都开始咒骂他，他连找一份工作的机会也没有了，最后竟然流落街头。

一个不忠诚的蛀虫，股掌之间就将一个公司搞垮了。B公司的老板输得稀里糊涂，蒙受了惨烈的失败。但同时，这个不忠诚的人也受到了惩罚。

现代公司生存发展的核心竞争力是以公司文化为基础的，职业道德与员工素质恰恰是公司文化的重要组成部分。因此，维护公司利益已经成为判断和衡量员工的基本准则，很难想象哪个公司能够容忍背叛公司的行为。对于那些出卖公司利益换取竞争对手一点点回扣的人，即使是在对手那里也得不到尊重，反而会使人家时时处处提防着你。职业道德与人格是密不可分的，做事先做人，一个人格不健全的人是很难获得成功的，纯粹的利益分享只是暂时的，获得别人认可的前提是对人格的认可。

缺乏忠诚度，频繁地跳槽直接受到损害的是公司，但从更深层次的角度来看，对员工的伤害更深。无论是个人资源的积累，还是所养成的“这山望着那山高”的习惯，都使员工价值有所降低。这些人对自己的内心需求没有认真地反思，对自己奋斗的目标没有清晰地认识，自然无法选择自己的发展方向。不忠诚的员工的一个直接表现就是跳槽。他们的离职经常非常潇洒地就完成了，但是他们以后的日子却不能继续潇洒下去。

对事业、对公司的忠诚一旦养成，就会积累成人的职业责任感和职业道德。而这些是任何一个公司任何一个老板都最需要的。你拥有了这些品质，无论你到什么地方都会获得老板的看重，所以你就永远也不会失业。

有一家主要销售家电产品的公司，由于老板经营不善而濒临倒闭。这个时候，公司的很多员工陆续离开了这家公司。但有一位员工，从公司有困难开始，自始至终都站在老板的一边，与老板同甘共苦。在公司无法发放工资的情况下，即使外面很多公司提出了高薪聘请他，他仍然认真努力地工作。可惜的是，他无法改变公司的命运，公司最后还是倒闭了，但是他却在行业里赢得了非常好的口碑，以前的竞争对手纷纷向他抛出了橄榄枝。

最后通过原来老板的推荐，他去了一家家电生产公司做了营销经理，实现了事业上的一个大跨越。这个人就因为自己的忠诚而因祸得福。

对比上面这两个例子，我们发现，一个忠诚的人，即使他遭遇苦难，他熠熠闪光的精神也会让他转危为安。相反，一个不忠诚的人，即使他处于优势，也会因为他品质的不专而引来祸患。

如果你发觉老板或是你为之服务的顾客正滑向一个错误的方向，你就应该毫不犹豫地及时加以阻止，即使他不可能接受你的劝告，你也要表示出自己的赤胆忠心。你没有因为他是老板或是顾客而虚伪地迎合他，你会因为说出真话而觉得心胸坦荡。而且一旦你的预见是正确的，那么你的好运也就随之而来了。

如果你忠诚地对待你的老板，他也会真诚对待你；当你的职业精神增加一分，别人对你的尊敬也会增加一分。不管你的能力如何，只要你真正表现出对公司足够的忠诚，你就能赢得老板的信赖。

老板会乐意在你身上投资，给你培训的机会，因为他认为你是值得他信赖和培养的。在这样一步一步前进的过程中，你就不知不觉提高了自己的能力，争取到了成功的砝码。

一个忠诚的人十分难得，一个既忠诚又有能力的人更是难求。忠诚的人无论能力大小，老板都会给予重用，这样的人走到哪里都会有条条大路向他们敞开。

如果你是忠诚的人，即使工资待遇上一时达不到一定的程度，你的人格尊严和受人尊敬的地位已经永久地保持了。而人格和良好的声誉将会是你得到老板重用和客户依赖的最高保证。

像蚂蚁一样，把组织利益放在第一位

忠诚保证了蚂蚁们工作的效率，忠诚使得蚂蚁们能够始终把工作放在第一位，把组织的利益放在第一位。蚂蚁们的成就也就由此而来。

俗话说“乱世出英雄”，企业在危机时，可以知道谁是忠诚的；但在“和平时期”，如何考验员工的忠诚度呢？一个办法就是老板单独面对员工，亲自跟踪员工的工作绩效，这样就可以发现一些忠诚于公司的员工。但这个办法适用于比较小的公司，在微软这么大的企业是不可能实现的。

另外绩效考核也只能知道员工的专业素质怎样，而很难检验出这个人是否忠诚于公司，因此老板就会人为地制造出各种危机，用来检验员工的忠诚度。如果一个人无法忍受那种待遇，经不起老板对自己的考验，认为这是老板对自己能力的侮辱，或是觉得自己大材小用，自己没必要在这里耗费精力，干脆跳槽算了。

第二次世界大战时著名的麦克·阿瑟将军曾说过:“士兵必须忠诚于统帅，这是义务。”同样，对于一个企业而言，员工的忠诚，就是整个团队实现自己目标的关键因素。因为忠诚，企业才能够形成巨大的合力，企业也才能够无坚不摧，战无不胜。

忠诚是立身之本，忠诚是财富之源。作为公司职员，忠诚于自己所服务的公司，意味着将为公司带来滚滚财源，高效绩能。

一个真诚的人，不仅仅表现在说话做事不搞欺骗上，而且还必须具备做人的最高境界——忠诚。忠诚不仅是一种品德，更是一种能力。

忠诚作为一种能力，它是其他所有能力的统帅和核心，因为如果一个人缺乏忠诚，他的其他能力就失去了用武之地，没有任何一个单位和组织愿意使用一个缺乏忠诚的人。检验一个人是否忠诚的标准是什么？

忠诚有如下五项标准：

第一项，具有无私的奉献精神，在个人利益上不会斤斤计较；

第二项，执行上级决定不折不扣，勇于承担责任，有任务不推诿，工作出现失误不找借口；

第三项，总是站在单位的立场上开展工作，即使在无人知道的情况下，也会主动维护集体利益；

第四项，绝不利用职务之便为自己谋取私利；

第五项，忠诚不表现在口头上，而是拿业绩来证明自己的忠诚。

一个人忠诚之心的表现为：

忠诚于国家。前苏联著名教育理论家苏霍姆林斯基说："忠诚于国家，这是一种最纯洁、最敏锐、最高尚、最强烈、最温柔、最有情、最温存、最严酷的感情。一个真正热爱祖国、忠诚于祖国的人，在各个方面都是一个真正的人。我们要向精忠报国的英雄学习，鄙弃那些卖国求荣的卖国贼。"

忠诚于集体。这个集体给你提供了就业的岗位，给你提供了生存的空间，提供了你施展才华的舞台，请问你有什么理由不忠诚于这个集体？去干有损于集体形象的事情？我们有个别人却不然。作为一位有职业道德的员工需要坚守的准则是：应该把握好何事可为与何事不可为；"勿以善小而不为，勿以恶小而为之。"（勿以善小而不为，——善的事太小而不去做。勿以恶小而为之，——恶的事很小去做了，以后会出大事。千里之堤，毁于蚁穴。）做人需要坚守的信条是：决不选择良心的堕落。

忠诚于家庭。家庭是避风港，是一个人工作之余休息和恢复体力的地方。幸福的家庭是成功的基础，但是一定要记住，美好幸福的家庭是自己兢兢业业创造出来的，是夫妻双方互相谦让、以礼相待、有进有退、共同经营出来的，它的成功在我们的掌上。家庭闹矛盾的多数原因是因为钱和对方的家庭其他成员。夫妻双方多为对方着想一些，一切矛盾都能化解。

家庭中女人不要骂人，男人不要打人。骂人是无理的表现，打人是无能的表现。女人在家庭里要示弱，最好的示弱的办法是哭，哭有好处，泪水的作用，一是润滑眼睛，二是清洗灰尘，三是排毒。哭不是女人的专利，男人也可以哭一哭，除遗传原因外，男人比女人寿命短5-6年的原因，男人不哭也是原因之一。男人也不要太好强，注意男人的五种“不爱”：有话不爱说，有泪不轻弹，有病不爱看，有活不爱干，有家不爱回。千万别占全了，占全了健康会受到影响。我们更要注意和重视的是，家长是孩子的榜样，家长是孩子的第一任老师，家长的一言一行在潜移默化地影响孩子，常言道：身教胜于言教。孩子的身上留着家长的影子。请家长们切记：为了孩子，请加强我们自身的人格修养。

忠诚的最大受益人是我们自己，因为它能给我们10大回报：

第一大回报，让你的才华有一个施展的舞台，忠诚的人总会有好的机遇；

第二大回报，获得公司、单位领导、上司、同事对你的忠诚；

第三大回报，让你有一个稳定的工作，而不至于像不忠诚的人那样总是漂泊，无固定的岗位和工作单位；

第四大回报，让你受到单位主要领导的重视，有机会成为单位重点培养的对象，从而获得晋升和重用；

第五大回报，让你比不忠诚的人获得更多的物质回报和经济利益；

第六大回报，让你分享公司的荣誉，并从内心深处体会到这份荣誉给你带来的快乐，而不忠诚的人根本不可能体会到它；

第七大回报，让你的能力、品质随着企业的发展而成长，让你的个人品德更有价值；

第八大回报，让你在人才市场上更有竞争力，让你的名字更具有含金量，成为公司的后备干部人选；

第九大回报，让你面临更多的机会，领导总是乐意把更多的机会给忠诚的人，忠诚的员工会被企业争相聘用；

第十大回报，让你工作精益求精，并不断提高自己。

像蚂蚁一样，忠诚于自己的团队

忠诚的蚂蚁凝聚成了一股力量，这股力量足以让蚂蚁的世界变得强大。正是忠诚的力量促使，蚂蚁们改变了世界也改变了自己。

忠诚敬业的人无论走到哪里都会得到别人的信赖，无论从事什么样的工作，都会有成功的机会。

忠诚敬业并非就意味着永远只从事一种职业，只在一个部门、一个公司供职。忠诚敬业是对一种职业的负责。也许你调换过部门，但你一定要对自己的工作有强烈的责任感，真正地喜欢它。

在人的一生中，最需要的是寻找一项终身奋斗的事业。它是指能给你带来快乐、发展、财富甚至成功的工作，它可以使你全身心地投入，同时也能给你相应的回报。

如何获得终身的事业？只有忠诚于自己的工作。你的全部智慧和精力可以专注在这个事业上，这个事业才可以称之为终身事业。

可以说每个老板都会忠诚于自己开创和努力奋斗得来的事业，这一点毫无疑问。他会将忠诚、敬业、勤奋定位为公司的核心精神。对每一个雇主来说，员工的绝对忠诚是首要条件。他们会以此为标准选拔人才，并在经营管理的过程中反复地传播和灌输忠诚的理念。在一大群能力相当的员工中，老板更重视的是他们的忠诚敬业程度。无疑，那个忠诚度最高、敬业度最高的人会是他重用的对象。

虽然，考察一个人是否是好员工，有许许多多的素质要求——能力、勤奋、主动、正直、负责……但有一点是肯定的，老板更愿意信任那些足够忠诚敬业的人，即使他的能力稍微差一些，而不会重用一个三心二意，没有责任心的人，哪怕他技能一流。当然，既忠实又有能力的员工会更受欢迎，而现实是，少数人需要能力加勤劳，而多数人却要靠忠诚和勤劳。所以说，不管你的能力是强还是弱，一定要具备忠诚敬业的品质。只要你真正表现出对公司足够的真诚，你就能得到老板的关注。他也会乐意在你身上投资，给你培训的机会，提高你的技能，因为他认为你是值得他信赖和培养的。

认真观察一下，你就会发现那些在公司中能够得到提升的员工，他们看起来好像没有什么苦恼，因为他们只关注如何比别人做得更好，而不会心有旁骛，想着怎样找一个薪水更高的公司。他们思想上没有杂念，心境平和，所以没有情绪上的波动。他们能以一种睿智的眼光认识自己的处境，所以他们理应从工作中得到属于自己的那一份荣耀。

如果把工作比作航船的话，忠诚敬业的人总是坚守着航向，即使有大风大浪，他们也能镇静地掌稳船舵，驶向远海。他们的敬业忠诚不是口头上的，他们忠诚于公司，忠诚于老板，努力地去工作，支持老板，为他出谋划策，帮助他完善管理上的不足。朋友的忠诚，在危险时刻最能表现出来。同样，员工对公司和老板的忠诚也是如此——需要在困难的时候经受住考验。公司面临危机的时刻，正是检验员工是否忠诚敬业的时候。在公司危难的时候，忠诚敬业的人总是和老板同舟共济。

相反，那些缺乏忠诚敬业精神的员工，他们的航向一会儿往东，一会儿朝西，他们的许多时间都浪费在寻找工作上，却一次次被拒之于工作的大门外。

忠诚敬业这一美德，可以引导你获得荣耀、名声和财富。它伴随着你，成为一种精神力量，让你有足够的耐心和韧劲面对工作中的繁琐和困难。

忠诚和敬业是相互融合在一起的。忠诚在于内心，敬业在于工作上尽职尽责、善始善终、一丝不苟。将敬业当成一种习惯的人，就能从工作中学到更多东西，积累更多经验。他们会更受人尊重，即使没有取得什么了不起的成就，他们的精神也能感染他人，能引起他人的关注。

在这个世界上，没有不须承担责任的工作，相反，你的职位越高、权力越大，你肩负的责任就越重。不要害怕承担责任，要立下决心，你一定可以承担任何正常职业生涯中的责任，你一定可以比前人完成得更出色。

世界上最愚蠢的事情就是推卸眼前的责任，认为等到以后准备好了、条件成熟了再去承担才好。在需要你承担重大责任的时候，马上就去承担它，这就是最好的准备。如果不习惯这样去做，即使等到条件成熟了以后，你也不可能承担起重大的责任，你也不可能做好任何重要的事情。

总而言之，如果你忠诚地对待你的老板，他也会真诚地对待你；当你的敬业精神增加一分，别人对你的尊敬也会增加一分。忠诚敬业的目标就是受到重用和获得无处不在的发展机会。物质上的报酬也会随之而来。

像蚂蚁一样，朝着目标奋进

蚂蚁们从不因为自己力量薄弱就瞻前顾后，蚂蚁们从不会有什么后悔，从不会有什么退缩。很有经验的人唯一的选择就是不断地向前和努力。

工作中每个人都会碰到上司交待你任务的情况，这时，你会很自然地想到两个问题：第一，这是一件非常艰巨的任务，需要花费你很大的精力和时间，我能不能办？或者应该怎样去办？第二，向你布置任务的上司正在等待你表态，等待你给他一个明确的答复，你是尽自己最大努力去做呢，还是对上司说“不”？

你如果是个经验丰富的下级的话，此时你就应该知道如何做才能令上司满意。对第一个问题来讲，你不应考虑过多，不要过多地去想完成这项任务如何如何困难，更没有必要现在就担心我一旦完不成会如何等等。你要牢记“事在人为”的道理和“有志者事竟成”的箴言，你还要明白你的上司不是初次与你接触。他对你的能力和水平是有所了解的，对你能否完成任务，也是心中有数的。

因此，你可以直接避开第一个问题．然后尽量用最短的时间来考虑第二个问题，用明朗的态度回答：“好的，我一定完成任务！”或“我会尽最大努力去做！”。这时，你的上司心里就会有一种满意感、解脱感，进而还会因为你能为他分担重任对你产生谢意和更深的信任。

如果作为下属不了解上司的心意和脾气，在接受任务时支支吾吾，犹豫不决，或者认为此项工作难度太大而反问上司怎样处理时，上司便会感到心中不快；与此同时，对你就会产生或多或少的不良印象，比如“缺乏自信心”“不求上进”“怕负责任”等等，天长日久，经常如此，你自己一再表现出在重要工作面前无能为力，能推就推，能躲就躲，令上司无法信赖，那么离上司请你另谋高就的日子就不远了。

有一位很有魄力、很有能力、也很能善解人意的上司，曾这样说过：“每一件工作都有难度，特别是重要的工作，难度更大，正因为如此，才需要人们去完成。试想，如果一个人，连接受工作的勇气都没有，他又怎能产生解决困难的信心呢？怎么能够圆满地完成它呢？而这样的人又怎么能够赢得上司的信任呢？”

人通常比自己认定的更好。当他改变自己心意的时候，并不需要去增进他所拥有的技能。他只需要把已有的技能与天赋运用出来就行。这样，他才能够不断地树立起责任心，把借口抛弃掉。

千万不要自以为是而忘记了自己的责任。对于这种人，巴顿将军的名言是：“自以为了不起的人一文不值。遇到这种军官，我会马上调换他的职务。每个人都必须心甘情愿为完成任务而献身。”“一个人一旦自以为了不起，就会想着远离前线作战。这种人是地道的胆小鬼。”

巴顿想强调的是，在作战中每个人都应付出，要到最需要你的地方去，做你必须做的事，而不能忘记自己的责任。

千万不要利用自己的功绩或手中的权利来掩饰错误，从而忘却自己应承担的责任。人们习惯于为自己的过失找种种借口，以为这样就可以逃脱惩罚。正确的做法是，承认它们，解释它们，并为它们道歉。最重要的是利用它们，要让人们看到你如何承担责任和如何从错误中吸取教训。这不仅仅是一种对待工作的态度，这样的员工也会被每一个主管所欣赏。

在生活中总有这样的一群人存在，他们平时不努力工作，把自己的希望寄托于机遇，梦想着天上掉馅饼的好事。但是，这种好事是容易碰上的吗？例如，中国彩票爱好者众多，可中大奖的人却只有几个。所以，依靠侥幸心理来实现成功是非常渺茫的，要想获得成功，最现实也最可靠的办法还是踏踏实实地努力工作，用自己的辛勤劳苦换来成功的果实。

像蚂蚁一样，与公司同存亡共命运

蚂蚁们的生活是组织化的生活，组织的发展壮大是个体发展的基础，没有组织的发展也就不存在社会的发展了。

在人类社会也是如此：没有公司的赢，就没有员工的自我价值的实现；没有公司的赢，也就没有员工的发展。如果没有双赢，就没有企业的长盛不衰。员工成长是公司发展的动力，公司发展是员工的成长的根基，只有共同成长才能实现双赢。

一个公司的兴衰靠的是所有员工的努力，而公司的兴衰与员工的利益休戚相关，我们为公司付出时间和精力，公司就一定会带给我们更好的生活保障。有的人说身体只是人的躯壳，灵魂才是主要的。但是没有这个躯壳，人的灵魂就无所依附，也就不会存在了。同样，我们的公司就像我们的身体，它是员工得以生存的基础，与唇亡齿寒是一样的道理。因此，公司与员工有着共同的利益关系，一荣俱荣，一损俱损。

无论是何种公司，公司与职工的关系都是很清楚的——他们有着共同的利益，两者之间的关系可以这样表述：公司关爱职工、职工爱护公司。公司和员工有着共同的目标，共谋发展，同时，也利益共享。公司发展好了，职工的利益也得到保障。在这里，工作就起到了桥梁和纽带的作用。只有公司职工把自己当作公司主人，他们的创造性才能够发挥出来。

每一个员工都应该明白，自己的工资收益完全来自于公司的收益。因此，公司的利益就是自己利益的来源。“大河有水小河满，大河无水小河干”，说的就是这个道理。因此，替老板考虑公司的利益，实际上就是考虑自己的利益。

对于员工来说，公司就是第二个家。无论是老员工还是新员工，无论是管理层还是技术工人，身在同一公司，就有责任为公司做出自己的贡献，有责任为共同的家而努力。只有公司发展了，才能为员工提供更好的发展机会，才能更好地改善员工的物质与精神生活。因此，要学会把公司的困难当成是自己的困难，与公司同甘苦共患难，想公司之所想，急公司之所急。

当然，在这个利益共同体中，个人是主体。本田公司的创业者本田宗一郎先生不仅是一位卓越的决策者，而且他的用人之道也是独具匠心。本田在写给报纸的杂谈中发表了这样的见解："把劳动作为享受自己幸福生活的手段，不是为公司做牺牲，而是为了我们每个人更幸福地生活而劳动。公司应成为实现这一目标的场所。"本田先生以员工为主体，确定了公司和个人之间的关系。

如果你只是以业内的岗位要求为标准，那么你就是职场机器人，你不会谋到更多的个人幸福；如果你以公司老板及公司的战略目标为工作标准，站在公司的利益点上，那么你才能最终找到自己的利益点。前面我们已经说过，员工是和公司同呼吸共命运的人，如果你以在工作中形成的精益求精的自我要求为标准，那你才是真正对得起自己的人。

一个优秀的员工，不应该只站在自己利益的角度，而是应该站在公司利益的角度看待这个利益共同体。这样才能全面地认识自己的公司，才能每天去观察它的成长和自己的成熟，从公司和同事那里学习知识和技巧，而不是盲目地抱怨。

山西老工业基地的员工李隆泰就是一名优秀员工。在老工业基地面临新的市场竞争机制的时候，很多人都私自拿基地里的东西回家，极大地破坏了老工业基地的生产。李隆泰对这些人非常反感，只要是让他看见，决不轻饶。他认为老工业基地的利益就是自己的利益，他认为，破坏了基地的利益就是破坏了自己的利益，因此，他最清楚自己该为这个利益共同体做什么。不光如此，他还自愿为基地做宣传，让每一个职工都动起来，为了老工业基地的振兴而努力工作。他的一句最朴实的话就是：老工业基地的利益就是我们职工的利益。

公司和员工是有着共同利益的有机体。员工必须了解公司的发展目标，能够为公司实现这个宏伟的目标去努力；同时，公司应该把职工的各种权益，包括民主权益和他们应该得到的各种利益维护好。这样公司才会兴旺发达，职工利益也能够得到保障。这就叫做"双爱、双赢"，公司与员工相互关爱，相互得益。

像蚂蚁一样，以忠诚为本

所罗门的格言这样赞扬蚂蚁表现的非凡勤劳:“你们这些懒汉，去看看蚂蚁是怎么个活法吧!”的确是这样，我们所有人都要去看看蚂蚁是怎样辛勤耕耘的。

在物质化的今天，拥有忠诚的员工对于一个企业来说显得越来越珍贵，而对于一个企业员工来说，忠诚更是与权势、利益等功利性的东西无关。忠诚，需要淡泊明志，不是为了从职业中获取某种利益，而是将工作当成一种信仰，有一种神圣的使命感，并能从中感到工作带来的巨大幸福感和乐趣。

忠诚是一个员工最基本的优秀品质，是一种自觉的行为，它不需要任何人来监督，因为忠诚的员工心里都有一杆秤，他们知道孰轻孰重。即使没有任何的监督体制，他们仍然能凭着自己的良心办事。

相反有些员工即使有人监督，依然会做出一些有损企业形象的事情，这样的例子不胜枚举。因为人都是有私心的，面对巨大的诱惑时，真正能坚持住的才是忠诚的员工。

刘贝是一家国有企业的秘书，她掌管着公司的一些机密文件。她的哥哥在另一家私有企业上班，哥哥想出人头地，所以让刘贝窃取公司的文件。一方是自己的亲哥哥，一方是自己的公司，刘贝知道既然自己在这家公司做事，就要以企业为家，不能有私心杂念。所以她果断地拒绝了哥哥，哥哥一怒之下与她断绝了来往。她很痛苦，因为从小失去父母，是哥哥一手将她带大的，供她上学，帮其就业。而如今自己反而成了哥哥眼中的忘恩负义之人。

老板无意中知道这件事后，问刘贝为什么会大义灭亲，刘贝朴实地说:“自从来到这家公司，我就把公司当成了自己的家，我不会因为一己私利，而出卖整个公司。这是我一直坚守的做人之本。哪怕是我的父母，我也会这样做。”

老板听了，非常感动，半年后，她被提升为公司的副总经理。而此时，哥哥也终于想通了，“忠诚比任何东西都重要”。

当然忠诚与否除了取决于员工个人外，还取决于企业是否能让员工有一定的职业幸福感。特别是80和90后的年轻人，他们工作的目的可能并不仅仅是为了薪水，而还需要职业所带给他们的巨大的幸福感和归属感。他们希望能从企业中找到工作的动力，快乐幸福的源泉，还有企业对他们的信任，他们希望企业能尊重他们的劳动。因为只有企业信任他们，他们才能对企业忠诚。

银河纸业是一家知名的造纸集团，在其他造纸企业纷纷倒闭时，这家企业老板不断引进人才，并为职工提供舒适的生活环境，每年定期组织职工旅游，职工可以带自己的父母和孩子一起前往，这些费用全由企业承担，这就让职工感到企业对自己劳动成果的肯定，从而使他们更加忠诚地为企业卖力。

物质不是唯一的激励手段，对于年轻的一代来说，如果被尊重，他们将会更乐于为企业“卖命”。

海底捞就有着一群甘心为企业卖命的人。他们大都是80、90后职工。在这家企业里，每个人得到了足够的尊重。与其他北京餐馆的服务员不同，海底捞的员工住在公司租的正规公寓里，有空调和暖气，电视电话，还可以免费上网。公司还雇人给宿舍打扫卫生，换洗被单。公司给员工租房的标准是步行20分钟到工作地点，为的是让员工能在繁忙的工作中见缝插针地休息。读到这里，我们就会明白，职工为什么心甘情愿，因为他们干得舒心，干得快乐，所以他们会如此卖命。

海底捞不仅关心员工，还关心他们的家人。海底捞在四川简阳建了海底捞寄宿学校，为员工解决子女的教育问题；还把优秀员工的一部分奖金，每月由公司直接寄给在家乡的父母。试想，在这样的环境下，大家能不卖命吗?

当然现在的年轻人大多不能吃苦，而且还希望自己能拿到很高的薪水，所以年轻人跳槽的情况很普遍，有人一年竟然换三四种职业，后来发现越干越没劲，所以索性辞职，再也不上班了。

其实所有的企业管理模式几乎是相同的，关键看自己是否对一个企业有信心，只有每个员工都能忠诚于自己的老板，忠诚于自己的企业，企业才能立于不败之地。

对于自己的小家庭，大家都懂得责任和义务的重要性，对家庭的忠诚需要所有家庭成员的付出与努力。对于一个企业同样如此，只有员工发扬以企业为家的精神，才能将企业当成自己生命和生活的一部分，时时刻刻牵挂着它，为它的每一个小小的进步而高兴，而不应该朝三暮四。

忠诚意味着不背叛，忠诚意味着不离不弃，忠诚意味着无私奉献。每个企业都有辉煌，也有低谷，企业处于低谷时，更需要每个员工的同舟共济，但只有以企业为家，忠诚于企业，才能激发出巨大的责任感，才能激发出巨大的动力和热情，哪怕再苦再累，也会毫无怨言。

第五章　像蚂蚁一样依靠团队

正如蚂蚁群体中的分工一样，分工合作正成为一种企业中工作方式的潮流而被更多的企业所提倡。分工协作能把困难的事情变得简单，把简单的事情变得更容易，使做事的效率倍增。一个由相互联系、相互制约的若干部分组成的整体，经过优化设计后，整体功能能够大于部分之和。

像蚂蚁一样，把自己融入团队中去

蚂蚁们的成就依赖的是集体的力量，个体的力量是微不足道的，蚂蚁们从不会单独行动，它们往往依赖于集体，从而获得最大程度的支持。

独木难成林，再优秀的员工，如果不能与团队协同作战，也难取得成功，这是千古不变的至理名言。

在公司中，我们不难发现那种很有才华，但却喜欢吃独食的人，这样的人让公司的管理者非常头疼。一位总经理提到自己当年在某大公司做策划部主任，遇到了一个非常没有团队意识的员工时说：“我的部门里有这样的一个年轻人，明明极为聪明，他的策划案创意非常好，点子也非常多，但是当公司开策划会的时候，他从来不主动发言，你问到他头上，他也不一次把所有想法都说出来。可你要求他自己出策划案时，那些火花、创意，又让你不得不承认他做得漂亮。他总是自以为是，而且公开宣称他自己的创意为什么要给别人？我几次跟他谈过，一个部门的成就是大家一起创造的，在一个集体里没有与自己无关的事。可他说，不是他分内的事他为什么要替别人操心？唉，人是聪明人，就是没有团队意识。"

这样的员工个人意识特别浓，非常个人英雄主义，与团队意识相对立，一味地追求个人卓越而忽视或无视团队的成败。但是创意只有在碰撞中才会产生耀眼的火花，个人意识太强的人不会与别人产生碰撞，也不会有团队的创意。因此，尽管他很聪明，但他的优秀就长远来看也是一时的。

单枪匹马在任何工作中都不可能出彩。比如营销团队，营销工作是一个系统而整体的工作，光靠几个人或单方面的工作是不可能完成的，在现代整合营销传播理论中充分强调利用各种资源，实现最佳组合，形成最大的营销力，所以加强团队意识的培养是提高营销队伍战斗力的重要手段。同时市场内外部环境瞬息万变，因而营销工作的战略和战术也是动态的，需要根据环境的变化而随时调整。如果只要个人英雄主义，会在一定程度上影响团队的整体创新能力和工作质量。

查斯特是一个业务员，他的销售技能和业务关系都非常好，因此他的业绩在公司里是最好的。取得成绩以后，他就开始对别人指手画脚了，尤其是对那些客户服务人员。

本来这些客户服务人员非常支持查斯特的工作，只要是他的客户打来的电话，客服就会马上进行售后服务。但是由于查斯特动辄说"我给你们饭碗，没有我你们都要饿死"，要不然就是说这些客服人员服务不好，他的客户向他投诉等。客服人员对他说的话置之不理，但却通过行动与他对抗。后来，凡是查斯特的客户打来的电话，客户服务人员都一拖再拖。最后，这些客户打电话给查斯特，并把怒火发到他的身上。由于后继服务不到位，查斯特的续单率非常低，原来的客户也都让其他业务员抢走了。

合作是前进的动力。

去过寺庙的人都知道，一进庙门，首先是弥勒佛，笑脸迎客，在他的北面，则是黑口黑脸的韦陀。

相传在很久以前，他们并不在同一个庙里，而是分别掌管不同的庙。弥勒佛热情快乐，所以来的人非常多，但他什么都不在乎，丢三落四，没有好好地管理账务，所以依然入不敷出。而韦陀虽然管账是一把好手，但成天阴着个脸，太过严肃，搞得人越来越少，最后香火断绝。佛祖在查香火的时候发现了这个问题，就将他们俩放在同一个庙里，由弥勒佛负责公关，笑迎八方客，于是香火大旺。而韦陀铁面无私，锱铢必较，则让他负责财务，严格把关。在两人的分工合作中，庙里一派欣欣向荣的景象。

可见，有效的合作，省时省力，能高效地完成复杂的工作，取得持久性的成功。

没有谁是必不可少的，如果认为一件事情没有自己就一定不会成功，那么你就会有骄矜之气。在团队角色问题中，我们提到过，团队中一定有一件事情是你最擅长的，在这件事情的操作过程中，你是主要力量，但并不代表没有了你就不行。赵本山的小品中有一句话："地球就得围着你转，你是太阳呀?"你必须清楚，这个世界少了谁都一样。伟人都会成为历史，更何况我们呢?

团队的由来，是社会的必然和自然选择的直接结果。最初，人除了发达的大脑，没有什么其他优势，无论是在速度上还是在力量上都处于劣势。为了生存，人与人之间组成了团队，以抵御强敌并获得生存的空间。于是，自然选择使人与人组合，而人与人的组合则颠覆了自然，开始主宰世界。可以说，一旦人与人组合在一起，就有了战胜一切的强大力量，历史告诉了我们这些。

今天，无论你从事什么样的工作、处于什么样的环境，都无法脱离他人对你的支持。因此，在职业生涯中，你经常会听到一个词：团队。可以说，随着竞争的日趋激烈，团队精神已经越来越为公司和个人所重视，因为这是一个团队的时代。无论是从公司发展还是从个人发展两方面，你都不能脱离团队，而且必须融入团队中去，有很好的团队合作，才能取得更大的成就。

每个人的能力都是有限的。个人的精力再充沛，也还是有一定的限度。超过这个限度，就是人力所不及的，也就是个人的短处了，每个人都有自己的长处，同时也有自己的短处，这就需要与人合作，取他人之长补自己之短。养成良好的合作习惯，才能更好地完善自己，发展自己。

一个没有团队意识的员工，很难在工作中创造出卓越的成绩，即使他非常有才华。单枪匹马难成事，员工只是团队中的一员，他成功的背后有很多起推动作用的人。如果只顾要个人英雄主义，那么势必要栽跟头。

像蚂蚁一样，协同作战让组织更加强大

团队的力量使得弱小的蚂蚁变得十分强大。看似渺小的蚂蚁竟然在集体中获得了不可想象的力量，蚂蚁们的成就就是如此。比尔·盖茨说:“在社会上做事情，如果只是单枪匹马地战斗，不靠集体或团队的力量，是不可能获得真正的成功的。这毕竟是一个竞争的时代，如果我们懂得用大家的能力和知识的汇合来面对任何一项工作，我们将无往不胜。”

蚂蚁的分工非常细致，他们之间的协作也非常成功。

在热带雨林里，蚂蚁是随处可见的，有时一窝蚂蚁多达几万只，但每一个蚁窝只由一只蚁后（有时会多于一只）、若干工蚁、雄蚁及兵蚁共同组成，它们各司其职、分工明细：如蚁后的任务是产卵、繁殖，同时受工蚁的服侍；工蚁负责建造、觅食、运粮、育幼等；而雄蚁负责与蚁后繁殖后代；兵蚁则负责抵御外侵、保护家园，大家各尽所长、团结合作、配合默契、共赴成功。

蚁群是个真正意义上的团队，他们是由致力于共同目标而相互分工协作、承担一定职责、技能互补的个体所组成的正式群体。所以，现在蚂蚁搬食的故事，经常被人们用于诠释齐心协力、团队合作的意义，因为它们这种群策群力及其高效率的团队协作方法，是值得大家反思和借鉴的。

分工合作的精神在工蚁身上得到最集中的体现。工蚁是蚂蚁群体中数量最多，也是工作量最大的一种。工蚁的团结合作是很精诚的。在蚂蚁的分工中，工蚁的职责就是负责寻找食品后把它搬运回“家”。工蚁每天都在外寻找食品，找到自己可以背回家的食物，它就一个“人”背回家。

如果遇到很大的食物，需要大家共同努力的，它就会发出信息，于是，就会有很多工蚁前来，大家一起把食品搬运回家。我们常常可以看到许多蚂蚁一起搬运一个“庞大”的诸如蛾、蝶、小虫之类的“食品”，它们不会去计较谁出的力气大而消极怠工，也不会计较因谁先看见的而争名争利。它们只有一个目标那就是：把食品搬运回“家”。

那么，蚂蚁是怎样召集同伴把体积巨大的食物协作搬回家的呢？动物学家观察蚂蚁的工作模式后发现，他们之间的高效协作起到了非常大的作用。当有两只蚂蚁发现食物后，它们会分别走两条不同的线路返回巢穴，边走边释放出一种它们自己才能识别的化学激素做记号，先回到巢穴者会释放更浓烈的气味。

其他蚂蚁闻到较重的气味后，就会走较短的路线去搬运食物。一只蚂蚁搬食物往回走时，碰到下一只蚂蚁，会把食物交给它，自己再沿原路返回；当遇到上游蚂蚁时，则会从该蚂蚁处将食物接过来，再传给下一只蚂蚁。

就这样，一个传一个，它们分工协作，配合默契，形成了一条环环相扣、高绩效的工作链，有条不紊地完成着工作任务。随着现代社会组织分工的高度精细化，社会竞争的极度严酷，组织内部、员工之间的相互依赖、相互协作就显得尤为重要了。强调弹性、韧劲与协作的蚁群模式、蚁群智慧，是值得企业管理者效仿和学习的。

罗特斯指出：“任何团队优异的成绩都是通过一场相互配合的接力赛取得的，而不是一个简单的竞争过程。”当你真正把自己融入到一个团队时，你关注的就是整个团队的利益，而不再是你自己。

将自己视为团队整体的一部分，与全队中的每一位成员紧密合作，你就能发挥出自己的最大潜力。而如果不懂得寻找自己的团队，你最后就难免会像一只孤飞的大雁一样，被单飞的孤独和寒风吞噬。

泰纳曾经是墨西哥足球队的老队长，在队里任中后卫，开始主教练米卢对他非常器重，他常显露出一点儿老大哥的味道。然而有一天，米卢在报纸上看到了一则关于泰纳赛后的专访，他居然指名道姓地责怪自己队友的失误，导致了比赛的失败。这让米卢很生气，他希望泰纳能够尽到自己的责任，认识到自己的错误。可是泰纳并不理解教练的用意，以至于最后连队员都无法忍受他。

米卢认为如果一名队员没给队友最起码的尊重，那就说明他没有把自己真正融入这个团队，那他怎么能再为这个队伍服务呢？于是，米卢大胆地起用了一名年轻的中后卫齐拉特，并把他列入了新一期的集训名单中。小齐拉特也不辱使命，在世界杯的五场比赛中，为墨西哥队进了两个球。而泰纳的名字最终竟没有出现在世界杯阵容的名单里。

在球场上，所有的教练都非常注重发挥团队的合作精神，因为他们知道，只有发挥团队合作精神，才能将团队的力量发挥到最大。

在中国媒体吹捧我们的某位球星时，米卢曾一语道破天机：按照他的个人素质，也许能成为世界级的球员，可惜他还欠缺与队友配合的意识，他不能融入到整个队伍中去，所以说，他不是一个能为团队作贡献的球员。

因此，在工作中，我们要时刻记住，我们是一个整体，是一个团队，即使你是公司的主力干将，你也不能单打独斗。当一个人真正找到自己所属的群体或团队，并真正融入到其中时，他就会时时以团队利益为先，由衷地得到一种归属感和自豪感，并最终能发挥出自己最大的价值。

像蚂蚁一样，在团结协作中实现共赢

蚂蚁不是唯一实行分工合作制度的昆虫，但却是将这种制度实行得最为彻底的昆虫。正是蚂蚁具有了这种协作精神，才使它们成为地球上数量最大、分布最广的生物之一。虽说蚂蚁的工作是出于本能，但这种团结协作的精神却是值得我们人类学习的。

昆虫学家通过研究发现：蚂蚁是一个非常有组织的群体，它们的行为与人类的社会行为在许多方面有着惊人的相似之处。它们总是分工合作，各司其职，在工作中互相配合。每一个蚁群都有一个共同的目标，那就是繁衍下一代，确保属于同一蚁群所共有的遗传因子可以生存下去。因此，孕育下一代就成为每个蚁群的核心工作，蚂蚁各种分工合作的活动也无不是为了这个宏大的目标。

蚂蚁不是唯一实行分工合作制度的昆虫，但却是将这种制度实行得最为彻底的昆虫。正是蚂蚁具有了这种协作精神，才使它成为地球上数量最大、分布最广的生物之一。虽说蚂蚁的工作是出于本能，但这种团结协作的精神却是值得我们人类学习的。

面临灾害的时候，蚂蚁同样表现出非常强的协作和自我牺牲的精神。在野火烧起的时候，为了逃生，众多蚂蚁迅速聚拢，抱成一团，然后像滚雪球一样飞速滚动，逃离火海。那噼里啪啦的烧焦声，是最外层的蚂蚁用自己的躯体开拓求生之路时的呐喊，是奋不顾身、无怨无悔的呐喊。在洪水暴虐的时候，聚在堤坝上的人们凝望着凶猛的波涛。突然有人惊呼：“看，那是什么？”一个好像人头的黑点儿顺着波浪漂过来，大家正准备再靠近些时营救。“那是蚁球。”一位老者说，“蚂蚁这东西，很有灵性。有一年发大水，我也见过一个蚁球，有篮球那么大。洪水到来时，蚂蚁迅速抱成团，随波漂流。蚁球外层的蚂蚁，有些会被波浪打入水中。但只要蚁球能上岸，或能碰到一个大的漂流物，蚂蚁就得救了。”不长时间，蚁球靠岸了，蚁群像靠岸登陆艇上的战士，一层一层地打开，迅速而井然地一排排冲上堤岸。岸边的水中留下了一团不小的蚁球。那是蚁球外层的英勇牺牲者。他们再也爬不上岸了，但他们的尸体仍然紧紧地抱在一起，那么平静，那么悲壮。

俄罗斯作家克雷洛夫有一则著名的寓言《天鹅、梭鱼和大虾》：

有一次，天鹅、大虾和梭鱼，想把一辆大车拉走，它们用绳子把车套好，一块儿拼命地拉。虽说车子并不算重，可无论它们怎样地用力，车子还是停在老地方，一动也不动。

原来，它们拉车的方向各不相同。天鹅是伸着脖子要往云里钻，大虾是弓着腰儿使劲往后退，梭鱼则一心想往水里跳。

这则寓言喻示了这样一个浅显的道理：无论做什么事情，大家要是不齐心，就什么事情也办不好。尽管所有的成员都付出了极大的努力，但是，它们没有共同的目标，不懂得合作的道理，不知道成员之间需要相互配合，劲儿没往一处使，所以，想拉走车子的美好愿望只能是一个幻想罢了。这就像一个团队，只有团队中的每一个成员都拥有团结协作的心态，懂得并善于与他人合作，才能发挥出团队的战斗力。

微软在研发 WindowsXP 时，有 500 名工程师奋斗了两年，写出了 5000 万行编码。软件开发需要协调不同类型、不同性格的人员共同奋斗，没有高度的协作精神，没有全部参与者的分工合作，即使是一个像比尔·盖茨一样聪明绝顶的天才，完全依靠个人的力量，要完成一个大型程序，也几乎是不可能的事情。

任何组织无论规模大小，都存在着数量或多或少的部门，这些部门之间的关系既是独立的，又是互相联系的。在整个工作过程中，员工必须服从统一领导，互助配合，团结协作，只有这样才能最大限度地建立部门之间、部门内部的默契，从而实现组织的终极价值。

做任何工作都离不开相关人员的支持和配合，没有人能唱独角戏。作为团队中的一分子，要有强烈的团队意识，并善于与他人合作，懂得“顾大局，识大体”，这样才能组成一支敢打敢拼、富有战斗力的强大团队。

作为团队中的一个分子，必须融入到群体中去，才能促进自身的发展。一滴水，只有放进大海里才永远不会干涸；一个人，只有当他把自己融进集体的事业中时才最有力量。

21 世纪是团队的世纪，快速发展的时代越来越重视团队合作的力量。只有具有团结合作素质的员工才能与企业同舟共济，为了企业的共同目标乐意付出自己的最大努力，从而更好地促进企业的发展。因此，具有团队精神、拥有协作意识、善于团队合作的人才会更多地受到当今企业的青睐。

像蚂蚁一样，学会沟通传递良好合作信号

当一只工蚁实际上希望说“跟我来，我找到了食物”时，它就摇摆自己的头，并用两个触角轻拍其他的蚂蚁。所以，蚂蚁之间的沟通是它们团队合作的重要基础。如果它们不能以合适的方式向同伴及时传递信息，那么它们所有团队的行为都不可能产生。沟通是团队精神的粘合剂，也是提高工作效率的重要方法。一个员工要把工作做好，就必须学会与人合作，必须致力于人际沟通。

蚂蚁之所以能团队协作一起搬家和捕食，一个重要的条件就是蚂蚁之间能有

效地沟通。蚂蚁拥有高效的通信手段，并以此自由地传递信息。在蚂蚁的头上长有两根“天线”，每根“天线”由 11 个节组成，可以同时发出 11 种不同波长的信号，蚂蚁们靠“天线”的相互摩擦，在数秒钟之内发出信号。蚂蚁还能排放各种化学物质来传递不同的信息。

借助于有效的信息沟通，蚂蚁不仅相互指引蚁巢外面的食物地点，还运用 5 种不同的“消息发布”来说明目标的性质。当一只工蚁实际上希望说“跟我来，我找到了食物”时，它就摇摆自己的头，并用两个触角轻拍其他的蚂蚁。所以，蚂蚁之间的沟通是它们团队合作的重要基础。如果它们不能以合适的方式向同伴及时传递信息，那么它们所有团队的行为都不可能产生。沟通是团队精神的粘合剂，也是提高工作效率的重要方法。一个员工要把工作做好，就必须学会与人合作，必须致力于人际沟通。

要成为一名优秀的团队成员，个体必须学会与别人进行公开、坦诚的沟通；学会面对个体间的差异并解决冲突；学会把个人目标升华为团队的利益。通过各种手段让更多的人认识自己、了解自己，以便得到同事和上级的支持与配合，从而更加有效地开展经营活动，这就是沟通。沟通是员工工作的最重要内容。一个员工要把工作做好，就必须学会与人合作，必须致力于人际沟通。

沟通是团队精神的粘合剂，也是提高工作效率的重要方法。科学家在人们的眼中是思维严谨、不苟言笑的，整天都在实验室进行着他们的研究，似乎这样才出得了成果。然而，美国心理学家在著名的贝尔实验室曾经做过一个实验，他们将智商差不多的工程师分为两组，一组工程师不喜欢与人交往、严肃而慎谨；另一组工程师则是喜欢交流，有时甚至喜欢开玩笑。

经过一段时间的工作发现这两个研究小组出现了明显差异，喜欢交流的这组工程师的业绩明显高于另一组。后来，经过行为科学家的研究，发现了其中的奥秘。原来大多数研究项目分工都比较细，一个工程师要做到在各个领域都精通几乎不可能，而他的工作又涉及方方面面。当他们遇到问题时，喜欢交流的工程师常常打电话或者提出来，在与同事的交流中便得到了答案，因而进度很快。而不喜欢与人交流的工程师则常常在一些枝节问题上耗费了他们的许多时间，因而把整个进度给拖了下来。

企业中有两个数字可以很直观地反映沟通在企业里面的重要性，就是两个 70%。

第一个 70%，是指企业的员工，实际上 70% 的时间用在沟通上。开会、谈判、谈话、做报告是最常见的沟通形式，撰写报告实际上是一种书面沟通的方式，对各种拜访、约见也都是沟通的表现形式，所以说有 70% 的时间花在沟通上。

第二个 70%，是指企业中 70% 的问题是由于沟通障碍引起的。比如，企业常见的效率低下问题，实际上往往是有了问题、有了事情后，大家没有沟通或不懂得沟通所引起的。另外，企业里面执行力差、领导力不高的问题，归根到底，都与沟通能力欠缺有关。比如说，经理们在对待绩效管理的问题上，对于下属，经常是有恨铁不成钢的想法，觉得年初设立的目标他们没达到，工作中给他们的一些期望，也没有达到。

因此，有效沟通在我们的团队合作中扮演着极其重要的角色，但是，我们的沟通并不总是有效的，无效的沟通成为我们在工作中成功协作的障碍。有这样一则寓言：一把坚实的大锁挂在铁门上，一根铁杆费了九牛二虎之力，却无法将它撬开。一个瘦小的钥匙来了，它把身子钻进锁孔，只轻轻一转，那大锁就“啪”地一声打开了。铁杆奇怪地问：“为什么我费了那么大力气也打不开，而你却轻而易举地就把它打开了呢?”钥匙说：“因为我最了解他的心。”这个故事说明：打开锁很容易，只要你有钥匙。团队之间的协作就像一把锁，需要有效的沟通来打开它。

沟通有两种情况，一种叫人际沟通，另一种是组织沟通。人际沟通是指我们与亲朋好友同事领导之间的个人之间的沟通。另外一种沟通就是组织沟通，即在组织当中的沟通。在企业里面，组织沟通不同于人际沟通，因为组织沟通有它自己特定的游戏规则。

沟通的第一个环节就是表达。这当中首要的问题是和谁表达，也就是沟通对象是谁。在组织里，沟通对象的选择可以概括为两个要点：

第一条是按照指挥链沟通。在组织当中的沟通，只能是按指挥链条，有什么问题和上下级沟通，可以越级申诉，但不能越级汇报。

第二条就是和当事人沟通。简单说就是一句话，谁的问题找谁，我和你之间有了矛盾，有了冲突，我和你之间沟通。这两条，就是组织沟通的原则，也是它不同于人际沟通的特点。

沟通可以化解团队成员之间的抱怨情绪。许多人际误会、矛盾乃至冲突都源于人际沟通障碍。一项调查表明，员工中 80% 的抱怨是由小事引起的，或者说是由误会引发的抱怨。对于这种抱怨，管理者决不能掉以轻心，一定要给予认真、耐心的解答，因为有时误会造成的裂痕是永远无法弥补的。沟通在一定程度上可以化解团队成员的抱怨情绪，任何轻视沟通的念头都是错误的。解决矛盾最好的办法就是沟通，沟通能产生凝聚力。

人们在一个团队里工作，虽然每个人都认识到大家的基本利益是一致的，认识到协作对一个团队的重要性，但也不可避免地会产生矛盾、隔阂和误会，这时沟通就成为救治这方面问题的灵丹妙药了。有效的沟通和协调能及时消除人们之间的分歧、误会和成见。

但是在沟通的过程中，人们往往存在一些认识误区：一是人们一般更注重自己的看法，而不能容忍另类思维。在追寻真理的过程中，人们在不断重复着“瞎子摸象”的游戏，带有很强的片面性，或者摸到了腿，或者摸到了鼻子，只有把这些整合起来，我们才能距真理更近一些。二是一些人放不下“架子”，总认为自己的见识高人一筹，这样很难与人有效沟通。须知术业有专攻，尤其在这知识爆炸的时代，在一个领域你是专家，换个领域说不定你就是小学生了。三是一些人有自卑心理。总觉得自己是小角色，职位低，见识浅。实际上有了红花还需要绿叶，有了大树，小草也有存在的价值。沟通中，远离的是误会、怀疑、猜忌和敌意，拥抱的是共识、理解、信任和友谊。

像蚂蚁一样，强化团队合作精神

蚂蚁是一种社会型的动物，其成就的取得依赖于团队的力量。团队的协作是蚂蚁们能够完成复杂活动的基础。

随着社会分工越来越细，科学知识也在向纵深方向发展，一个人已经不太可能成为百科全书式的人物。每个人都要借助他人的智慧来完成自己人生的超越，于是，团队合作精神就成为了一种无法替代的现代工作方式与职业需求，于是，这个世界充满了竞争与挑战，也充满了合作与快乐。

要想成为21世纪的高效能人才、未来的成功者，你就一定要具有与人合作的好习惯，这是新时代的要求，也是每一位欲成大事者所必须具备的。

没有完美的个人，只有完美的团队。作为职场人士，你应该牢牢记住：个人优秀并不是被任用的唯一理由。

团队合作的意义，不仅在于“人多力量大”，更在于团队行动可以达到个人无法独立完成的成就。个人英雄主义是团队合作的大敌。如果你从不承认团队对自己有过帮助，那么，当务之急，你必须首先抛弃这一愚蠢的态度，否则它只会使你的事业处处受阻。

一个人要想成大事，必须学会合作，这一方面可以弥补自己的不足，另一方面也可以形成一股合力。团结才有力量，只有与人合作，才能众志成城，战胜一切困难。当今时代虽然强调个性，强调自我，但更应该强调合作。抱团打天下，是新时代的鲜明特征，即使是最讲究的创新活动，也离不开合作，合作能力直接决定着创新的成效。

当今社会是一个高度专业化又高度复杂化的社会，如果说社会像一台机器一样只有协调起来才能发展，才能创造出财富，那么个人，只不过是机器上的一个小螺丝钉而已。和团队相比，个人的力量是有限的，我们要想获得成功，就必须寻找事业的合作伙伴，不懂得合作的人，只会吞下自我封闭的苦果。

一个成熟的员工必须具有集体荣誉感，时刻拥有团队荣誉高于一切的信念，并且努力使这种自觉成为习惯，可以说，荣誉感就是团队的灵魂。

建立起团队荣誉感，团队成员才能心往一处想、劲往一处使，从而使团队更具凝聚力和战斗力。同时，它还能引导一个人使其为了维护团队的荣誉和利益而自觉地克服自身缺点，并在团队荣誉感的感召下，形成团队成员荣辱与共的思想认识。

微软旗下的精英数不胜数，那些百万富翁、甚至亿万富翁完全有能力自己创办企业，但他们却愿意继续留在微软卖力地工作，不是因为那里工作条件舒服、大树底下好乘凉，而是因为他们具有完全超越自我的团体意识。随着公司的发展壮大，他们不仅实现了自身的价值，同样也得到了荣誉。微软带给他们的这种荣誉，仅凭个人的力量是绝对不可能取得的。微软人认为：他们不属于自己，而是属于微软这个团体。这种团体荣誉感，已在微软公司落地生根。

当真正具备团队精神的时候，你就会忘掉自我，时刻把团队的荣誉和利益放到第一位。迪斯尼的老板曾经说过:“你来到迪斯尼公司，要么做迪斯尼，要么做你自己。”“团队精神，组织无我”，这是对团队精神的最好诠释。

此外，成就伟大的动力往往来自于远大明确的目标。奥运赛场上每个代表团都有自己的目标，有这个目标的指引，运动员才能保持前进的方向，整个团队才能步骤一致、稳步前进。一个好的团队领导会向队员提出明确的方向，会和队员一起确立团队的短、中、长期目标，并让每个人都清楚、了解、认同，并进而获得他们的承诺。

作为员工，要时刻牢记企业的统一目标，当个人利益与团队目标发生冲突时，应以大局为重；时刻记住个人的成功是建立在团队成功之上的，以团队的成功为自己的目标和努力的方向；在协同团队作战的大方向下施展个人能力，发挥自我专长；服从企业的统一领导，上下齐心，拧成一股绳，把团结起来的力量集中运用到实践工作中去。

当然，信任和尊重是人与人相处的基础，也是团队合作的前提。每个人都有受人尊重的愿望，都希望有更多表现自身价值的机会。尊重他人的想法与愿望，同时让更多的人知道自己的价值，这样就会产生一种和谐的力量，让自己真正成为团队中的一员。也只有相互尊重和信任，才能让大家集中精力做好一件事。试想，如果团队成员之间相互猜忌、中伤，那么怎么可能团结一致做好工作呢？

所以，要想让别人接纳你，首先就要投入你的信任和尊重，表现出你的诚意，这样才能促进彼此间的沟通与协调，才能放下彼此的戒备，全身心地投入工作；信任才能授权，不必事事亲为，才能提高团队成员的工作积极性，才能最终提升团队的合作质量。

现代社会化大生产经营模式，需要团队严密组织、团结协作，才能共同赢得未来。一个现代公司要在市场竞争中立于不败之地，立于强者之林，最关键的是要具有市场认可的品牌以及良好的售后服务体系，这些知名品牌产品在生产、创建和推广宣传中凝结的员工的心血和汗水，就是整个团队精诚合作、高效运作、诚实守信、勤勉敬业、创新进取精神的体现。

团队精神强调精诚合作、互相支持、互相学习的氛围，从而达成一个人或部分人不能达成的事业，让每一个人都能感觉到团队比自我强大的力量。共赢心态要求经理人要有开放的思维和博大的胸怀，正如张瑞敏在《海尔是海》中描写的那样:“海尔应像海，唯有海能以博大的胸怀纳百川而不嫌其细流，容污浊且能净化为碧水。正因如此，才有滚滚长江、浊浊黄河、涓涓细流，不惜百折千回，争先恐后，投奔而来。汇成碧波浩森、万世不竭、无与伦比的壮观！一旦汇入海的大家庭中，每一分子便紧紧地凝聚在一起，不分彼此形成一个团结的整体，随着海的号令执著而又坚定不移地冲向同一个目标，即使粉身碎骨也在所不辞。因此，才有了大海摧枯拉朽的神奇。”

团队精神的重要性在于个人、团体力量的体现，小溪只能泛起破碎的浪花，百川纳海才能激发惊涛骇浪，个人与团队关系就如小溪与大海。每个人都要将自己融入集体，才能充分发挥个人的作用。

团队精神的核心就是协同合作。总之，团队精神对任何一个组织来讲都是不可缺少的精髓。否则就如同一盘散沙；一根筷子容易弯，十根筷子折不断……这就是团队精神重要性力量的直观表现，也是团队精神重要之所在。

像蚂蚁一样，依靠团队的力量获得成功

每一只蚂蚁的努力都换取了整个蚂蚁王国的成功。蚂蚁们的努力是团队成功的基石，获取成功需要每一只蚂蚁都能够尽最大努力。

奥运赛场上团队夺冠的场景总能带给我们一份感动。获胜的团队成员们无论雀跃欢呼还是相拥而泣，都能让观众产生强烈的共鸣。因为团队的胜利不但是个人意义上的成功，还是一个卓越团队众志成城的结果。

那么什么样的团队才称得上卓越的团队呢?

最重要的是团队成员要有一个共同的目标。团队是适应于目标的需要而存在的。明确的目标是团队形成的前提，也是指引团队方向的明灯。任何一个团队都需要设定目标、建立团队共识，并将共识与目标真正落实在行动上。优秀的企业

常以带领团队建立共同目标为自己的使命。

美国电视网总公司副总裁曾经这样说:“选团队成员时，就像在激流中要找同一条船上的人，一定要确定每个人和自己往相同方向走。”要确保团队目标和个人目标的一致，只有达成这种共识，才能将团队目标和个人目标有效联系起来，让成员乐于发挥自己最大的潜力，尽心尽力为达到目标而努力，并进而获得工作上的成就感。

团队共识是一个企业的精神支柱，如果没有这个精神支柱，企业就如一潭死水，员工再怎么活跃，在死水里也只能成为死鱼，企业也就毫无竞争力可言。

马斯洛曾这样总结道：对杰出团队的观察研究表明，它们最显著的特征是具有共同的愿景与目的。很显然，有共识的团队目标，可以发挥每个成员内在的潜能，促进团队的沟通，激发每个人自动自发的工作意愿。

比尔·盖茨在一次采访中说:“当你创办一家企业时，你有一个目标。对有些人来说是财务目标，对有些人来说，目标是他们想打造的一种特别的东西。对于保罗和我来说，目标就是使计算机成为一种增强人类能力的最有效的工具的梦想。”

看看那些世界级的企业都有什么样的共同远景吧：

玫琳凯化妆品：给女性无限的机会。沃尔特·迪斯尼：让人们快乐。索尼：体验发展技术造福大众的快乐。3M公司：创造性地解决那些悬而未决的问题。沃尔玛：让普通百姓能买到与富人一样的东西。华为公司：在电子领域实现顾客梦想，靠点点滴滴、锲而不舍地艰苦追求，使我们成为世界级领先企业。联想：未来的联想应该是高科技的联想、服务的联想、国际化的联想。

早在一百多年前，福特说他的愿景是“使每个人都拥有一辆车”。而今这个梦想已实现。在他的墓碑上刻着:“在他来到这个世界时，人们骑着马；当他离开这个世界时，人们开着车。”正是这个伟大的梦想，使福特公司成为今天世界上第二大汽车公司，也造就了福特公司这一伟大的团队。

每个卓越的企业都有自己公司的愿景，正是这个共同的愿景，才使员工形成了强大的团队精神。在实现这个愿景的奋斗过程中，团队成员主动配合、互相协作，进而形成了一种坚不可摧、无往而不胜的力量。

成功是靠别人，而不是靠自己。成功是靠自己得来的人，通常都不是非常成功。

我们不妨假设一下：台塑集团有几万名员工，假如这些员工都辞职不干了，王永庆还能是“塑胶大王”“经营神”吗？我想是不可能的。每一个成功人士的背后都有一大批人在帮他的忙。那些电影明星，都有制作群；而那些歌星，也都有帮他们作词作曲的人，以及帮他们推广的唱片公司。这些人成功都不是靠他们自己，而是靠别人。

曾经有记者采访世界首富比尔·盖茨时问他成功的秘诀，盖茨说：“因为有更多的成功人士在为我工作。”

那些成功者都深谙这个道理：成功是靠组织、靠团体，而不是靠个人。他们一旦遇到任何问题，首先想到的，肯定不会是自己单枪匹马地去解决，而是找他们的伙伴一起来商量，集思广益、博采众长、群策群力。而这恰好就是合谋时代的生存之道和成功法则——成功是靠别人，而不是靠自己。

很多人认为自己所获得的一切，都是通过自己的努力得到的，因此荣誉属于自己一个人。可是你想过没有，如果没有团队里其他成员的支持，你怎么能获得全部你需要的资源？你怎么能发挥资源的价值？你又怎么能单独把所有事情都做好？因此，无论你在成功的过程中自己付出了多少，你的成功里一定还是包含了其他人的支持的。如果你是船，团队就是承载你的水——只有水涨，船才会高。否则，即使你再有能力，也无法获得更多支持和成就。只有懂得协作的人，才会明白协作对自己、别人乃至整个团队的意义。

如果一个杯子已经满了，那就没法再装更多的水了。虽然你具有别人不具备的优势，但其他人所具有的也许正是你所欠缺的。你必须清楚，这个世界上少了谁都一样。伟人都会成为历史，更何况我们呢？

这是一个合谋的时代，单枪匹马的个人英雄主义已经过时，仅靠个人奋斗已经很难赢得成功。要想成功，还得靠别人，靠团队的力量，借助一个宽松的环境和积极的团队，与更多的人公平合作。

像蚂蚁一样，培养你的合作能力

具有合作精神的蚂蚁，在具体的事情上的行为也体现出了其合作的能力。

蚂蚁们不仅仅需要精神上的契合，更需要在行动上的一致。要想成为21世纪的高效能人才、未来的成功者，你就一定要具有与人合作的好习惯，这是新时代的要求，也是每一位欲成大事者所必须具备的。

随着知识型员工的增多，以及工作内容中智力成分的增加，越来越多的工作需要团队合作来完成。

传统的组织管理模式和团队协作模式最大的区别在于，团队更加强调团队中个人的创造性发挥，以及团队整体的协同工作。

如何协调个人成长与团队成长的关系，使他们能够相互作用、共同发展是一个值得讨论的话题。

团队协作模式对个人的素质有较高的要求，成员除了应具备优秀的专业知识以外，还应该有优秀的团队合作能力，这种合作能力，有时甚至比成员的专业知识更加重要。

作为团队中的一员，你应该从哪几个方面来培养自己的团队合作能力呢？

——寻找团队积极的品质

在一个团队中，每个成员的优缺点都不尽相同。你应该主动去寻找团队成员中积极的品质，学习它，并克服你自己的缺点和消极品质，让它在团队合作中被弱化甚至被消灭。

团队强调的是协同工作，一般没有命令和指示，所以团队的工作气氛很重要，它直接影响团队的工作效率。

如果团队的每位成员，都主动去寻找其他成员的积极品质，那么团队的协作就会变得很顺畅，工作效率就会提高。

——对别人寄予希望

每个人都有被别人重视的需要，那些具有创造性思维的知识型员工，更是如此。有时一句小小的鼓励和赞许，就可以使他释放出无限的工作热情。

——时常检查自己的缺点

你应该时常检查一下自己的缺点，比如，还是不是那么冷漠，言辞还是不是那么锋利。在单兵作战时，这些缺点可能还能被忍受，但在团队合作中，它会成为你进一步成长的障碍。

团队工作需要成员在一起不断地讨论，如果你固执己见，无法听取他人的意见，或无法与他人达成一致，团队的工作就无法进行下去。

团队的效率在于配合的默契，如果达不成这种默契，团队合作就不可能成功。

如果你意识到了自己的缺点，不妨就在某次讨论中，将它坦诚地讲出来，承认自己的缺点，让大家共同帮助你改进，这是最有效的方法。

当然，当众承认自己的缺点可能会让你感到比较尴尬，但你不必担心别人的嘲笑，因为一般人只会给予你理解和帮助。

——让大家喜欢你

你的工作需要得到大家的支持和认可，而不是反对，所以你必须让大家喜欢你。但一个人又如何让别人来喜欢你呢?

除了和大家一起工作外，你还应该尽量和大家一起去参加各种活动，或者礼貌地关心一下大家的生活。总之，你要使大家觉得，你不仅是他们的好同事，还是他们的好朋友。

——保持足够的谦虚

任何人都不喜欢骄傲自大的人，这种人在团队合作中也不会被大家认可。

你可能会觉得自己在某个方面比其他人强，但你更应该将自己的注意力放在他人的强项上，只有这样，你才能看到自己的肤浅和无知。

因为团队中的任何一位成员，都可能是某个领域的专家，所以你必须保持足够的谦虚。

谦虚会让你看到自己的短处，这种压力会促使你在团队中不断地进步。

像蚂蚁一样，重视团队精神才能稳操胜券

蚂蚁的团队精神体现在蚂蚁们齐心协力的努力和工作。它们的团队精神集中体现的是大局意识、协作精神和服务精神。蚂蚁们没有什么个人欲求，所有的努力都是服务于整个集体和团队。

团队精神要求团队成员有着统一的奋斗目标或价值观，而且彼此信赖。团队精神强调的是组织内部成员间的合作态度，为了一个统一的目标，成员能自觉地认识到自己所肩负的责任与使命，并愿意为此目标共同奉献。

团队精神对于任何一个组织来说都是无比重要的。一个企业的生存和发展，甚至一个国家的生存和发展都需要一种精神的力量，其中首要的就是凝聚力，也就是团队精神，这也构成了一个企业真正的核心竞争力。一个企业如果没有团队精神势必将成为一盘散沙；一个民族如果没有团队精神也将难以发展强大。

所谓团队精神，简单来说就是大局意识、协作精神和服务精神的集中体现。团队精神的基础是尊重个人的兴趣和成就。核心是协同合作，最高境界是全体成员的向心力、凝聚力，反映的是个体利益和整体利益的统一，并进而保证组织的高效率运转。

团队精神的形成并不要求团队成员牺牲自我，相反，挥洒个性、表现特长保证了成员共同完成任务目标，而明确的协作意愿和协作方式则产生了真正的内心动力。团队精神是组织文化的一部分，良好的管理可以通过合适的组织形态将每个人安排至合适的岗位，充分发挥集体的潜能。如果没有正确的管理文化，没有良好的从业心态和奉献精神，就不会有团队精神。

有一家知名银行，其管理者特别放权给自己的中层雇员，一个月尽管去花钱营销。有人担心那些人会乱花钱，经过一段时间考察，员工并没有乱花钱，反而维护了许多客户，其业绩成为业内的一面旗帜。

相比之下，有些管理者，把钱看得很严，生怕别人乱花钱，自己却大手大脚，结果员工在暗中也想尽一切办法谋一己私利。还有一家经营环保材料的合资企业，总经理的办公室跟普通员工的一样，都在一个开放的大厅中，每个普通雇员站起来都能看见总经理在做什么。员工出去购买日常办公用品时，除了正常报销之外，公司还额外付给一些辛苦费，这个举措杜绝了员工弄虚作假的行为。

在这两个案例中，我们可以体会到相互信任对于组织中每个成员的影响，尤其会增加雇员对组织的情感认可。而从情感上相互信任，是一个组织最坚实的合作基础，能给雇员一种安全感，雇员才可能真正认同公司，把公司当成自己的，并以之作为个人发展的舞台。

刘备是个非常注重态度的人，三顾茅庐请孔明，与关羽和张飞结成死党，关系很铁，但最后却是一个失败者。曹操不管态度，唯人是举，成就大业。因为赢得利润不仅仅靠态度，更要依靠才能。那些重视态度的管理者一般都是权威感非常重的人，一旦有人挑战自己的权威，内心就不太舒服。

所以，认为态度决定一切的管理者，首先要反思一下自己的用人态度，在评估一个人的能力时，是不是仅仅考虑了自己的情感需要而没有顾及雇员的？是不是觉得自己的权威受到了人才的挑战不能从内心接受？

从心理学的角度分析，如果要改变一个人的行为，有两种手段：惩罚和激励。惩罚导致行为退缩，是消极的，被动的，法律的内在机制就是惩罚。激励是积极的、主动的，能持续提高效率。适度的惩罚有积极意义，过度惩罚却是无效的，滥用惩罚的企业肯定不能长久。惩罚是对雇员的否定，一个经常被否定的雇员，有多少工作热情也会荡然无存。雇主的激励和肯定有利于增加雇员对企业的正面认同，而雇主对于雇员的频繁否定会让雇员觉得自己对企业没有用，进而雇员也会否定企业。按照现代公司法原理，形成公司的各股东或利益集团均由公司以法人的身份进入市场从事各种商业行为，从企业的方针、战略的制定到具体措施的实施均体现企业的整体利益，因此在相当程度上，公司法人具有了商事人格权。作为法人授权的具体的执行者及其领导的团队也就应当以一整体的姿态出现在商场，这是现代企业制度原理和市场运作规律对企业的必然要求，团队精神的融入和渗透无疑是符合这一内在规律的。

企业制度的形成应当是一个科学、民主的决策过程，是一个集思广益、发挥众人智慧和力量的过程，是综合指挥员的经验和众多战斗员的丰富实践的过程，很难想象在一个宁静的港湾潜心研究出的企业制度能够自如地应对瞬息万变、暗礁密布的市场状况。

索尼公司是世界上著名的企业，其之所以能有今天的巨大成就，与其“家庭式”的管理方法是分不开的。在索尼公司，每一个员工都被视为大家庭的一份子，每个员工都能够发表自己独特的观点，但是，又强调员工之间要像在一个家庭中生活一样互相配合、协调。

公司的每一位员工由于受到了充分的尊重，才华得到充分的发挥。最后，公司得到了员工们同等的回报——积极工作并对公司忠诚，于是索尼公司获得了巨大的、可持续的事业成功。

成功的团队并非以压抑个性为代价，相反，成功的团队十分尊重成员的个性，重视成员的不同想法，真正使每一个成员参与到团队工作中，风险共担，利益共享，相互配合，完成团队的工作目标。

团队精神可以通过各种形式进行倡导，但以制度形式将其固定或者在制度中体现团队精神的要义则必不可少，这样才能达到二者之间的良性互动。人是各种资源中唯一具有能动性的资源。企业的发展必须合理配置人、财、物，而调动人的积极性和创造性是资源配置的核心，团队精神就是将人的智慧、力量、经验等资源进行合理的调动，使之产生最大的规模效益，用经济学的公式表述即为：1+1>2 模式。

谈及团队精神，我们往往只认识到团队精神所体现凝聚力对企业制度、企业文化的影响力，然而在全球知识经济和中国加入 WTO 直接融入国际市场的背景下，我们尤其要认识到团队精神对企业制度创新的巨大意义。一方面，我们要把在新形势下团队精神的具体内涵反映到制度上来，不断进行充实、修正。另一方面，我们要重新检讨奖惩机制、分配机制，确定是不是真正做到了权、责、利相统一。比如说，通畅、透明、多向、经常性的信息交流体现了一个企业团结一致、信息共享的良好团队精神，这种信息交流机制在日本已成为企业极为重要的管理制度，可是在我们的不少企业中，信息交流并没有形成有效机制，无论是领导外出参观、交流，还是业务人员因公出差或后勤职能部门外出履行职责时，因而采集到与企业有关的有价值的信息，大多未形成书面报告，分类归档，更难谈得上横向交流和支持相应的调研，久而久之，一些有价值的信息就渐渐从记忆中流失了，决策的依据有时就只剩下了“好像”“大概”甚至是伪证，同样是一次观摩，一次学习，一次差旅，一次谈判，我们能为企业所作的贡献远远小于日本人；再比如，自律精神是团队精神的精髓之一，在我们的商业应酬中，考虑到下午仍有工作，午间应当禁止饮酒，而往往我们的不少领导往往忽略了这点。

战国时，秦王问一个大臣："秦国人比齐国人怎么样?"大臣说："一个人和一个人比，秦国人不如齐国人，一国人比一国人，齐国人不如秦国人。"最后，秦国战胜了比自己实力强大的齐国，靠的就是团队团结的力量。

比尔·盖茨认为团队合作是一家企业成功的保证，也是个人成功的前提。

任何公司的发展和壮大，都依赖员工的有效合作。在做一个项目时，所有关键人物都需要团结合作，就像一个积极性很高的个人一样，目标一致，全力以赴地行动，这样才能确保项目的顺利进行与成功完成。

20世纪六七十年代，日本经济迅速发展，企业的国际竞争力跃居世界前列，产品在欧美市场攻城拔寨，势不可当。八十年代，竟有日本购买美国之说。二战以后，世界暴发户美国可谓财大气粗，为何在日本产品的进攻面前节节败退呢?美国的专家认真研究得出结论：假如日本最优秀的员工与欧美的相比，日本多半不能取胜。但如果以班组或部门为单位比赛，则日本总是处于上风。日本的员工对企业有一种强烈的归属感，他们全身心地投入到企业的业务上，而欧美的员工很难做到这一点。他们崇尚个人主义、个人奋斗，不能形成1+1>2的团队竞争力。日本人强调团队力量，强调团队的同事之间要精诚合作，共同维护团体的利益，尤其是当企业遇到困难时，大家应抱成一团，同舟共济。

号称"经营之神"的松下幸之助在1945年就提出："公司要发挥全体职工的勤奋精神。"他不断向职工灌输所谓"全员经营""群智经营"的思想。这种思想认为"松下的经营，是用全体职工的精神、肉体和资本集结成一体的综合力量进行的。"为了打造坚强团队，直至20世纪60年代，松下幸之助还在每年正月的一天，带领全体职工，头戴头巾，身着武士上衣，挥着旗帜，把货物送出。

在这个过程中，每一个工人都会生出由衷的自豪感，为自己是这一团体中的成员感到骄傲。在这种意识下，大力挖掘每个员工的潜力和智慧。正因为松下充分认识到群体的力量，并在经营中处处体现这一思想，松下的每个职工都把工厂视为自己的家，把自己看做是工厂的主人。因此，即使公司不提倡，各类提案仍会源源而来，职工随时随地——家里、火车上，甚至厕所里都会思索提案。试想，有了这样的"全民总动员"，松下公司又怎么不成为称霸世界的超强企业呢?

我们考察一些世界知名的企业，从海尔到华为，从星巴克到微软，那些业绩长青的企业都具有共创卓越的团队意识，甚至可以说，是否拥有这种团队精神才是企业能否持续发展的根本。

麦肯锡公司总裁顾磊杰曾表示：资源共享与团队合作的精神构成了麦肯锡的核心竞争力。可见，在麦肯锡的企业文化中，团队合作是不可忽视的重要一环。

麦肯锡认为，协作意味着有更多的成员能够得到更为全面的资料，也就会有更多的头脑可以共同找出问题的解决方案。麦肯锡还把“团队至上”的意识在新进职工的培训中加以充分体现。在他们看来，只有让麦肯锡员工树立起良好的团队意识，充分调动人员间的合作能力，才能培养出能够解决问题的一流团队。这样，在企业的长久发展中，麦肯锡逐渐形成了一整套保持高水准团队的策略。

与麦肯锡相同，诺基亚也在团队文化领域有着严格的要求。从 1998 年起它就霸占着全球手机销售的龙头地位，目前占有全球 1/3 的市场，其市场份额几乎是位居第二的竞争对手的两倍。

诺基亚强调要把人们的思想和行为变成公司的比较竞争优势，并且提倡将诺基亚的员工提升为企业的工作伙伴，而不仅停留在雇主和员工的劳动合约关系上。他们认为，唯有这样工作伙伴们才会看重自己，帮助公司积极地发展业务。

公司除了定期举行团队建设的活动外，在招聘甄选中也表现出对应聘者合作精神的关注，除专业技能的考核外，还将团队精神作为考核指标中的主要项目之一。而诺基亚的每一位经理都是一个教练，他需要设计合理的团队结构，让每个人的能力在团队中得到发挥。只有真正将这样的企业文化融入到每个员工的意识之中，才能令团队群策群力，发挥出个人所无法发挥的综合力量，从而更有效地为客户服务，赢得更广阔的市场。

展望全球，世界 500 强企业也都在着力追求和培养把个人的创造力融于集体协作中的团队精神。回想过去，任何具有重大意义的科学研究、理论探索、技术工程等，都是凭借团队的合作力量得以完成的。1961 年，美国实施的长达 10 年的阿波罗登月计划有将近 42 万人参加，涉及 2 万余家公司、120 所大学参与合作。

21 世纪是团队的世纪，快速发展的时代越来越倚重团队合作的力量。在所有诺贝尔获奖项目中，据统计，因协作而取得成功的占 2/3 以上。在诺贝尔奖设立的头 25 年中，因合作而获奖的占 41%，而现在则上升到 80%。

因此，一个重视团队精神的企业，才有可能在激烈的市场竞争中保持着胜利的记录，否则，别说发展，生存都将是问题。

下篇：生活像蝴蝶

生活总是多彩的，蝴蝶的生活更是多彩的，即便是生如朝露，也是尽情尽兴。

蝴蝶无声地蜕变，静默地飞翔，它是属于阳光的，它是旖旎的，它是多彩的。每一只在阳光中飞舞的蝴蝶，都有着自己一段美丽的故事。都有着一颗对美好未来无限向往的心。浮世喧嚣，蝴蝶安守生命的馈赠，珍惜每一天生命的拥有，自由地轻舞，让每一个日子都绽放异彩华光。拥抱阳光，俯仰蓝天，醉舞花间，任天地转换，却在它的翅膀下尽览无遗，这是何等惬意的生命历程。

生活像蝴蝶，不要因为工作沉重、意外打击而怀忧丧志，因为生活总要过下去，高兴如此，痛苦亦然，为什么不用愉快、乐观的心情，看待生活的每一段过程呢？快乐是生活的本质，探索也是乐趣的源泉，而蝴蝶正是生活精彩的写照。

生活

蝴蝶

第六章　像蝴蝶一样热爱生活

“人生何其短，何必苦苦恋”，一首流行歌的唱词生动地描摹了人生的无奈。生命的珍贵，恰如朝露般繁华，又似流水般一去不回。

逍遥派大师庄子的“蝴蝶梦”就像恍恍惚惚的美景一般，将蝴蝶的潇洒描述得淋漓尽致，以至于我们都想化身为蝴蝶，而逍遥于世间了。

“蝴蝶梦”中有着充满魅力的变形美，表达了人类思想史上异化最早的梦想，蝴蝶象征着人性无拘无束、天真烂漫的本质。梦之蝶使庄子摆脱了尘世的逼压和囚禁，飘飘乎遗世而独立，逍遥于自由的伊甸园。化蝶又恍如登山，是人性的回归，是古往今来普天下芸芸众生热切的梦想。

一切变化，都来自你的内心。只要相信自己，一切皆有可能。转变源于自我，挖掘内心的无限潜能吧！

像蝴蝶一样，给自己一个笑脸

你用什么样的态度对待你的生活，生活就会以什么样的态度来对待你。你消极，生活便会暗淡；你积极向上，生活就会给你许多快乐；你用微笑面对生活，同样生活也会对你微笑。生活像蝴蝶，给自己一个笑脸吧。

蝴蝶翩翩地飞来，短暂的生命，留下了辉煌的瞬间。蝴蝶的身姿永远是美丽的，你从来不曾看见美丽的蝴蝶有些许忧郁的色彩。蝴蝶是美丽的，生活也是美丽的，美丽的蝴蝶用美丽的舞姿面对美丽的生活。蝴蝶用生命的灿烂，写就了灿烂的一生。翩翩如仙，竟又翩翩如梦，谁可曾见到，舞动的轻盈的翅膀跳动的轻灵的舞姿，让人很容易痴迷。

你用什么样的态度对待你的生活，生活就会以什么样的态度来对待你。你消极，生活便会暗淡；你积极向上，生活就会给你许多快乐；你用微笑面对生活，同样生活也会对你微笑。生活像蝴蝶，给自己一个笑脸吧。

台风袭来，随着暴风骤雨而来的泥石流狂泻而下，迅速流向坐落在山脚下不远处的一个小村庄。农舍、良田、树木，一切的一切都没有躲过被毁的劫难。滚滚而来的泥石流惊醒了睡梦中的一位14岁的小女孩。流进屋内的泥石流已上升到她的颈部。小女孩只露出双臂、颈和头部。及时赶到的营救人员围着她一筹莫展。因为对于遍体鳞伤的她来讲，每一次拉扯无疑是一种更大的肉体伤害。此刻房屋早已倒塌，她的双亲也被泥石流夺去了生命，她是村里为数不多的幸存者之一。当记者把摄像机对准她时，她始终没叫一个“疼”字，而是咬着牙微笑着，不停地向营救人员挥手致谢，两手臂做出表示胜利的“V”字形。她坚信政府派来的救援部队一定能救她。可是营救人员最终也没能从固若金汤的泥石流中救出她。而她却始终微笑着挥着手，直到一点一点地被泥石流所淹没。

在生命的最后一刻，她脸上没有一点儿痛苦失望的表情，反而洋溢着微笑，而且手臂一直保持着“V”字形状。那一刻仿佛延伸一个世纪，在场的人含泪目睹了这庄严而又悲惨的一幕，心里都充满了悲伤。世界静极，只见灵魂独舞。

死神可以夺去人的生命，却永远夺不去在生死关头那个“V”字所蕴含的精神。在人生的道路上，挫折、困难，甚至绝境是避免不了的，最重要的是要坦然面对，自信自强，让灵魂始终微笑，高举那面叫做自信的胜利之旗。因为穿透灵魂的微笑常常在生命边缘蕴含着震撼世界的力量，让人生所有的苦难如轻烟一般飘散。

一旦你学会了阳光灿烂的微笑，有了这种积极乐观的心态，你就会发现，你的生活从此会变得更加轻松。

百货店里，一个穷苦的妇人，带着一个约四岁的男孩在转圈子。走到一架快照摄影机旁，孩子拉着妈妈的手说：“妈妈，让我照一张相吧。”妈妈弯下腰，把孩子额前的头发拢在一旁，很慈祥地说：“不要照了，你的衣服太旧了。”孩子沉默了片刻，抬起头来说：“可是，妈妈，我仍会面带微笑的。”每想起这则故事，我们的心就会被那个小男孩所感动。

人的一生，都会有珍惜的情感。比如，父母珍惜儿女，热恋男女珍惜爱情，创作者珍惜自己的作品，临终病人珍惜仅剩的时光。

珍惜是种绝妙的情感。若能以这样的情感对待生活中的每一天、每件事，那么，人生中摆脱不掉的悲苦，也都会变得有其存在的意义与价值了。

一件事情，随便地完成它和小心地完成它，其结果或许一样，但感受绝对不同。前者可能是无奈与厌烦，后者必然是欣喜与快乐。

一名家庭主妇因为丈夫在外沾花惹草而喝盐酸自杀未遂。虽面容毁了，但因此反省了愚蠢的行为，开始懂得珍惜生命。她不仅到医院当义工，现身说法劝慰自杀未遂的人，还学习一些从未接触过的技艺，生活过得很充实、很满足。

因为心态改变了，她的人生也改变了。不懂得珍惜时，她的生活很惨淡；懂得珍惜后，她的生活变得有光彩了。

珍惜，对于任何人来说，都是应该具有的情感。你珍惜了生命，生命方能长久。你珍惜了家人、朋友的情感，尊重他们，关心他们，你便会在友善的交流之中获得快乐和幸福。

面对着亲人，你的一个微笑，能够使他们体会到，在这个世界上，还有另外一个人和他们心心相连；面对着朋友，你的微笑，能够使他们体会出世界上除了亲情，还有同样温暖的友情，让我们感受到，对朋友，他是重要的，必不可少的；走遍世界，微笑是通用的护照；走遍全球，阳光雨露般的微笑是你畅行无阻的通行证。

不论你现在从事什么工作，在什么地方，也不论你目前遇到了多么严重的困境，你的人生遭遇了多大打击，你都需要用你的微笑去面对它们，面对一切，如果你这样做了，那么，一切都会在你的微笑前低头。微笑，永远是我们生活中的阳光雨露。没有什么东西能比一个阳光灿烂的微笑更能打动人的了。微笑具有神奇的魔力，蕴含着震撼人心的力量，微笑能够化解人与人之间的坚冰。微笑也是你身心健康和家庭幸福的标志。只要你脸上常挂着微笑，你就不会吃亏！相反，还会使你拥有更好的人缘！

像蝴蝶一样，把幸福藏在心中

蝴蝶深深地藏起自己对生活的热爱，不用浅白的语言来描述，而是用生命的舞动来阐释，在蝴蝶的语言里，舞姿就是最好的语言。你也许不明白蝴蝶为什么飞舞，但你一定会被蝴蝶的舞姿所感动。蝴蝶就像世间的精灵，眷恋着这个美丽的世界。把对生命的热爱，把对生活的幸福感藏在心中。

一位北京的朋友，讲了一件令他感动的事。他说："我家保姆是一位来自陕西大山里的农村姑娘，刚满20岁，不识字。曾听她说，她们家识字的只有她妹妹，妹妹现在家乡读高中，成绩不错。一天，她妹妹给她来了封信，她让我念给她听。我拆开信后，几行清秀的字迹跳入了眼帘，读着读着，我被信的内容深深感动了。信里说，因为家里实在太穷，她已经退学了，现在正在家里帮助父母忙农活。妹妹劝姐姐一定要珍惜北京的工作，不要去羡慕别人的生活，要自强自立，好好做人，其中有一句话是：幸福就是自身的感受。

“读完这封信后，我的眼睛湿润了。一位不到20岁的农村姑娘，对人生竟有如此深的感悟，这能不令人感动吗！”

“幸福就是自身的感受”，这句话说得多么好呀！现在，许许多多的人腰缠万贯，但他们真的幸福吗？不一定！幸福从来就不是用金钱来衡量的。

古人李渔说得好：“乐不在外而在心。心以为乐，则是境皆乐；心以为苦，则无境不苦。”

如果你有一个好心态，即使是日常小事，你也会从中获得莫大的幸福。幸福就是自身的感受，它就藏在自己的心灵中。

我们习惯于活着，并且往往将之视为理所当然的事。但仔细想一想，我们来到这个世界上，本身就是一种奇迹，应该感谢上苍的恩宠，珍惜生命的可贵。好好活着，就是一种莫大的幸福。

大多数人的生活是平淡的，他们的生命与草木同腐，这本是一种非常正常的生活方式。而从另一种意义上说，当生命一旦剥离了各种外在的装饰，裸露出生命的真相时，活着本身就是一种最大的幸福。人生不易，活着更不易。在平淡中积聚力量，在平淡中笑看花开花落，在平淡中创造卓越辉煌，这是一种悠闲，也是一种境界。从伟大回归平淡，从慷慨步入稳健，从激越步入平缓，更是一个人在人生路上面临的战略考验。

《庄子》中的一则寓言从另一个角度表达了活着的可贵和生命本身的意义。

有一个著名的木匠在去齐国的路上，看见一株被当地人尊奉为“社神”的栎树。这棵树大到可以供几十头牛遮阳，量一量树身有几百尺宽，高达山头，好几丈以上才生枝，旁枝可以造船。围观的人群密密麻麻，好像赶集一样，这个木匠却一眼也不瞧，一直往前走。

他的徒弟站在那儿看了个够，追上木匠问道：“自从我拿了斧头跟随先生，从没有见过这么大的木材，先生却不看一眼，一直往前走，这是为什么呢？”木匠就告诉他：“那是一棵没有用的散木，用它造船很快就会沉没；用它做棺材很快就会腐烂；用它做器具很快就会朽毁；用它做梁柱很快就会被虫蛀。这是不材之木，没有一点儿用处，所以才会有这么长的寿命。”

木匠回到家里，夜里梦见栎树对他说：“你要拿什么东西和我相比呢？拿有纹理的树木来跟我比吗？那梨、柚、橘一类的树，结瓜结果，果实成熟了，立即被采下来，大枝被折断，小枝被拉下来。这都是由于它们的才能害苦了自己的一生，所以不能享受天赐的寿命而中途夭折。物类如果有用就会招来世俗的打击，一切东西没有不是这样的。我力求做到这种无所可用，曾费尽了周折，有几次我差点就被砍死，好不容易我才保全了下来，这正是我的大用。假使我显示出一点的用处，试问我能有今天的壮观吗？”

这则寓言是说，当生命裸露出真相的时候，活着本身就是最大的收获和成就。当然，这绝非简单的“好死不如赖活着”所能概括的，而包含着对人生价值和生活意义的透彻感悟。

为什么海明威在飞机失事、死里逃生后读到关于自己的讣告时却说：“一个人有生就有死，但只要你活着，就要以最好的方式活下去。”

为什么三毛在撒哈拉沙漠中举行婚礼时，见到丈夫荷西送给她的礼物是从沙漠中捡来的一副骆驼的骷髅竟会欣喜若狂，珍爱如命……

人正是知道了死，才掂出了生的分量。尽管长途跋涉叩开的都将是死亡的大门，人还是要去抓住生命的每一瞬间，发掘生命的价值。试问：还有什么比活着更为宝贵的呢？

像蝴蝶一样，对待生活多一点热情

蝴蝶是灵动的，也是如此地热爱生活。以至于在人们的无数歌咏中，蝴蝶都是潇洒和自由的象征。蝴蝶对生活的热爱，是有目共睹的。在花丛中，蝴蝶轻轻地吻着花蕊，在田野里，蝴蝶自由地飞翔。忽而高，忽而低。生命在这一刻变得是那么让人羡慕，让人感慨。

热情是快乐的秘方，是成功的催化剂。如果你是一潭充满热情的活水，你就拥有了日新月异的动力，你就有了热情四射的活力。

生活需要热情，那种平淡无味、死气沉沉的生活给人一种衰亡的感觉。上班族中很多人都是两点一线，朝九晚五，重复着简单无聊的日子。等到有一天突然回头，你会发现自己已过而立之年，却依旧碌碌无为，只懂得生存，不知道何为快乐。

每一天清晨的霞光下，在一个个忙碌的身影中，有你，有我。一天如此，一年如此，一生都会如此。谁对生活更热情，更懂得品味和享受，无疑，他就很容易寻找到快乐的足迹。

杰克是美国一家麦当劳的员工，每天的工作就是不停地做很多相同的汉堡，没有什么新意，但是他仍然非常快乐，从来都是用满怀善意的微笑热情地迎接他的顾客，几年来一直如此。他的这种真挚的快乐，感染了很多人。有人不禁问他，为什么对这样一种毫无变化的工作感到快乐？究竟什么让他充满热情？

杰克回答，我每做出一个汉堡，就知道一定会有人因为它的美味而感到快乐，那我也就感到了我的作品带来的成功，这是多么美好的事情！我每天都会感谢上天给我这么好的一份工作。

由于杰克的快乐心情，这家店的生意越来越好，名气也越来越大，最后终于传到了麦当劳公司总管的耳朵里，于是，杰克得到了总公司的一个重要职位。

与杰克想法相反的是他的表弟奎尔，他是一家汽车修理厂的修理工，从进厂的第一天起，他就开始生气，修理这活儿太脏了！瞧瞧我身上弄的，而且没有高额的薪水。每天他都是在不满的情绪中度过，认为自己在像奴隶一样卖苦力。他每时每刻都窥视着师傅的眼神与行动，稍有空隙，他便伺机偷懒，应付手中的工作，并且总是期待下班的时间。

转眼几年过去了，一同进厂的几个工友，各自凭借精湛的手艺，或另谋高就，或被公司送进大学进修，唯有他，仍旧做着讨厌的修理工作，仍旧沉浸在无法升迁的痛苦之中，碌碌无为地应付每一天。原来，缺乏热情、失去快乐的最大受害者，就是自己。

对于一个普通人来说，即便你坚信自己才华横溢，但如果你缺乏热情，你也只能停留在表面功夫的作业上，做一天和尚撞一天钟，既享受不到工作所带来的乐趣，又不会有任何升迁的机会光顾你。

生活中需要热情，快乐更是由热情点燃的。当你对生活全身心投入的时候，那份专注的热情会持久地温暖你的心，使你拥有燃烧着的快乐和付出后的满足。

在很多人的眼中，石头就是石头：它不说话、不唱歌、不生气、不兴奋、不做梦、不旅行、不期待未来、不挂念往事、不恋爱。它什么事也不做，只固执地想当个真正的石头。最后的结论是：石头真无聊。

但在台湾著名艺人杨林的眼里，石头却是这样的：石头说自己的话，唱自己的歌；它生气时只有自己知道；兴奋时非常低调；做梦时不让你知道。正是这种对待生活热情的态度，造就了一个不同于传统观念的艺人。

杨林宣布挥别演艺生涯转行画画的时候，曾引起了一阵哗然，很多人都对她的“挥别”与“转行”感到不可思议。不过，杨林却平静地向大家说道：“择一个让自己灵魂快乐起来、简单自在的工作罢了。”她坚信，对生活有热情，所得到的快乐远比名誉和金钱要多得多。

但她的经纪人不死心，多次上门来说服她：“你看啊，随便拍个广告，15分钟就可以赚10万元，你干吗不拍啊？”杨林总是坚决地一口回绝，依旧执著地以画画为生，她曾以“撒旦”来形容这种赚钱的快乐与奇妙。

在某次画展结束的时候，杨林微笑着对人说道：“一张画，少则要画一个月，多则要画两三个月，最后顶多也就卖几万元，相比起拍广告来是有些少；可是呢，如果接拍广告的话，不但要很早从床上爬起来梳头、化妆，打扮美丽，还要一个劲儿地对着大家露出牙齿来强装着微笑，虽然转眼就有10万元，可以肆无忌惮地去买名牌、吃美食，然后骗自己说这样活着还不错……但实际上，精神上的空虚，又有谁能够看得到呢？”

后来，杨林把自己的轿车卖掉了，而且还表示说，如果未来求学的经费不够了，就连房子也会卖掉的。她说：“我很快乐，快乐就是做自己想做的事情。”

只有金钱才能缔造快乐，这在很多人的观念里已经根深蒂固。对于那些重视物欲享受的人来说，杨林是个不折不扣的傻子，然而这却是一个真真正正会享受快乐的“傻子”，是一个让自己的精神归属快乐的人。她深深地懂得：在短若朝露的人生岁月里，只有把真实的自我释放出来，才不会白白地辜负自己。

热情是快乐的秘方，是成功的催化剂。黑格尔有句名言：“我们可以肯定地说，世界上的伟大事物都是靠热情来成就的。”一个精神萎靡不振的人绝对不会成为成功的人，一个怨天尤人的人也绝对不会获得快乐的体验。

“问渠哪得清如许？为有源头活水来。”如果你是一潭死水，就只能等着变臭、腐烂、干涸；如果你是一潭充满热情的活水，你就拥有了日新月异的动力，你就有了热情四射的活力，那时，你对快乐的理解和体验将获得前所未有的升华。

像蝴蝶一样，把幸福当做一种感觉

幸福是一种感觉，是一种不为感情所左右，不为名利所牵引，洞悉事物本质，完全实事求是的心理状态。它不是仰视，不是俯视，而是平视——平淡、平等、平凡、平静地看问题。

一只高傲的猫走过美丽的花丛，他没有爱上任何一朵鲜花，他爱上了一只紫色的蝴蝶。鲜花们向猫展示着美丽，猫却对着蝴蝶说："我爱你。"蝴蝶用她紫色的微笑说："我爱的是强者，你知道山林中的虎吗？他是真正的强者。"

猫走了，他去了山里，他要证明自己是强者。猫找到了虎，他义无返顾的和虎缠斗。虎一抓就结束了战斗。猫在死前用尽余力咬去了虎的鼻子。虎输了，猫也死了。猫见到了上帝，上帝告诉猫："你有9条命，现在剩下8条了。"

猫回来见蝴蝶。蝴蝶问猫："你真的爱我？"猫点头。蝴蝶说："我从没有见过喜马拉雅山的冰花，你给我吗？"猫走了，他去了喜马拉雅山。但他的皮毛太薄，还没有采到冰花就冷死在途中。上帝告诉猫："你剩下7条命了。"猫知道自己的皮毛太薄不能采到冰花，于是他求上帝帮他。上帝说："你要用一条命换一朵冰花。"猫爽快地答应了。他得到了冰花，失去了一条命。

猫带回了冰花，蝴蝶很高兴。蝴蝶说："我喜欢海底的紫色珊瑚，你能给我吗？"猫去海里，但他不会游泳，很快便溺死了。

猫又见到了上帝，他求上帝给他紫色的珊瑚。他愿意用一条命换。他得到了紫色珊瑚。猫只剩下4条命了。他带着紫色珊瑚回来见蝴蝶。蝴蝶很开心，但她说："你真是一只很优秀的猫，如果你能让天空划过一颗彗星，我就会爱上你。"

猫很无奈，他怎么也想不出如何让天空划过一颗彗星。这时他想到了上帝，但他知道只有死了才能见到上帝。于是猫毫不犹豫地一抓刺破了自己的心脏。

猫见到了上帝，他说:“万能的上帝，您能给我一颗彗星吗?我愿给您我的一切。”上帝说:“你只剩下3条命了，如果你全部给我，我就让天空划过一颗彗星。”猫说:“我愿意，但我希望您能让我回一次人间。”上帝答应了。

猫回去了，他带着蝴蝶来到一个大平原。夜里，一颗明亮的彗星出现在天空，绚丽无比。蝴蝶看到了美丽的彗星，她觉得猫很伟大，她爱上了猫。猫现在连一条命也没有了，他知道他的生命会随着彗星消失。但他爱蝴蝶，而且现在蝴蝶也爱他。而猫已经失去了和蝴蝶相爱的能力了。猫对蝴蝶说:“我不爱你。”蝴蝶哭了，她恨猫戏弄她的感情。猫走了，他要趁彗星还没消失赶快离开。彗星终于消失在天边，猫也消失在视线之中。

猫和蝴蝶这段精彩的小故事告诉我们：幸福是一种感觉，是一种不为感情所左右，不为名利所牵引，洞悉事物本质，完全实事求是的心理状态。它不是仰视，不是俯视，而是平视——平淡、平等、平凡、平静地看问题。平常心要以知识为底蕴，无知是不能拥有平常心的；平常心要以勇气为后盾，懦弱是不敢拥有平常心的。平常心不是墨守成规、不牵强附会、不察言观色、不患得患失、不人云亦云、不借梯上屋的，只有完全抛开了得失、荣辱以至生死的人才能做到。在平常心态下，生命便具有了最高意义，行为便有了广阔空间——很多的时候就有了高招、绝招，就能走出了困境、险境。

传说有一位得道高僧，在一个乌风陡暗、山雨欲来的傍晚经过一片坟地，看见一位大汉瑟缩在一颗大树下虚汗淋漓。高僧问他何以至此，惊恐万分的大汉话不成句。只是结结巴巴地说了一句“怪……怪……怪蛇”就软瘫下去了。高僧一看，原来草丛里有一条大蛇正在吞食一条与自己不相上下的大蛇。前者即将胀死，在艰难地摇动着尾巴；后者即将憋死，也在艰难地摇动着尾巴。问题是这里是坟地，前不巴村，后不着店，大汉在这阴森的环境里突见此两头是尾的“怪蛇”，便惊慌失措，疑是死路一条了。高僧向大汉说明实情后，大汉立即恢复常态，并拾起“双尾蛇”带回家去了。这里，平常心救了一位将被吓死的人。

科技发展到今天，人类所征服的领域越来越多。随着知识“圈”的扩大，圈外的无知世界也越来越大。有的难题需要平常心态来解决。美国太空总署曾征求一种太空人使用的超现代化的书写工具，要求必须能在真空环境中使用，必要时能移笔尖向上书写，还要求几乎永远不需要补充墨水或油墨，成本费多少在所不计。全世界知此消息的天才们都为此大动脑筋，只是苦无良策。后来德国人打来电报，上面只有几个字:“试过铅笔吗?”是啊，铅笔太常见、太常用了——便没有去考虑它，而它又确实具备了上述要求。这里平常心又解决了一个科研难题。

现在有些人急切地希望成功，成功后也喜欢炫耀，希望及时挥霍成功果实，其典型表现就是大手大脚花钱给别人看。特别是在熟人和亲友面前，迫切想显示自己的财富。而那些真正成就了事业的人，反而能够在生活中保持一颗平常心。

有一次，亨利·福特到英格兰去，在机场问询处他询问当地最便宜的旅馆。接待员看了看他，一眼就认出了这个超级富豪——全世界都知道的亨利·福特。就在前一天，报纸上还登出了他的大幅照片，说他要来这儿。

接待员说:“要是我没搞错的话，你就是亨利·福特先生。我记得很清楚，我看到过你的照片。”他说:“是的。”接待员疑惑不解地对他说:“你穿着一件看起来像你一样老的外套，要最便宜的旅馆。我也曾见过你的儿子上这儿来，他总是询问最好的旅馆，他穿的也是最好的衣服。”

亨利·福特说:“是啊，我儿子好出风头，他还没适应生活。对我而言没必要住在昂贵的旅馆里，我在哪儿都是亨利·福特。即便是在最便宜的旅馆里，我也是亨利·福特，这没什么两样。这件外套，是的，这是我父亲的，但这没有关系，我不需要新衣服。即使我赤裸裸地站着，我也是亨利·福特，这根本没关系。”

是的，可能你的外套比亨利·福特的高档，可是，这能说明你比他更有钱吗？可能你住过比亨利·福特更贵的旅馆，可是，这能表示你比他更有身份吗？

在生活中有些人好出风头，总怕别人不知自己的尊姓大名，一逮住机会不是高声炫耀自己的身份，就是到处分发名片，这是虚荣心在作怪。也有一些人不慕外表华丽，而是时时以坚持自我秉性为本，这种人是最谦虚的人，也是最值得尊敬的人。

幸福是一种绝对自我的感觉，只要你觉得自己是幸福的，你就是幸福的；反之，如果自己感觉不到幸福，无论在别人的眼里如何风光，你的心里仍然会是一片冰凉。不同的人有不同的活法，不同的人也有不同的幸福。关键就在于我们是否真的明白，自己这一辈子到底要什么。如果一个人总是得陇望蜀或盲目攀比，那他永远都不会幸福和快乐。

自古以来胸怀大志者多把求名、求官、求利当做终生奋斗的三大目标。三者能得其一，对一般人来说已经终生无憾，若能尽遂人愿，更是幸运之至。然而，从辩证法角度看，有取必有舍，有进必有退，有一得，必有一失，任何获取都需要付出代价。往好的、乐观的方向看，必将会希望无穷；反之，一味地往坏的、悲观的方向看，定觉兴致索然。

逍遥，指的是没有什么约束、自由自在——当然，法律与道德的约束还是需要的。也就是说，逍遥是一种基于心灵大自在之上的行为大潇洒。逍遥表现在自然个性的呈现、精神思维的自由和言谈举止的洒脱。

史上最著名的逍遥派大概就是古代那个庄子了。这个逍遥派的掌门人，在《庄子·齐物论》说了一个这样的故事：有一天，他梦见自己变成了蝴蝶，一只翩翩起舞的蝴蝶。自己非常快乐，悠然自得，不知道自己是庄周（庄子）。一会儿梦醒了，却是僵卧在床的庄周。不知是人做梦变成了蝴蝶呢，还是蝴蝶做梦变成了人呢？

凡事往好的方面想，自然会心胸宽大，也较能容纳别人的意见。宽大的心胸，不但可以使人由别的角度去看事情，更能使自己过着无人而不自得的日子。有一回，释尊的一位大弟子被一位婆罗门侮辱，但他对于婆罗门的辱骂只是充耳不闻，未予理会。因为他知道，一个会以辱骂别人来凸显自己的人，在个人的修养和品行上都有问题。婆罗门见到他无端被自己辱骂，不但没有生气，且微笑地答辩，真不愧是圣者，终于自知理亏愤愤地离开了。这便是豁达，即佛家所谓的圆融。

人是伟大的，但也是渺小的。人可以改变一些事物，但对于大自然的命运却经常无能为力。一个下雨的早晨，再多公鸡的鸣叫也唤不出太阳。与其呐喊、抱怨与诅咒老天，不如撑一把雨伞来个雨中漫步，给自己一份悠闲与浪漫。当追求幸福的人因求之不得而苦恼的时候，只要换一种心态，就能很容易地体会到逍遥的快乐。当一个人与幸福失之交臂的时候，也许恰好具备了逍遥的条件。得到和失去一样能够快乐，这就是生活的公平、公正和微妙。

人本是人，不必刻意做人；世本是世，不必精心处世。这就是返璞归真之人生大自在的箴言。

豁达一些，也要大度一些。就拿鞋子来说吧，我们买鞋子都知道要多预留一点儿空间，否则穿久了，会因脚和鞋子摩擦得太厉害，而起水泡，甚至磨破皮，以致痛苦难忍。又如赴约，应提早 5 分钟或 10 分钟到场，也一定比剩一分钟赶到的心情轻松多了。谚云“宰相肚里能撑船”，英国首相丘吉尔就是最好的例证。他对于化解愤怒的方法便是幽默。有一次，演说前有一位不赞同他的人，递了张纸条给他，上写着“笨蛋”二字，丘吉尔看了之后，并没有生气或不悦，只是拿着那张纸条幽默地说：“我常常接到许多忘了签名的信，今天我第一次接到没有内容，却有签名的信，难道这是他的签名吗？”随后将纸条展示给在座诸位观看，引得哄堂大笑。愤怒是不好的情绪，但大多数的凡夫俗子往往控制不住它，只有少数有智慧、有度量的人才能适时疏导这种不好的情绪。

我们都有过这种经验，就是盛怒之后，再反省便会发现：“我当时也可以不必那么愤怒的，事情也不是那么严重，不知道他（受气者）现在的感受如何？”但当遇到那种使人愤怒的情景时，往往会按捺不住怒火。于是，我们必须透过日常生活不断地磨炼自己，使自己也拥有化解、疏导愤怒的智慧和能力。由于我们不是顿悟的圣者，便只有靠着“时时勤拂拭，勿使惹尘埃”的功夫，使自己臻于能忍辱、容人的境界。是的，希望我们都能在生命之河的洗练中，慢慢磨去我们不知足的坏习性，使我们也能迈向圆融的人生。

我们应该效法弥勒佛笑口常开的个性，并学习他用积极开朗的态度去解决一切问题。在这充满争斗的繁华世界之中，唯有以最自然无争的态度，并处处流露服务他人的意念，才能散发人性至真、至善、至美的光明面。

西谚有云：“当你笑时，全世界都跟着你笑，当你哭泣时，只有你一人哭泣。”

如果你想要福气的话，在每天出门时就多练习笑容吧！

像蝴蝶一样，懂得感恩才能抓住幸福

蝴蝶有梦想、懂得感恩，有爱、有自信、有胸怀，蝴蝶还懂得坚持和忍耐。其实，“感恩”不一定要感谢大恩大德，“感恩”是一种生活态度，一种善于发现美并欣赏美的道德情操。人生在世，不如意事十有八九。如果我们囿于这种“不如意”之中，终日惴惴不安，那生活就会索然无趣。

在人生的长河里，每个人都活得很辛苦，每个人都有着这样的失意、那样的挫折：要活，要吃，要穿，便要去找工作，去挣钱，去养活自己也养活家人；要等着评职称，晋级，长工资，买房子；要去面对生活中的种种琐事；还要应对高考落榜，下岗失业，病痛折磨等不测。然而，这一切并不可怕，因为，终有一天这些都会成为过去，我们会迎来新的生活。可怕的是，也许有那么一天，我们对生活失去了热情，那样我们的日子就会忧伤，生活就会没有亮点，一切就会索然无味。

如果你有一个很好的工作，有一个很和谐的婚姻，孩子聪明乖巧，父母身体健康，经济状况也不错，也有很好的朋友，可是，你还是觉得有好多的烦恼，那就是你不知足，不懂感恩了。在这个世界上不是所有的人都有食品，不是所有的人都拥有健康的身体；风雨交加的日子里，有的人没有房子可以遮风挡雨；夜幕落下的时刻，有的人没有灯光可以照明……因此，如果你衣食无忧，你就应该拥有一颗“感恩”的心。善于发现事物的美好，感受平凡中的美丽，我们就会以坦荡的心境、开阔的胸怀来应对生活中的酸甜苦辣，让原本平淡的生活焕发出迷人的光彩。

其实，“感恩”不一定要感谢大恩大德，“感恩”是一种生活态度，一种善于发现美并欣赏美的道德情操。人生在世，不如意事十有八九。如果我们囿于这种“不如意”之中，终日惴惴不安，那生活就会索然无趣。

有时候，有工作可做也是一种幸福。每一份工作其实都有它的乐趣，对工作我们也应该学会珍惜。

当我们埋头工作了许多时日，终于在某一时刻圆满地完成了预想的工作时，我们站起身来，推开窗，恰好这一天外面是蓝天白云，花香草也香，那么，不要忽略了这一刻，这就是幸福。慢慢品味它，享受它，并且收藏它吧。

人的一生，是一个不断感动的过程，也是一个不断寻找自我的过程。我们只有在真切面对自我的时候，才会由衷地感动。起床、吃饭、工作、游戏、休息、交友、恋爱、结婚，最后安眠……这些扎实的环节让我们领略生活的乐趣，缺少哪一样都不行。琐屑表现我们生存的安妥，生活乐趣应从微小事物中去寻求：美味的食物，真诚的友谊，温煦的阳光，欢愉的微笑。除非获得你的允许，没有人能够令你苦恼。

有一天，俄国作家索洛古勒对列夫·托尔斯泰说：“您真幸福，您所爱的一切您都有了。”托尔斯泰说：“不，我并不具有我所爱的一切，只是我所有的一切都是我所爱的。”

也许是生活的压力太大，有些人说："活着，真累。"也许是遇到不顺的事太多，有些人说："活着，真烦。"也许是对柴米油盐的平凡生活厌倦了，有些人说："活着，真没劲。"这里，有一个如何认识生活的问题，也有一个如何调整自己心境的问题。生活是真实而粗糙的，它不会总是一帆风顺，也不会总是充满着戏剧性的高潮，更多的时候它是平凡琐碎的，甚至显得沉闷，我们不可能指望它天天都如狂欢节一般，而我们能够做的就是拥有一种好的心态。不对生活抱有不切实际的幻想，就不会太痛苦和失望。

印度有一个古老的故事，说佛祖为了消除人们的疾苦，就从人间选了100个自以为最痛苦的人，让他们把自己的痛苦写在纸上。写完后，佛祖说："现在，请你们把手中的纸条相互交换一下。"结果，这100个人交换看了别人的纸条之后，个个都非常震惊：过去总以为自己是最"不幸"的人，现在才知道很多人比自己更痛苦，那么，自己还有什么理由消沉呢？

我们都多多少少得到过生活的恩惠，接受过他人的帮助，可我们是不是都用心记住了这些，并因此多了一份感恩之情呢？如果你有一颗感恩之心，生活便会在你的眼里变得越来越美好。如果你带着感恩的心情去工作，而不以挣钱为目的，你带着感恩的心情去爱，而忘记所有人对你的伤害，那么，你就会觉得生活着的这个世界，就好像是天堂。

像蝴蝶一样，打开千千结幸福永相伴

《蝴蝶》，真的是一部很美的电影。里面的景色太美了，小女孩爱乐莎说像挂历一样。然而，最美的是，像蝴蝶一样美的幸福。

在影片《蝴蝶》快结尾的时候，老人朱利安带着小女孩爱乐莎看一只蝴蝶如何破茧而出。场面特别安静，特别神秘，特别温馨。屏息观看，出来的竟然是一只他们苦苦寻找的伊莎贝拉。老人激动不已，小姑娘也露出了美丽的笑容。

美丽的伊莎贝拉一直就在等着他们。因为，他们一直在努力地寻找着她。

就像是幸福，其实一直也是在等着他们，因为他们从未放弃努力。

如果朱利安固执地不带小女孩，他也许能逮着一只伊莎贝拉，但是他未必就逮着了幸福。小女孩如果不是坚持和老人一块去上山，她也不会发现母亲的爱。

在山上他愤怒地谴责射杀母鹿的人，而在他准备杀死逮到的蝴蝶时，爱乐莎同样愤怒地谴责他；爱乐莎一路上看似幼稚的问题，而又无不是切中生命的重大问题，爱乐莎没有让他逮到伊莎贝拉而且意外遇险，这些让老人悟出生命不再仅仅是伊莎贝拉本身。

爱乐莎在偷听到老人讲的他和他儿子的故事后，也突然悟出了妈妈的爱，给十分担心她的妈妈打电话；爱乐莎的妈妈伊莎贝拉也意识到了过去对女儿的爱的缺席，真心地说出了“我爱你”，幸福，不也是在等着她吗？

《蝴蝶》，真的是一部很美的电影。里面的景色太美了，小女孩爱乐莎说像挂历一样。然而，最美的是，像蝴蝶一样美的幸福。

生活中难免会出现一些磕磕碰碰，这时要学会营造自我，调节自我的情绪，只有把心中的这个结解开，才能化解矛盾。

有一个人去看望他的一位朋友。他原本跟这位朋友有过很深的矛盾，因为他刚到一家公司做事时，在一次小小的失误中，被这位担任领导的朋友扣除了20%的工资，还成了“典型人物”，所以他非常气愤，这件事便成了他的一个心结。在以后的工作中，不管他的朋友怎样努力地想解除从前的误会，他都固执地不理睬。但渐渐地，他开始发觉，朋友会在同事生日会上小心翼翼地留一块蛋糕给加班加点的他；在端午节，会为他煞费苦心地包两个粽子；在炎炎夏日，会恰到好处地在他凌乱的办公桌上放几颗鲜嫩的荔枝；为他熬夜悄悄地修改不甚完善的文案。终于，在经过深思熟虑之后，他决定解开心结，于是在一个节假日的午后，他诚恳地跟这位上司说了三个月来的第一句话：谢谢！他看见对方那惊喜的表情和孩子气十足地叫了一声“万岁”！他笑了，就这样，心结解开了，从此，公司里就多了一对共同奋斗的好兄弟，他从此有了一位挚友。

但不幸的是，他的这位挚友却在一次体检中被查出患了晚期肺癌。医生说他最多只能再坚持一个月的时间，所以，他想陪陪他的这位挚友，和他谈谈以前在一块共同经历的日子。

心结，在细心与努力中，终究会有解开的一天！而解开的那一天，也就是心情轻松愉快的开始。

解开一个心结，人生就走进了另一个世界，时间可以改变一些东西，时间可以让我们忘掉一时的不快和持续的不爽，时间会给我们机会去解开一些心结。

其实，生命固然需要执著，但执著过了头就是固执。一个固执的人终究会因为太多的固执而失去太多。所以，要有结果才能坚持，固执的人坚持为没有结局、没有收获的故事去努力、去付出，只会让自己的生命多一分遗憾，多一分失落！

解开心结，走出自己封闭的世界，你会感觉自己走进了一片自由的天空。

大千世界，难免会有被人误会的时候，这就要看你能不能解开心中的“结”。很多时候，人心中的结并非解不开，而是不愿意解开而已，到最后，吃亏的还是你自己。

《菜根谭》中讲:“路径窄处留一步，与人行；滋味浓时减三分，让人嗜。此是涉世一极乐法。”可谓深得处世的奥妙。

有这样一个女人，总在喋喋不休地向人们说邻居家污秽不堪。有一回她故意将一位朋友领到家里，指着窗外说:“您看那家绳上晾的衣服多脏!”可那位朋友却悄悄地对她说:“如果你看仔细点儿，我想你能弄明白，脏的不是人家的衣服，而是你自家的窗子。”

是啊，我们在同一片蓝天下生活，为什么不学着去宽厚待人，而是去轻易地指责呢？即使脏的真是邻居家的衣服，我们为什么不能表示理解和容忍呢？要知道，这样做我们不会吃任何亏。

努力去爱你不喜欢的人也是解开心结的一种方法。

小杨大学毕业后就进入某合资公司外贸部就职，可不幸的是，碰上了一个爱拍马屁、什么本事都没有的主管。这个人每天下班后没有什么事儿也要拼命“加班”，无事生非，把白天理好的文件弄得一团糟，转眼出了错，又把责任全部推给小杨。

这个小杨不是一个会“争”的女孩子，只好忍气吞声等日本科长长出“火眼金睛”，结果等了三个月，还是等不来一句公道话。一气之下，小杨就去了另一家外资公司。在那里，她出色的工作博得了许多同事的称赞，但无论如何也没法使苛刻、暴躁的经理满意。

小杨感到心灰意冷，于是又萌发了想要跳槽的念头，冲动之下向总裁递交了辞呈。总裁先生没有竭力挽留小杨，只是告诉她自己处世多年得出的一条经验：如果你讨厌一个人，那么你就要试着去爱他。总裁说，他就曾鸡蛋里挑骨头一般在一位上司身上找优点，结果，她发现了上司的两大优点，而上司也渐渐喜欢上了她。

虽然小杨还是十分讨厌她的经理，但是却悄悄地收回了辞呈。她说："现在想开了，作为一个成熟的人应该放开心胸去包容一切、爱一切。换一种思维看人生，你会发现，乐趣比烦恼多。"其实，许多事情只要卸下思想上的包袱，想通了，就不是什么烦心的事了，只有会解思想上的"结"，人生路上才能走得更轻松，才能得到更多的幸福和快乐。

像蝴蝶一样，热爱生活是永恒的选择

蝴蝶永远是在翩翩飞舞，永远是享受自己的生活。不管是暴风雨来临，还是什么突如其来的灾难，蝴蝶都一样潇潇洒洒。尽管娇弱的身躯，往往不能承受风雨的洗礼。热爱生活是蝴蝶永恒的选择，那些困难和障碍又算得了什么？

人生失意，诗坛得意，这奇怪的现象在文学史上不断地显现着，且不管它是不是文学创作的一条屡试不爽的、放之四海而皆准的规律，反正屈原、陶渊明、李煜、李白、杜甫、苏轼、李清照、龚自珍……总而言之，几乎一切的诗坛巨匠们的得意之作，皆是失意之作，这对于稍有文学史常识的人来说，是无须举例印证的。但我们这里深有体会要说的是，"人生失意，诗坛得意"不仅适用于作诗，而且也适用于读诗。可以说，人生不失意，读诗也是不能得其真意的。

是的，未涉世事、未出茅庐的一个书呆子，能知道什么是官场失意，什么是生离死别，什么是亡国之痛，什么是相思之苦，什么游子之情……虽谁都有过这样的经历——人云亦云地说这首诗那首诗是如何如何地好，大家心知肚明，不过味同嚼蜡而已。真正懂了点诗意，还是在走出校门，走入社会之后。其中有的人在自己有了许多的失意之后——当然这些失意，无论数量还是质量，都是远远比不上大诗人们的那些大失意的，但小小的失意，却已经使人具备了读古诗的素质，并由此体味到了以前所熟视无睹的诗中三昧。只有在远离故乡的异地生活中，你才能读懂“床前明月光”，读懂“相见时难别亦难”，读懂“寻寻觅觅冷冷清清”，人世间的许多风雨、坎坷、变故，会使你走近屈原，走近陶渊明，走近李煜，走近了李白、杜甫、苏轼、李清照、龚自珍……只有在有了人生的万千酸甜苦辣的滋味在心中时，你才能真正体验到那心血凝聚而成的千古传诵的诗句所蕴含着的情感和思想。

失意于人生，而得意于诗，看来人生是福祸相伴的，有失必有得，因此，你不必太失落。

《时代》周刊上登过一篇文章，谈到第二次世界大战时，有个士官在瓜答卡纳岛战役中被炮弹碎片刮伤喉咙，输了7筒血。他写了张纸条问医师：“我仍可以讲话吗？”医师说：“会。”他又问：“我会活下去吗？”医生说：“若在以前，就不一定，但现在肯定会。”于是，这个士官在纸上写道：“那我还有什么好担心的？”

你为什么不也停止忧虑，对自己说：“我还有什么好担心的？”

罗根·帕索·史密斯说过一句极富智慧的话：“生命中只有两个目标：其一，追求你所要的；其二，享受你所追求到的。只有最聪明的人才可以达到第二个目标。”

我们很多人都有这种切身感受：当自己春风得意之时，便会感觉生活处处充满阳光；而一旦遇到困难，或身处逆境时，就觉得生活阴暗，甚至感到世界末日即将来临。因此，个人主观性在一定程度上影响和改变着人们的生活和事业。

我们每个人拥有90%的长处，而只有10%的不足。问题是，你如何发现和对待这90%与10%的关系。当你将自己的10%与他人相比时，你不禁会感叹：原来我如此富有！

艾迪·瑞肯贝克和朋友在太平洋上绝望地漂流了21天之后，说道：“我学到了一点——人只要有淡水喝，有东西吃，就没什么好抱怨的了。”

如果想过得快乐，就应该把精神放在积极向上、乐观上进、锲而不舍上面。

像蝴蝶一样，尽享生命的绚烂

蝴蝶的生活之所以显得潇洒，主要是因为蝴蝶不像蜜蜂、蚂蚁那样储蓄食物，在山花烂漫的时节，蝴蝶在花丛中翩然飞舞，吸食花粉的同时，享受自由飞翔的乐趣。天冷了，花谢了，没有食物了，蝴蝶也就死去了。蝴蝶的一生，虽然短暂，但因为不需要积蓄，所以可以尽情享受生命的绚烂和逍遥。

有一个这样的故事：一位有钱人，每天早上经过一个豆腐坊时，都能听到屋里传出愉快的歌声。这天，他忍不住走进豆腐坊，看到一对小夫妻正在辛勤劳作。富人恻隐之心大发，说："你们这样辛苦，只能唱歌消烦，我愿意帮助你们，让你们过上真正快乐的生活。"说完，放下了一笔钱，送给小夫妇。这天夜里，富人躺在床上想："这小夫妇不用再辛辛苦苦做豆腐了，他们的歌声会更响亮的。"第二天一早，富人又经过豆腐坊，却没有听到小夫妻俩的歌声，他想，他们可能激动得一夜没睡好，今天要睡懒觉了。但随后的几天，还是没有歌声，富人好奇怪。就在这时，那做豆腐的男子走了出来，拿着那些钱，见了富人便急忙说道："先生，我正要去找你，还你的钱。"富人问："为什么？"年轻的男子说："在没有这些钱时，我们每天做豆腐卖，虽然辛苦，但心里非常踏实。自从拿了这一大笔钱，我和妻子反而不知如何是好了，不做豆腐，那我们的快乐在哪里呢？现在把钱放在屋里，又怕它丢了，做大买卖，我们又没有那个能力，所以，还是还给你吧！"富人非常不理解，但还是收回了钱。第二天，当他再次经过豆腐坊时，听到里边又传出了小夫妇的歌声，他们又像以前那样愉快地生活着。

拥有更多的财富，是今日许多人的奋斗目标，财富的多寡，也成为衡量一个人才干和价值的尺度。当一个人被列入世界财富榜时，会引起许多人的艳羡。但对于个人来说，过多的财富是没有多少用的，除非你是为了社会在创造财富，并把多余的财富贡献给社会。

不追求显赫的财富，清醒地使用财富，愉快地施与财富，心怀满足地离开财富。这就是著名科学家培根的建议，我们应该认真地思考这些建议。

现在不少人急于发大财，结果不是被骗，就是去搞歪门邪道，甚至不惜铤而走险，以身试法，如制假贩假，盗版走私，做毒品生意。他们完全成了金钱的奴隶，财富对他们如同绞索，他们越是贪求，绞索就勒得越紧，正如一个贪官说：每当听到街上警车鸣笛，便惶惶不可终日。

我们并不是一概排斥财富，我们厌恶和蔑视的是对个人财富的过分贪求，是以不正当手段聚敛财富。我们努力创造财富，我们所追求的是一种行善的工具。

像蝴蝶一样，善待他人幸福自己

清代张潮在《幽梦影》中有一句话："庄周梦为蝴蝶，庄周之幸也；蝴蝶梦为庄周，蝴蝶之不幸也。"蝴蝶梦中到底谁是主体，如果是庄周梦见自己化作蝴蝶，那就是庄周的幸运，如果是蝴蝶梦中变成了庄周，那就是蝴蝶的不幸了，因为人要为进退而烦恼，为生活而劳顿，没有了花间起舞的快乐。生活就像山谷回声，你付出什么，就得到什么；你耕种什么，就收获什么。帮助别人就是强大自己，帮助别人也就是帮助自己，别人得到的并非是你失去的。

生活就像山谷回声，你付出什么，就得到什么；你耕种什么，就收获什么。帮助别人就是强大自己，帮助别人也就是帮助自己，别人得到的并非是你失去的。在一些人固有的思维模式中，帮助别人，自己就要有所牺牲；别人得到了，自己就一定会失去。比如你帮助别人提了东西，你就会耗费了自己的体力，耽误自己的时间。很多时候，帮助别人并不意味着自己吃亏。如果你帮助其他人获得他们需要的东西，你也会因此而得到想要的东西，而且你帮助的人越多，你得到的也越多。

有这样一个故事：一位一生行善无数的基督徒，他临终前有一位天使特地下凡来接引他上天堂。天使说：“大善人，由于你一生行善，成就很大的功德，因此在你临终前我可以答应你完成一个你最想完成的愿望。”

大善人说：“神圣的天使，谢谢你这么仁慈，我一生当中最大的遗憾就是我信奉主一生，却从来没见过天堂与地狱究竟长什么样子。在我死之前，您可不可以带我到这两个地方参观参观？”

天使说：“没问题，因为你即将上天堂，因此我先带你到地狱去吧。”大善人跟随天使来到了地狱，在他们面前出现一张很大的餐桌，桌上摆满了丰盛的佳肴。“地狱的生活看起来还不错嘛！没有想象中的悲惨嘛！”大善人很疑惑地问天使。

“不用急，你再继续看下去。”过了一会儿，用餐的时间到了，只见一群骨瘦如柴的饿鬼鱼贯地入座，每个人手上拿着一双长十几尺的筷子。每个人用尽了各种方法，尝试用他们手中的筷子去夹菜吃。可是由于筷子实在是太长了，最后每个人都吃不到东西。

“实在是太悲惨了，你们怎么可以这样对待这些人呢？给他们食物的诱惑，却又不给他们吃。”“你真觉得很悲惨吗？我再带你到天堂看看。”到了天堂，同样的情景，同样的满桌佳肴，每个人同样用一双长十几尺的长筷子。不同的是，围着餐桌吃饭的是一群洋溢欢笑，长得白白胖胖的可爱的人们。他们同样用筷子夹菜。不同的是，他们喂对面的人吃菜。而对方也喂他们吃菜。因此每个人都吃得很愉快。

可见，与人为善是我们在寻求幸福、寻求成功的过程中必须遵守的一条基本准则。在当今这样一个合作的社会中，人与人之间更是一种互动的关系。只有我们先去善待别人，善意地帮助别人，才能处理好人际关系，从而获得他人的愉快合作。

孟子曾经说过：“君子莫大乎与人为善。”那些慷慨付出、不求回报的人，往往容易获得成功。而那些自私吝啬、斤斤计较的人，不仅找不到合作伙伴，甚至有可能成为孤家寡人。有的人会问：怎样才算与人为善呢？与人为善说起来很简单，做起来却不是一件容易的事，它包括相当广泛的内容。如：关心他人，当朋友遇到困难的时候，主动伸出友谊之手；尊重他人，不去探究他人的隐私；不在背后议论、批评他人；善于和别人沟通、交流；善于和那些与自己兴趣、性格不同的人交往；承认对方的价值和努力，对于错误要负起自己该负的责任……总的说来，善待他人的最重要原则就是“己所不欲，勿施于人”，凡事要从对方的角度来考虑。如果你能遵从这个原则，你将拥有许多朋友。

有人说，良好的人际关系不是行动上做出来的，而是从心底里“流”出来的，这句话很有哲理。它告诉我们，在人际交往中要以诚待人，事事以自己的心灵为准则，用“心”和他人交往。

有句话说得好:“幸福并不取决于财富、权利和容貌，而是取决于你和周围人的相处。”你想做个幸福的人吗？那么就从与人为善开始吧！

懂得善待他人，也就懂得了善待自己。

第七章　像蝴蝶一样活出光彩

庄子太浪漫了，不经意地打个盹，就梦见自己成了一只翩翩飞舞的蝴蝶。之后他愣说蝴蝶就是庄周，庄周就是蝴蝶。庄子做蝴蝶时，是那么愉快惬意；蝴蝶做庄子时，与天地精神相往来而逍遥于江湖。

蝴蝶是会飞的花朵，是舞动的精灵，也是美丽爱情的化身。

人生中一些事情是没有办法选择的，好好活下去，无论多么不公平，无论有多少苦难，活下去才看得到雨后的彩虹，才能走出人生的低谷。

像蝴蝶一样，生活丰富多彩

生活本是丰富多彩的，除了工作、学习、赚钱、求名，还有许许多多美好的东西值得我们去享受。可口的饭菜，温馨的家庭生活，蓝天白云，花红草绿，飞溅的瀑布，浩瀚的大海，雪山与草原，大自然的形形色色。此外，还有诗歌、音乐、沉思、友情、谈天、读书、体育运动，甚至工作和学习本身也可以成为享受。如果我们不是急功近利，我们的辛苦劳动也会变成一种乐趣。

无论幼虫多么渴望变成蝴蝶，如果不将自身置于茧中，一切都将是空中楼阁。事情一拖再拖，自欺欺人，不经意间，连破茧的力量都将不复存在。化蝶最终只不过是黄粱梦而已。

从还是一颗小小虫卵的时候开始，蝴蝶就习惯于把自己的方寸空间当作是整个宇宙，它们珍视生命，却不得不在漫漫长夜中忍受着无尽的孤独……尽管在从幼虫变成蛹的过程中，它们换上了令人讨厌的、丑恶的外衣，但体内的成长却一刻也未曾停止过，于是它们战胜了艰难的岁月……终于，它们张开了自己像花儿一样灿烂的翅膀，飞向梦中的蓝天！啊，蝴蝶！虽然你只不过是芸芸众生中最最脆弱、毫不起眼的一个小生物，但至少对于我来说，你是成功的使者，你是胜利的化身！

现代社会，充满着竞争，充满着机会，我们不停地开发新产品，我们不停地扩大着市场。我们的眼睛盯死了瞬息万变的股市行情，我们的耳朵时时留意着有用的信息，我们在商务谈判中耗去了一个小时又一个小时，我们在策划广告方案中熬过了一夜又一夜。我们梦想着一夜暴富，我们渴望着一朝成名。我们的的确确忘了世界上还有好山水、好风景、好书籍等着我们去欣赏。

我们过的是一种健忘的生活吗？难道功名、财富就是生活的全部内容吗？人生的目的究竟是什么？我们应该停下匆匆的步履，思考一下这个问题。

生活本是丰富多彩的，除了工作、学习、赚钱、求名，还有许许多多美好的东西值得我们去享受。可口的饭菜，温馨的家庭生活，蓝天白云，花红草绿，飞溅的瀑布，浩瀚的大海，雪山与草原，大自然的形形色色。此外，还有诗歌、音乐、沉思、友情、谈天、读书、体育运动，甚至工作和学习本身也可以成为享受。如果我们不是急功近利，我们的辛苦劳动也会变成一种乐趣。

努力地工作和学习，创造财富，发展经济，当然是正经的事。享受生活，必须有一定的物质基础。只有衣食无虞，才能谈得上文化和艺术。饿着肚子是无法去欣赏灵山秀水的，更莫说是寻觅那诗意，所以，人类要努力劳作。但劳作本身不是人生的唯一目的。一方面勤奋工作，一方面使生活充满乐趣，这才是和谐的人生。

我们说享受生活，不是说要去花天酒地，不是要去过懒汉的生活。曾有一则笑话，讲两人谈生活愿望。一人说：“我平生的愿望就是吃饭睡觉。有一天得意了，我就吃饱了便睡，睡足了又吃。”另一人说：“我和你不同，我是吃了又吃，哪有工夫睡呀。”如果这样的生活方式也称为“享受生活”，那才叫糟蹋生活呢。

享受生活，是要努力去丰富生活的内容，努力去提升生活的质量，愉快地工作，也愉快地休闲、散步、登山、滑雪、垂钓，或干脆就坐在草地或海滩上晒太阳。在做这一切时，使杂务中断，使烦忧消散，使灵性回归，使亲伦重现。爱因斯坦刻苦地攀登科学高峰，他也没忘了时时拉拉小提琴，让心灵沉浸在美妙的音乐里。毛泽东一生戎马倥偬，日理万机，仍会忙里偷闲，去江河游泳，和大自然亲近。陈毅国务繁忙，却总要抽空下下围棋，领略黑白世界的妙趣。

我们会工作，会学习，但还要会真正享受生活。学会享受生活吧！真正去领会生活的得意、生活的无穷乐趣。

在现实生活中，名誉和地位常常被作为衡量一个人成功与否的标准，所以，追求一定的名声、地位和荣誉，已成为一种极为普遍的现象。在很多人心目中，只有有了名誉和权力，才等于实现了自身的价值。人生的目的，不在于成名、成家与否，而在于面对现实，去努力而为之，去尽情享受生命，去细心体验生活的美好。

人生在世，功名利禄只是一些身外之物，只要我们努力地前行，真实地面对我们所拥有或将要拥有的一切，你会发现，能满足一个人的可以很多，也可以很少。人生天地之间，转瞬来去，就像是偶然登台、仓促下台的匆匆过客。人生既然如此短暂，活在世上就要珍惜人生，不要贪图权势，自酿苦酒。名誉与权势，皆为身外之物，也是水流花谢之物，万万不可一味地去追求它们。如果为了争名夺利不择手段，那就无异于害人害己了，这样的人生有何乐趣？何况，争名夺利不但不会使你流芳千古，甚至可能会让你身败名裂呢！

焦耳，这个名字我们中学学物理时就很熟悉，人们为了纪念他所作的贡献，将物理学中“功”的单位命名为“焦耳”。从1843年起，焦耳提出“机械能和热能相互转化，热只是一种形式”的新观点，打破了沿袭多年的热质说，促进了科学的进步。他前后用了近40年的时间来测定热功当量，最后得到了热功当量值。

与焦耳同时代的迈尔，是第一个发表能量转化和守恒定律的科学家。1848年，当迈尔等人不断地证明能量转化和守恒定律的正确性，终于使得这一定律被人们承认的时候，名利欲望的膨胀驱使焦耳向迈尔发起了攻击。焦耳发表文章批评说，迈尔没有完成对热功当量的计算，迈尔只是预见了在热和功之间存在着一定的数值比例关系，但没有证明这一关系，首先证明这一关系的应该是他焦耳。随着焦耳发起的这场争论的扩大化，一些不明真相的人也一哄而上，纷纷对迈尔进行了不负责任的错误指责。迈尔承受不住这一争论和批评带来的压力，特别是焦耳以自己测定热功当量的精确性来否定迈尔的科学发现权，使得迈尔陷入有口难辩的痛苦境地。这时，迈尔的两个孩子也先后因故夭折，内外交困中的迈尔先是跳楼自杀未遂，后来得了精神病。

当年的迈尔被逼进了疯人院，但今天人们仍然将他的名字与焦耳并列在能量转化和守恒定律奠基者的行列。焦耳为争夺名利而导致的失误，也为人们世世代代所遗憾和谴责。

每个人都有自己的活法，对个人而言，各有各的追求，对社会而言，各有各的贡献。一个快乐的人不一定是最有钱、最有权的，但一定是最聪明的，他的聪明就在于他懂得人生的真谛：花开不是为了花落，而是为了灿烂。可遗憾的是，在现代社会生活中依然有许多人不但对功名利禄趋之若鹜，甚至把它看成是一个人全部的生存价值。好像是否成就了轰轰烈烈的功名，是否成为名利双收的“家”，就是人们衡量生存价值的唯一标准，这不啻是人类文明的堕落和浅薄。

像蝴蝶一样，让人生活出精彩

蝴蝶的生活虽然短暂，但是精彩得让人妒忌。它们像呼吸空气一样，珍惜每一刻的光阴，用努力和奋斗突破茧的束缚，又展翅高飞，尽情地享受生命所赋予的辉煌。

精彩不是简单的自我夸耀，精彩是对生命的珍爱和对生活的怜悯。生活不因为时光的短暂而变得无趣，恰恰相反，生活却因为自身的努力变得更加精彩。

用“放”的态度看待人生，你会发现可以把事情看得更清楚。在你心灵疲惫的今天，选择放下是一种明智的做法，只有放下才能让心灵净化，才能充分地享受属于心灵的愉悦。

当一个人把位置站高了、眼光放远之后，自然而然就可以把事情看得更清楚，不会陷在原地继续打转。

有一个聪明的年轻人，很想在一切方面都比他身边的人强，他尤其想成为一名大学问家。可是，许多年过去了，他的其他方面都不错，学业却没有长进。他很苦恼，就去向一个大师求教。

大师说:“我们登山吧，到山顶你就知道该如何做了。”

那山上有许多晶莹的小石头，煞是迷人。每见到他喜欢的石头，大师就让他装进袋子里背着，很快，他就吃不消了。“大师，再背，别说到山顶了，恐怕连动也不能动了。”他疑惑地望着大师。“是呀，那该怎么办呢?”大师微微一笑，“该放下，不放下背着石头咋能登山呢?”

年轻人一愣，忽觉心中一亮，向大师道了谢走了。之后，他一心做学问，进步飞快……

人要有所得必要有所失，只有学会放弃，才有可能登上人生的最高峰。

在人生路上，每个人不都是在不断地累积东西吗？这些东西包括你的名誉、地位、财富、亲情、人际、健康、知识等等。另外，当然也包括了烦恼、忧闷、挫折、沮丧、压力等等。这些东西，有的早该丢弃而未丢弃，有的则是早该储存而未储存。只有在了如指掌之后才会懂得放弃并善于放弃，只有在懂得并善于放弃之后才会敛集无尽的财富。

曾经有这样一个故事：古时候，一个少年背着一个砂锅前行，不小心绳子断了，砂锅也掉到地上碎了，可是少年却头也不回地继续前行。路人喊住少年问：“你不知道你的砂锅碎了吗?”少年回答:“知道。”路人又问:“那为什么不回头看看?”少年说:“已经碎了，回头何益?”说罢继续赶路。

听完这个故事，不知道你有没有一点儿感悟。这个少年是对的，既然砂锅已经碎了，回头看又有什么用呢?

这正如人生中的许多失败一样，已经无法挽回，再去惋惜悔恨也于事无补。与其在痛苦中挣扎浪费时间，还不如重新找到一个目标，再一次奋发努力。还是让我们学会放弃吧！像那个少年一样，不要因为失败而作无谓的自责和叹息。当我们真正学会放弃时，会发现那才是一种真正的超越，一种真正的战胜自我的强者姿态。

也许有时我们只看到了放弃时的痛苦，而忘记了那些如果我们不放弃就会得到的更大的痛。所以我们要学会放弃。

泰戈尔在《飞鸟集》中写道:“只管走过去，不要逗留着去采了花朵来保存，因为一路上，花朵会继续开放的。”

为采集眼前的花朵而花费太多的时间和精力是不值得的，道路正长，前面尚有更多的花朵，懂得放弃，让我们拥有更多的美好，拥有人生的精彩，让我们一路走下去……

生命是珍贵的，每一个生命的存在都有其独特的价值。生命也因肯定和尊重而提升其价值甚至获得延续。

有一个从小被人遗弃而被孤儿院收留的小男孩，常常悲观地问院长:“院长，我是一个没人要的孩子，像我这样活着还有意义吗?”院长便耐心地给这个小男孩讲了一个故事:

“一天，爸爸交给儿子一块石头，说:‘明天早上，你拿这块石头到市场上去卖，但不是真卖，记住，无论别人出多少钱，绝对不能卖。’

第二天，儿子拿着石头蹲在市场的角落，有不少好奇的人对他的石头感兴趣，而且价格越出越高。回到家，儿子兴奋地说，爸爸笑笑，要他明天拿到黄金市场去卖。在黄金市场上，有人出比昨天高10倍的价格买这块石头。

最后，爸爸叫孩子把石头拿到宝石市场上去展示，结果，石头的身价又涨了10倍，更因为儿子怎么都不肯卖，竟被大家传为‘稀世珍宝’。”

小男孩似懂非懂地望着院长，渴求院长能给予进一步的解答。院长没有笑，望着孩子慢慢说道:“生命的价值就像这块石头一样，在不同的环境下就有不同的意义。一块不起眼的石头，由于你的珍惜而大大提高了它的价值，竟被传为稀世珍宝。你不也像一块石头吗? 只要自己看重自己、自我珍惜，生命就有价值。”

桑兰，一个让人敬佩的女孩，她曾经因为自己热爱的体操运动而受伤导致高位截瘫，但她没有向命运低头，她笑着活下去了，并且给人留下“阳光女孩”的形象。

1998年7月，桑兰在美国纽约参加第四届世界友好运动会期间，在训练时不幸造成重伤颈椎脊髓，使胸部以下完全瘫痪。

从跌倒的那一刻起，她便不再是体操冠军，不再有平静轻松的生活，甚至也很难再有无拘无束的奔跑和行走，可17岁的桑兰却坦然擦去父母亲友的泪水，她说:“别难过，我会做个对社会有用的人。”

尽管高位截瘫，永远坐在轮椅上，但桑兰依旧保持着乐观的心态，嘴角依旧挂着恬静的微笑。她这种热爱生命、尊重生命的精神值得我们学习。

周婷婷从小失去听力，曾是个全聋全哑的小女孩。富有爱心的父亲周弘不忍女儿一生生活在冰冷寂寞的无声世界之中，他一边为女儿四处求医治病，一边对女儿进行语言基础训练。几百个日日夜夜的艰辛与努力终于创造了奇迹，聋哑女儿不但开口说话了，而且与正常儿童一样走进了学校。周婷婷6岁已认识2000个汉字；8岁能背出圆周率小数点后1000位数字，创造了吉尼斯世界纪录；10岁时，她与爸爸共同完成12万字的童话故事《从哑女到神童》；16岁她以优异的成绩提前学完高中课程，考入辽宁师范大学教育系，成为中国第一位少年聋人大学生；她的毕业论文《聋人如何适应主流社会》被指导教授称赞为“可以成为载册的精品”。大学毕业后，周婷婷又以优异的成绩通过托福考试。

婷婷的人生定位是做一个自己快乐并能给别人带来快乐的人，为聋人服务是她最强烈的愿望。因此，她选择到全世界对聋人的心理世界研究最多、最新的美国加劳德特大学心理咨询专业去学习。她通过国际互联网向加劳德特大学“推荐”自己，最终接到校方发出的录取通知书。

周婷婷被称为中国的“海伦·凯勒”，她的感人事迹告诉我们，生命因尊重而提升价值。

一名被诊断为良性肿瘤的病人，因为忧郁难解选择了自杀这样极端的方式来摆脱让他痛苦的心魔，原本开得如此绚烂的生命之花就这样突然凋零了。这是一个极其不尊重生命的人，生命不可能延续更谈不到价值。

尊重生命，尊重自我，尊重别人。生命因尊重而提升价值。人的生命只有一次，可悲的是它不会重来，可喜的是它不需要重来。

像蝴蝶一样，学会善待生活

生活中，应该有像蝴蝶那样一旦开始就坚持到底、决不放弃的心态。

蝴蝶的幼虫，不甘于自己苦苦爬行的漫长人生，为了把自己升级为蛹，它不断地向更高的境界挑战。经过痛苦的忍耐过程，它最终成就了自我。彻底成熟以后，它就蜕变为一只蝴蝶，开始了截然不同的另一种人生，不再是过去那种痛苦不堪的爬行，取而代之以漂亮的翅膀、优美的飞行。

光阴似箭，如白驹过隙，并且随着年龄的增长，时间飞逝的速度似乎越来越快。曾有报纸专栏报道一位84岁高龄的老人，当记者问他是不是当一个人开始衰老的时候，生活就会放慢脚步。他斩钉截铁地给出了否定的答案，他说："生活会变得越来越快！"这让我们想起了飞机在起飞前，总要经过一段距离的加速跑。每想到这个问题，总会让人感到浑身不自在。这有限的生命对于我们来说，无疑是最宝贵的。如果你打算善待自己的生命，期望获得梦想中的成功和快乐，希望你的生命是充实而有意义的，希望你的每一天都有冒险和收获，那么你就必须遵循这样一条简单的生活法则：抓紧生活。

究竟怎样抓紧生活呢？方法很简单，就是要像处理生活中那些迫不及待的事情一样去对待生活。具体来说，我们可以来个两步走：首先，制订一个目标。正如阳光、空气之于生命那样，人生须臾不能离开目标的指引，如果你不能确定自己的目标是什么，那么你的一生终将碌碌无为。

1744年8月1日，拉马克出生于法国的一个小镇子里，父亲希望他将来能成为一个牧师，所以把他送到了一所神学院读书，他自己也把成为牧师当做了目标；后来，德法战争爆发，他成为了一名普通的士兵，像大多数士兵一样，他梦想成为一名尊贵的将军，然而伤病让他没来得及实现梦想就退役了；后来，拉马克爱上了气象学，想自学成为一名气象学家，于是他把许多时间用在了仰望多变的天空上；再后来，他在银行找到了一份工作，他又想做一名金融家；很快，他又喜欢上了小提琴，想做一名音乐家。当拉马克24岁的时候，他遇到了一个大问题——自己没有目标了。要知道没有方向的生活并不好过。他在迷茫的时候遇到了著名的思想家、文学家和哲学家卢梭。卢梭把拉马克带进了自己的实验室，从此以后，这位茫然不知所措的青年迷上了科学。在以后的岁月里，他把大部分时间都用在实现一个目标上，那就是成为一名伟大的博物学家。为了这个目标，他整整奋斗了61年。他取得了成功，赢得了当时和后世人们的尊重。

是的，如果谁不明白目标的重要性，拉马克可以好好地给他上一课。

确定了目标之后，我们接下来要做的就是制订一个计划。一位著名的外交家曾说过："生活中的事情总是呼啸而来，如果你不给自己制订一个计划，就可能会遇到很多麻烦。"很明显，一个切实可行的计划能够让我们的生活条理清晰，也有助于实现既定的目标；然后，制订一个能够确保你实现目标的行动方案；最后，我们就要动手实施了。

举个例子来说，假设你是一家大公司的项目经理，受到上级的委派，要去组织一场大型的展览会。为了圆满地完成这个任务，你必须首先弄明白这次展览会的目的是什么，是要卖出一定数量的商品，还是吸引更多的新客户。只有你的目标明确了，接下来的工作才能顺利地开展。第二步你要做的工作就是制订出一个详尽的计划：预定展台、安排员工的工作、制作宣传材料等。有了这样一个计划，你和所有的员工就知道自己该干什么了，然后就可以分步实施了。

有人把生活看做是一个项目，只不过这个项目更加复杂，而且重要性更大罢了。如果没有明确这个特殊项目的目的，没有制订出合理可行的计划，那么你就会迷失自己，看不到自己前进的方向，在浑浑噩噩中得过且过。

你也许会觉得给自己的生活制订一个详尽的计划容易使人僵化，会抹杀掉自发性，使生活丧失掉很多色彩。你的担心是多余的。生命本身就是一种经历，是一种有挑战、有回报的经历；也是一种体验，是一种令人激动的、绚烂多彩的体验。生活也是一种旅程，你不知道自己在沿途会看到什么样令人惊奇的景色。它本身是那么的不可思议，但是要想得到生活的精华部分，你就必须进行思考。给自己一个计划，如果不这样做，你就会像水中的浮萍一样，很容易随波逐流，最终漂到下游去。

在生活的道路上，我们首先要做好计划。这样做的好处就是：无论面对什么样的挑战，我们都会有充足的准备。按照自己既定的目标，把计划付诸实施，这样我们获得成功的概率就会大大增加。

像蝴蝶一样，走自己的路

人生如蝶，有着太多的曲折，它都需要我们去探索。自我们来到这个世界，就开始走自己的路，因为能够帮助自己的是自己。记住，我们一直是在走自己的路，活出自己的幸福。

蝴蝶属完全变态昆虫，完成一个世代需经过卵、幼虫、蛹和成虫 4 个阶段。蝴蝶喜欢生活在草木繁茂、鲜花怒放、五彩缤纷的阳光下，上下飞舞盘旋，以采食花粉和花蜜为生。交配后的雌蝴蝶，喜欢在植物的茎叶、果面或树皮缝隙等处产卵。卵在适宜的温湿度环境中即可孵化成幼虫。幼虫大多以植物的叶片、茎杆、花果为食。幼虫发育到 5–6 龄老化后，有的吐丝作网或作茧化蛹，有的钻入湿土中化成蛹，蛹再羽化成蝴蝶。

人生如蝶，有着太多的曲折，它都需要我们去探索。自我们来到这个世界，就开始走自己的路，因为能够帮助自己的是自己。记住，我们一直是在走自己的路，活出自己的幸福。

人来到这世间，就像一片叶子一样，都不是完全相同的。我们无须羡慕任何人，更不要把自己的幸福寄托在他人身上。不管你目前的境遇如何，只要你有勇气面对自己，敢于开创自己的人生道路，那么无论前途多么渺茫，你只管向前走就是了，最终你是可以活出自己的幸福的。

就是如此，人的一生就应该为自己而活，学着喜欢自己，不要太在意别人怎么看或怎么说，别和自己过不去，活出自己的幸福。“诗中有画、画中有诗”的女画家席慕容以至性为人称道。她的“只要建立快乐的人生，快乐的人生人人可得”的经验使人豁然领悟。

《伊索寓言》中有这样一个故事：一个老头和一个小孩子用一头驴子驮着货物去赶集。赶完集回来，孩子骑在驴上，老头儿跟在后面。路人见了，都说这孩子不懂事，让老年人徒步。孩子就忙下来，让老头儿骑上。于是路人又说老头儿怎么忍心自己骑驴，让小孩子走路。老头儿听了，又把孩子抱上来一同骑。骑了一段路，不料路人却说他们太残酷，两个人骑一头小毛驴，把小驴都快压死了，两人只好都下来。可是人们又都笑他们是呆子，有驴不骑却走路。老头儿听了，对小孩子叹息道：“没法子了，看来我们只剩下一条路——咱们两人抬着驴子走吧！”

正因为老头儿不能坚持自己的原则，总是被路人的言行所左右，最终落得个左也不是，右也不是，徒增烦恼。

社会中，我们毕竟不是孤立存在的个体，我们的一言一行总会对周围的人、周围的世界产生一定的影响，这也就必然会受到来自周围世界的评论。这些评论可能是褒扬，也可能是非难。但不论是褒扬还是非难，都有理解与不理解、公正与歪曲的成分所在。所以，对于这些评论，不能一概地接受。

许多人做起事情来就像上述故事中所讲的老头儿和孩子，一件事想做得面面俱到，别人叫他怎么做，他就怎么做，谁有意见，就听谁的。可是面面俱到的结果呢？却是没有人满意，反而也将自己置于无所适从的境地。

处处想面面俱到，既想讨好每一个人，又想不得罪每一个人，那是绝对不可能的。因为我们不可能顾及到每一个人的面子和利益，你认为顾到了，别人却不一定这么认为，甚至有的人根本不会领情。再者，每一个人对同一件事的感受和看法都有所不同，你让这个人满意，就会令那个人不满意。你做得面面俱到的结果最后只有两种可能：要么自己累得半死；要么被人捏住软肋，任人摆布。

与其这样我们何不明智一点儿，快乐地做我们自己。按照自己的意愿去做人做事，我们就不必勉强改变自己，不必费心掩饰自己。这样，就能少一些精神的束缚，多几分心灵的舒展，就能少一点儿不必要的烦恼，多几分人生的快乐与轻松。

查理·卓别林刚刚参加拍电影的时候，导演让他模仿德国当时一名著名的喜剧演员，可他表演一直都不出色，直到找出了属于他自己的戏路，才成为举世闻名的喜剧大师。在欧文·柏林与乔治·葛希文两人相识的时候，柏林已是有名望的作曲家，而葛希文还仅是个每星期只能赚35块钱的无名小卒。柏林非常欣赏葛希文的才华，愿付3倍的价钱聘请他为音乐助理。但后来柏林却说："你最好别接受这份工作，否则你可能会变成一个二流的柏林；假如你秉持本色努力奋斗下去，你会成为一个一流的葛希文。"葛希文牢记柏林的忠告，努力奋斗，最终成为了美国当代著名的音乐家。

相反，忘记了"我是谁"，硬要逼迫着去改变自己，戴着面具去应付人生，所有的烦恼就会接踵而至。设法掩饰自己本就要付出许多的心力，而一旦没有掩饰好，便会更糟。对于做人来说，与其把心力花在这上面，还不如索性识我真相、见我真人，知我真本色。

大千世界，芸芸众生，一个人一种活法，无论是谁，都有自己的生活方式，有自己的生活原则，因而，这个世界才多姿多彩。古人说："凡事岂能尽如人意，但求无愧我心。"只要我们的生活方式不违背社会的总体需要和规律，就无须在意别人的说三道四，你要活出你自己的幸福。

像蝴蝶一样，活出你的情趣

就像蝴蝶一样过有情趣的生活，这既是一门深奥的学问，也是一门深奥的生活艺术。生活中，不是每个人都有耐心去过有情趣的生活。也许有人会说，自己每日里不要命的奔波，但求一饭一宿，整日下来，哪里有多余的精力来过有情趣的生活呢？说这话的人远没有理会到生活中的乐趣。

蝴蝶，大自然的舞姬，漂亮而优雅自在，款款穿梭于花丛之中。由于蝴蝶白天活动，在植物的生长季节，人们很容易在野外见到它们。在人类文化中，蝴蝶显得相当重要。从庄子的“梦蝶”，到梁山伯祝英台的“化蝶”，再到现在的流行歌曲《两只蝴蝶》，无不体现了蝴蝶的“精神”：美丽、和平、爱情、逍遥。

就像蝴蝶一样过有情趣的生活，这既是一门深奥的学问，也是一门深奥的生活艺术。生活中，不是每个人都有耐心去过有情趣的生活。也许有人会说，自己每日里不要命的奔波，但求一饭一宿，整日下来，哪里有多余的精力来过有情趣的生活呢？说这话的人远没有理会到生活中的乐趣。

过有情趣的生活，这可以使你在每天清晨醒来的时候就充满了希望，就像在你的身体里充满了力量一样。一般来说，每个人都应该有自己的生活情趣。好的生活情趣可以放松紧张的情绪，驱走身心的疲惫，享受生活的美好，陶冶高尚的情操，甚至可以提升人格的魅力。

过有情趣的生活意味着你知道自己应该做什么，并掌握了做事的方法，而不是为了逃脱责任找借口，你会觉得在生活中做件小事也是幸福的，你会从一天的小事中发现乐趣，并且总是兴致勃勃地计划着明天的事。你会发现，你学到的东西越多，你想学的东西也越多。

可见，好的情趣可以愉悦心境，陶冶情操，达到忘忧、忘我的境地。下棋、养花可以陶冶性情，启迪心智。

然而，现实生活中的忙碌和紧张，各种压抑的不良情绪，使得我们丢失了原有生活的宁静和快乐。我们可以通过书法、绘画、做手工等方式追寻生活中的乐趣。然而，在现实中我们的手变懒了，我们的心变得粗糙而烦躁不安了。如果你也有这样的感觉，或者你认为自己的生活不够有闲情逸致，甚至从来就不喜欢这些，那么你可以一点一滴地积累生活中的乐趣，从而使你的生活透出情趣。

宋庆龄一直喜欢美的事物、美的感觉和美的情趣。在她的个人生活中，一直也体现出非常强的美的情调。少年时代，她即负笈异域，在美国接受了“欧洲式的教育”，受到民主主义思想的洗礼。对于幼年就受家庭熏陶和西方教育的宋庆龄，过圣诞节是很自然的事情，以至于后来她移居后海北沿46号之后，每年到圣诞节的时候，家里便成了欢乐的海洋：她和工作人员亲自在客厅竖起圣诞树，并在树上挂满各种小玩艺儿。

当夜幕降临，工作人员便装扮成圣诞老人在门口迎接孩子们的到来。宋庆龄给每个工作人员的子女都准备了礼物，孩子们拥到她身边，小精灵似的表演玩耍。宋庆龄像慈爱的老祖母一样，坐在靠椅上，笑眯眯地看着……孩子们的快乐，就是她的快乐。

宋庆龄爱花儿，在她的楼舍四周、房间内外，总有各种新鲜花卉伴随。周恩来夫妇在她刚搬来后海北沿46号后的第一次拜访，就送来两盆造型秀丽的石榴，她非常喜欢。

有时候，宋庆龄也喜欢亲自下厨房做菜。稍有闲暇，她很乐于系上围裙，照着食谱烹调试制。据说，她经常做姜汁鲤鱼、薄荷肉、杏仁鸡等请朋友和身边的工作人员一道品尝。

弹钢琴是宋庆龄一生的爱好。特别是在晚年的寂寥生活中，宋庆龄几乎每天都要弹钢琴，有时还哼着她小时听父亲唱的一些歌曲，那优美的琴声和音乐给了她不少心灵的抚慰和安宁。

爱鸽子，这也是宋庆龄为众人悉知的生活情趣。她喜欢鸽子，因为它们文雅、温顺而执著，它们象征着世界和平。在后海北沿46号，她在北山前建起了鸽房，她经常在上午端着一个小笸箩用面包屑和绿豆掺和自做的鸽食，亲自给鸽子喂食，这也是宋庆龄最开心的时刻。她喂养鸽子并和孩子们一起赏鸽的照片都很真实。

我们通过那些充满情趣的生活，就可以体现出我们对生活充满乐观、积极的态度。而那些高雅的生活情趣对生活又有着积极乐观的作用，更易产生正确的生活态度，它能够让人产生积极的情绪，振奋人的精神，催人奋进。

从前有个富人，他有一幢大房子，房子周围是一座美丽的花园。为了美化他的住宅，仆人们从花园里掘出不少石头。富翁叫他们把石头扔到墙外的路上去。每天都是这样。仆人们掘出来的石头，统统扔到墙外人们经过的路上了。

一天，富翁站在大门口，仆人们又和往常一样扔石头。附近村里的一个老人从这儿走过，他停下来对富翁提出抗议。

“你为什么把石头从不是你的地方扔到你的地方去?”他问。

“你说些什么呀?”富翁说，“你不知道这幢大房子和周围的园子都是我的吗? 我的土地一直伸展到这堵墙为止。墙外的路跟我毫不相干。”

老人摇摇头:“上帝对你太好了，以致你看不到生活中没有一件事是永恒不变的。”老人说完就走了，让富翁去思索他的话的意思。

但富翁并没有思索多久，他马上又在他的仆人们中间走动着，督促他们从花园里清除更多的石头，扔到墙外去。

一年年过去了。花园里的石头已清除得一干二净。不知何故，富翁的运气开始变了，他渐渐失去了他的财富。过了一段时间，他不得不把他珍贵的花园卖掉一部分。又过了一段时间，他不得不又卖掉一部分。这样，一次一次地卖掉，最后，他把房子也卖了。他变得衣衫褴褛，穷困不堪，和那些最不幸、最悲惨的乞丐们没有什么两样了。

有一天，他从那幢曾经是他的大房子前面走过时，路上的石头绊倒了他，并扎伤了他的脚。

他站住了，站在那道他记得很清楚的围墙外面。这时，他记起了那个邻村老人很久以前说过的话:“你为什么把石头从不是你的地方扔到你的地方去?”

生活是一个能产生回音的山谷，你付出什么，就会得到什么。倘若你以某种心态和言行影响着周围的人。他们也以同样的方式回馈你。乐观的心境和高尚的品质，将从根本上改变你对于事物的看法，并通过行为表现出来，最终也将支配日常生活。因此，做任何事，都要从长远考虑可能的后果。

像蝴蝶一样，我是独一无二的

蝴蝶是浪漫的，生活多姿多彩，你可曾见过蝴蝶在空中翩翩起舞，每次飞舞过后，蝴蝶总保持一种生活的雅趣，一种另类的格调生活。

某企业在学习“蝴蝶”课程即将结束时，一位部门负责人突然向总经理请示，希望能有5分钟的发言时间。在得到应允后，他便谈起了自己学习这门课程的体会。

“诸位，有一只毛毛虫，在道路上艰难地爬行着。它一路上被石头绊倒，被蚂蚁追赶，还要躲避黄牛那巨大的脚掌，诸如此类的情况不断地出现在前行的路上。

‘为什么我会这样？为什么我会如此艰难？倒不如死了算了！’就在毛毛虫沮丧无奈的时候，一只蝴蝶飞了过来，对它说：‘你看，现在虽然困难重重，但我相信总有一天你也会像我一样可以站立在黄牛的头上！’”

你的经验、遗传造就了你，你只能在生命的管弦乐中演奏好属于自己的那件乐器。

山姆·伍迪在导演《万世师表》和《战地钟声》等名片前，很长时间一直都在从事房地产生意，因此他形成了一种创新、求变的个性。他认为，商界中的一些原则与电影界应该是共通的，亦步亦趋，完全模仿别人会一事无成。“大量事实告诉我，”山姆·伍迪说，“除非万不得已，我们是不会用那些模仿他人的演员的，保持自己的特色是最好的。”

一家著名公司的人事部主任，他面试过的人超过6000人，也写过一本《求职六大技巧》，当记者问他求职者所犯的最大错误是什么时，他说：“求职者所犯的最大错误就是没有自己的特色。他们常常不能发自内心回答问题，只按照他认为你想听的答案回答，可这些并不是我们最想要的。”

一位女歌星就是很辛苦才学到这个教训的。最初的时候，她想当歌手，但可惜的是，她长相平庸，嘴巴太大，还长着几颗大虎牙。她第一次公开演唱时老想用上唇掩饰牙齿，竭力让自己看来显得高雅，结果却把自己弄得很不舒服。庆幸的是当晚在座的一位男士认为她很有唱歌的天赋，他很坦诚地对她说：“我看了你刚才的表演，看得出来你想掩饰什么，你觉得你的牙齿很不好看？”那女孩听了觉得很难为情，但那个人还是继续说下去，“虎牙怎么啦？它有什么罪过？不要试图去掩饰它，张开嘴就唱嘛！你越自然，观众就会越喜欢你。再说，这些你现在引以为耻的虎牙或许将来会带给你财富呢！”

从此，她果断地抛弃原来那些陈旧的想法，一上台，便只管尽情地演唱，不多久，她便成为电影及电台中走红的多栖明星了。别的歌星都想来模仿她了，而她的虎牙竟也变得让人羡慕不已了。

威廉·詹姆斯曾说过：“如果以我们应该达到的为基准，多数人的心智能力使用率不超过10%，他们不太了解自己还有更多未曾挖掘的才能。与我们应该取得的成就相比，我们还有一半以上的潜能未被唤醒，我们只运用了一小部分的自身资源。人们往往活在自己所设的限制中，虽然拥有各式各样的资源，却不能成功地开发、运用它们。”

我们都有太多的未加开发的潜能，又何必刻意苦苦地模仿他人？请你记住吧，你在这世上是唯一的存在。以前既没有和你一模一样的人，以后也不会有。遗传学告诉我们，一个人是由父亲和母亲各自的23条染色体组合交配而成的，这46条染色体决定了一个人的特点，每一条染色体中有无数个基因，任何单一基因都足以改变一个人的个性特征。

科学表明：父母孕育了自己，但只有三百万亿分之一的概率才可能有一个跟自己完全一模一样的人。也就是说，即使你有三百万亿个手足，他们也都跟你不同。

戴尔以自己的教训谈过这个话题：

当我由密苏里州的穷乡僻壤来到纽约时，我报考了美国戏剧学院。我一直渴望成为一名演员，我认为把他们的优点都集合起来变成我自己的就是一条通往成功的捷径。多么简单，多么容易的道理，真搞不懂那些人怎么会想不到？可事实证明我的想法是多么愚蠢啊！以至于我花了好几年时间模仿别人后才发现，我成不了任何人，我只能是我自己。

痛定思痛，我总该吸取沉痛教训，痛改前非，不再犯同样的错了吧？可事实并非如此，我又经历了另外一次痛苦。几年后，我准备写一本有关演讲学方面的书。我又有了同样愚蠢的想法，就是借用其他书的一些材料和方法，汇编成一本包罗万象的书。结果可想而知，整本书被弄得枯燥乏味。于是，我把这一年的工作成绩全丢进垃圾筒里，决心从头再来。这次我对自己说："你只是你自己，你不可能成为任何别的人。"于是我放弃组合他人想法的念头，开始全凭自己的本事，我以自身的经验及观察写成了公众演说的课本。我希望这一次我真正做到了劳雷爵士所说的"我写不出莎士比亚风格的书，但是我可以写一本自己的书"。

卓别林开始当演员时，导演要他模仿当时的著名影星，结果他毫无作为，直到他开始发挥自己的优势，才一步步成功。关于卓别林的一个有趣的小故事似乎同样说明了这个道理。卓别林成名以后，有个地方举行了一次别开生面的比赛，看谁模仿卓别林模仿得像。卓别林化名参加，结果却只得了个第三名，看来刻意模仿任何人都会失去自己。

当玛丽·马克贝德第一次上电台播音时，她试着模仿一位爱尔兰明星的形象与口音，但并没有产生什么好的效果。直到她以本来面目——一位由密苏里州来的乡村姑娘——才成为纽约市最红的播音明星。

吉瑞·奥特瑞一直想改掉自己的乡下口音，打扮也模仿城市人，他还对外自称是纽约人，结果招致许多人背后的嘲笑。后来，他开始重新弹起自己心爱的三弦琴，演唱他拿手的乡村歌曲，才奠定了他在电影和广播领域最受欢迎的牛仔地位。

你在这个世界上是一个全新的个体，你应该为此而高兴。你如果想开发自己所有美妙的天赋，你就尽可能地展现、张扬你本来的个性吧！如果你努力了，总会有好的结果。归根究底，所有的艺术都是一种自我个性的体现。你只能演唱你自己、描绘你自己，因为你的经验、环境和遗传造就了你。不管好坏，你只有好好经营自己的小花园，只能在生命的管弦乐中演奏好属于自己的那件乐器。

爱默生在他的短文《相信自己》中说过："一个人总有一天会深刻地感觉到，嫉妒是无用的，而一味地模仿他人无异于死路一条。无论何时何地，能够帮助你的只有你自己，只有耕种自己的田地，才能收获属于自己的果实。"

为了免除烦恼，保持平安快乐，就要记住：发掘自我，展示本色，活出你自己！不论发生什么事，永远活出自己的本色。一个人最糟的是不能保持自己的特色，并且在身体，特别是心灵中不能保持自我。上天赐予你的能力是独一无二的，只有当你自己努力尝试和运用时，你才会知道这份潜能对于你到底意味着什么。

像蝴蝶一样，给生活着点颜色

蝴蝶在卵里就已经开始梦想着挥动美丽的翅膀，对人类来说，也有着这样的时刻——真正开始去拥有自己的梦想。蝴蝶们不懈地破茧而出，而世间也正因为蝴蝶们的努力，而变得更加美丽，更加五彩缤纷。

"以出世的精神做入世的事业"，就是告诉我们，既不必要消极隐遁，也不要沉迷其中。也只有这样，我们才会觉得生活在雍容博大的天地之间，才会有余情别致去欣赏这多姿多彩的世界。

有些人尽管他们很穷苦、很孤独，事业也谈不上什么成功，但是因为他们懂得从生活中寻找哪怕一星半点闪烁着的情趣。故此，他们就不会觉得困苦和孤独。而许多人只知道赚钱吃饭，却没有一点爱好，那么他们也只好成为生活的奴隶了。

生活情趣俯拾皆是，就看我们是否愿意去寻找。

人们常以“相敬如宾”“形影不离”“一日夫妻百日恩”来形容夫妻间感情的融洽。从某种意义上来讲，夫妻间保持一定的新鲜感和神秘感是夫妻生活中不可缺少的“调味剂”。这可使夫妻双方的感情不断加深，家庭生活的内容不断丰富，同时也是一种爱的艺术。大多数夫妇都有这样的心理体验，朝夕相处便会觉得习以为常，而暂时别离却会牵肠挂肚，久别多日则会朝思暮想。所以，我们可以如法炮制，在夫妻生活中有意地制造一些这样的生活情趣，便可收到“道是无情却有情”的效果。比如，做一次短暂的度假，妻子偶尔回娘家小住，这种暂时分离的情境会使各自回味在一起的温馨，怀念昔日拥有的柔情，从而激起离别的“痛苦”、热切的渴望，一旦见面就会有一种“小别胜新婚”的感觉。这种爱情的升华会使双方的新鲜感和朦胧之美久久地充溢于家庭生活，使夫妻的感情更加亲密、甜蜜。

必要的生活情趣能摆脱生活的苍白，勾起你丰富的想象，使你沉溺于一种特有的、新的乐趣之中。

生活中，每个人都不是孤立存在的，你有没有细心留意过，生活中有许多让我们感动的事情；你有做过让别人感动的事情吗？人与人之间，正是因为彼此的那一份小小的感动，生活才变得更加炫丽多彩。

女人的丈夫是一位银行家，他非常富有。有一天，丈夫想给她一个惊喜，于是就带她去了达·芬奇的画室，银行家想让画家为自己心爱的妻子画一幅肖像画。当时小有名气的画家达·芬奇深感困难，原因是他根本就无法从她那无动于衷的冷漠表情中找到画点，无法入画。

于是，达·芬奇绞尽脑汁想了许多办法，比如说请她看自己新近的作品，请马戏团的小丑给她表演，请笑话大王给她讲笑话等等，他所做的一切努力只为博得这位尊贵的夫人从容一笑，便于作画，然而所有的努力都付诸东流。但是达·芬奇并没有灰心，而是急中生智给她讲了一个故事：

从前有一位智慧的老人，为了鼓励四个儿子成才，他给了他们每人一个同等的机会，就是要他们用四年的时间去学习本事，然后回来一比高低。时光转瞬即逝，到了第四年年底，老人的四个儿子都学成归来。

大儿子通过努力学习，成了鬼斧神工的木匠，顷刻间就能把一块形状普通的木头雕成一个美女，而且那美女天资曼妙简直与真人无异，大儿子手艺高超不言而喻。二儿子通过认真学习，成了飞针走线的裁缝，他在很短的时间内为这木头美人做了一套漂亮的衣裙，只见木头女人变得光彩照人。二儿子的手艺可谓巧夺天工。三儿子学习的是首饰匠，一阵“丁丁冬冬”之后，木头人就戴上了一套首饰，美人顿时变得华贵无比，足见三儿子手艺的精细巧妙。四儿子则对着那木头美人唱起歌来，那歌声美妙之极，仿佛能够从中看到蜜蜂飞舞时的轻盈，仿佛能从中看到太阳升起来的霞光，唱着唱着，木头美人眨了眨眼，活了！

老人的四个儿子一起冲向木头美人，迫不及待地说：“美人，嫁给我吧！”可是美人却对老大说：“您给了我身体，就做我的父亲吧！”对老二和老三说：“你们精心地打扮我，就做我的哥哥吧！”对着老四说：“只有你给了我生命，你就做我的丈夫吧！”说着，她热情地拥抱了年轻的老四……

达·芬奇细致耐心地讲着，女人津津有味地听着，听到这儿，她果然会心地笑了——也正是根据这真诚的笑，达·芬奇画出了她的模样。而且这幅画也成了经典之作——《蒙娜丽莎的微笑》。

这个故事很动人，因为作为男子汉的达·芬奇是用心中的温暖，使冷漠的美女展露出笑容的。

善于播种温暖的人，才是天底下最聪明的人。生活中，使别人微笑的人，内心没有忧伤。让我们成为既拥有微笑又能给别人带去微笑的人吧！让我们的微笑之花永远绽放绚丽的光彩。

像蝴蝶一样，让幽默给生活添彩

有这么一个故事，讲的是有一个画家画蝴蝶画得好，但是他的学生却没有一个画得好的。一天，有一女生问他为什么，画家说："用功才有成绩。"可是这个女生还是想弄个明白。她听说老师喜欢一个人在夜深人静的时候画蝴蝶，于是她就在半夜的时候爬到老师的窗台下看。巧了，老师正在画。让女生吃惊的是，老师用屁股画蝴蝶。第二天，女生拿着用自己的屁股作的画给老师看。她认为自己得到了真传。老师看了看说："不错，很好，可是这蝴蝶怎么没有头呢？"

幽默是乐观面对人生的态度，它是对自己的尊重，也是对生命的尊重，虽然有时它只是那么几句简单的话而已。但是请你记住，在生活的每一天都要用快乐来充实自己。

一位教授到餐厅就餐，发现啤酒杯中有一只苍蝇，他对侍者说："以后请将啤酒和苍蝇分别放置，由喜欢苍蝇的客人自己将苍蝇放在啤酒里，你觉得怎么样？"教授的幽默消除了常人的不快和恼怒，使生活变得轻快宽松。

一位年轻的士兵在宴会上斟酒时，不慎将酒泼到一位将军的秃头上，顿时，士兵悚然，全场寂静。这位将军却悠悠然，他轻抚士兵的肩头，说："兄弟，你认为这种治疗有用吗？"会场立即爆发出笑声，人们绷紧了的心弦松弛了下来。

如此可见，幽默是生活中一种不可或缺的缓解紧张状况的轻松剂，懂得运用它的人可以将事情变得简单、快乐。

多年以前，吕朋特在一所晚期病人收容所报名参加了一项训练计划，准备为这类病人服务。

他去探望一位76岁、癌细胞已扩散全身的老先生。他名叫罗艾，看起来瘦骨嶙峋，但棕色的眼睛仍然明亮。第一次见面时他开玩笑说："好极了，终于有个人头顶秃得像我一样了，我们一定能谈得来。”

不过，探望他几次之后，他就开始抱怨吕朋特的“态度”，说吕朋特从不在他讲笑话后发笑。那倒是真的，吕朋特自小就觉察到人生有时是冷酷、痛苦、变幻无定的，他很难放松心情，甚至很难相信他应该放松心情。因此，他大部分时间是躲在一个虚假的笑容后面度过的。

一天下午，罗艾和吕朋特单独在一起。吕朋特扶罗艾从洗澡间回来时，发现罗艾疼痛得苦着脸。“医生很快就会来，”他设法分散他的注意力，“你想我帮你脱掉这些‘米老鼠’睡衣裤，换上一套比较庄重的吗？”

“我喜欢这些睡衣裤，”他低声地说，“米老鼠提醒我，让我知道我还能笑一笑。那要比医生做的任何事情都更好。也许你应该找一套上面有‘傻狗古飞’的睡衣来穿。”罗艾哈哈大笑，吕朋特没有笑。

“年轻人，”他继续说，“我从来没见过像你这样令人生气的人。我相信你是好人，但如果你到这里来的目的是想帮助别人，这样子是不行的。”

这使吕朋特既生气又伤心，而且，老实说，是有点儿害怕。那次交谈以后，他停止帮助罗艾，并且敷衍了事地完成了那个训练计划。在结业那天，他得知罗艾去世了。罗艾去世前托人带给吕朋特一个纸袋，纸袋里是一件印了迪斯尼“傻狗古飞”笑脸的圆领运动衫。附在运动衫上的便条是：你一觉得心情沉重，请立刻穿上这件运动衫。换句话说，随时随地穿上它。落款是罗艾。

吕朋特终于哈哈大笑了。在那一刻，他终于体会到罗艾一直在设法告诉他一件事：幽默不只是偶尔开个玩笑而已，它是基本的求生工具，也是他生活中急切需要的工具。大家都需要多点儿笑，少点儿担忧，不要把自己的不如意事，甚至是痛苦事，看得那么严重。幽默可以消除家庭里的紧张或业务上的危机，可以令人躺在医院病床上时好过些，可以使人站在拥挤的电梯里或付款柜台前的长龙里不觉得难受。

过去这些年里，吕朋特见过许多人利用幽默来帮助自己面对艰难困苦的境况，这些人一部分是他的朋友，一部分是和他在业务上有来往的人或收容所里的晚期病人。他们使用的技巧是任何人都能学会的。

如今，人们的生活、工作节奏加快，每天神经绷得很紧，如果下班回家、朋友相处时，来上一两句幽默，或说件愉快的见闻，疲劳和烦恼就会烟消云散，人便感到一身轻松。幽默属于热爱生活、奋发向上、充满自信的人。生活需要幽默，如同需要春风、需要细雨、需要甜蜜、需要笑脸一样。人与人之间有了幽默就不至于生涩，而且常常可以使感情升华。试着让你的生活中少一点儿骄阳炙人的训诫，多一点儿春风宜人的幽默吧！

像蝴蝶一样，用心来感觉生活

生活的真谛不是轰轰烈烈，那只是对少数人生命的诠释，我们的生活是真实的，也是平凡的，平凡的生活中存在着很多平凡的感动。像蝴蝶一样，用心去体验生命的历程，让感动贯穿于我们的一生，这样的生命过程才拥有真正的生活。

生活中，我们经常会听到周围有人抱怨生活很郁闷，亦或是活得很疲累。繁忙的都市生活给大多数现代人带来了太多的压力，快节奏的生活方式使他们忙于奔波。其实，生活中有很多美好的东西值得你细细品味。有时候即使只是一件很小的事情也可能给你带来快乐，关键是要用心感受生活。只要用心去感受生活，你会发现原来生活中还有这么多令人快乐的事情。

生活就是这样，需要我们用心来感受它的一点一滴的美好。其实幸福是无形无状的，但又是无处不在的，最重要的是你如何去发现它的存在。懂得享受生活乐趣的人，他们从哪怕是一点点的小事中都能获得快乐。也许是因为他们拥有一颗感恩的心吧，感谢生活带给他们的一切，知足常乐；也许是因为他们拥有一颗善良的心吧，乐于帮助别人并因此而获得快乐，助人为乐；也许是因为他们拥有一颗细腻的心，善于发现生活的美好，自得其乐。

用心生活，就要努力工作，专心做事，就要像狮子扑兔子，要全力以赴，更要像小鸟筑巢一样细心和负责。用心做事的人像是从事一门艺术，他们能看到生活中最美好的风景。

一名农夫在偏远的农村待了一辈子，从来没有离开过那片土地。当一位记者去采访他，问到他一辈子都住在这种恶劣的环境中，而没有离开过大山，是否感到遗憾时，他回答说："没有遗憾，我每天都感觉很快乐！"

生活要用心灵去感受，更要用包容、豁达的心情看待，即使我们处于生命的低谷，也会觉察到人生的美好与幸福。

生活中的一切，不论是苦难还是幸福，不论是烦恼还是快乐，都有其存在的理由，我们都无法回避，无法挑选。有句话说："有时候命运让我们不能选择，但是我们可以选择的是人生的态度——不向命运屈服。"用心对待，只有这样我们才能真正体会到人生的美好。

生活中有很多人对于工作的感觉千篇一律是"单调、枯燥无味、辛苦"等等，只有极少数的人谈到他们的工作时神采飞扬，他们会自豪地告诉你，他们的工作速度如何快，超过了目标多少，任务完成又达到什么样的新水平。那种快乐溢于言表，他们是享受到了工作的乐趣。然而我们又要怎样才能享受到工作的乐趣呢？这关系到大家对自己的工作兴趣培养的问题。在我们绝大多数员工乃至管理层中，普遍存在着一种这样的观念，认为自己的工作"不得不做，非做不可"才去做的，完全处于一种被动状态，导致自己的工作显得十分乏味、枯燥。如果我们都以这种心态去工作，怎能领悟到其中的乐趣呢？

我们要用这种观点对待工作：从事一项工作，不如喜欢这项工作；喜欢这项工作，不如享受这项工作。这句话会让你在实践中感觉到其深刻的道理。

喜欢工作、享受工作与痛苦工作、被迫工作，其道理相当于自愿锻炼身体与被动劳作。用付出的体力来衡量两者可能差不多，但是心情愉悦程度却大相径庭。因为其前提一个是"自愿"，一个是"被动"，自然也就产生两种心情，一为享受，一为付出。

经常听到一些人因工作繁忙而叫苦不迭，殊不知，只有善待工作的人才会忙，只有"忙"才会让你有成就感，才能让你的生活有意义！有些人在退休后感到无事可做时，往往会发出这样的感慨：现在想做些什么也不可能了，早知这样，当初多做些事就好了。奉劝那些整天无所事事的人：努力提高自己，投身于工作，享受工作。

有人就幸福和痛苦说过这样一番话：什么是幸福？幸福是一种感觉，自己感到幸福就会很幸福；什么是痛苦？痛苦就是有空闲的时间去琢磨自己是不是幸福。这话真的很富有哲理。倾心忙于工作，作为一种享受，就会感到很知足，就很少有时间去想东想西，烦恼自然也会少了许多。“工作并快乐着”的感觉估计很多人都有，也许刚开始工作的时候不习惯，总感觉有好多事情要做，一天下来，累得身子像垮了一样。但当你在工作上取得成就的时候，你就会感到欣慰，这种欣慰是发自内心的，让你深切地感觉到工作带给你的意义。工作，让你感到快乐。

工作是美丽的，工作是快乐的。19 世纪英国哲学家克雷尔说：“在工作本身找到乐趣的人有福了，因为他不必再求其他的福祉了。”

但是为了能够获得愉悦的工作环境和工作体验，为了能够使自己幸福地工作，我们还是应该对自己的工作目的有一个理性的审视。

一个人在社会上工作，最基本的目的就是要获得维持生存和生活的基本生活资料，这是工作最根本的目的。然而，工作也是我们的生活，我们不能把工作从我们的生活中转移到另一个空间，所以，我们要用热忱的心态去对待工作。

有时候我们总是感觉工作枯燥，乏味，做稍许就很疲惫，总是埋怨工作的好坏，从而也阻碍了成功的步伐。如果你工作之余敞开心扉多思考一些工作的乐趣，给工作注入生命，你将会轻松自如。

李君是一家机械维修公司的一级修理工，上班时他不是拧螺丝，就是开车床，整天得跟这些油乎乎的机器零件打交道，工作无聊到极点，但他却不能放弃这份工作，因为他必须以此为生。于是，李君就下决心改变这个局面，便开始着手钻研这些机器的构造是怎样的，如：为什么汽车能运行？运行一段时间后为什么会发热？汽车运行原理与火车有何不一样？如此一来，他的这份工作对他就很有吸引力。经过努力，他成为该公司的维修专家，后来他被送到一所大学去进修“机械制造”专业。

一个人对工作所具有的心态，就是他人生的部分表现。一生的职业，就是他志向的表示、理想的所在。如果一个人只是为了薪水去工作，那就代表他是不忠于生活的。工作是我们生活的一部分，我们要在工作中享受生活的乐趣。

世界上不存在永远让你高效的工作。任何的工作最终都会归于一种平淡，就像生活给我们的感觉一样。你要想做好并享受你的工作，就必须接受这种平淡，而且从这种平淡中享受它带给你的乐趣。

人活着必须要工作。只有工作才能为社会创造财富；只有工作才能获取谋生手段；只有在工作中，人才能磨炼自己，发展自己。但工作不是生活的全部，生活不是为了工作，而工作是为了生活。如果仅为工作而生活，那我们人就成了异化的对象。正确的人生态度应是：工作时工作，生活时生活，并以享受生活而非拼命工作作为人生的目标。

我们平时在工作的时候，大脑总是处于一种紧张、亢奋的状态，一个工作结束，另一个马上接替上来，周而复始，身体机器超负荷运转，来不及调整，最终以崩溃作为代价。

于是，很多人的工作、生活理念正在悄然发生变化：渴望在工作之余找到一片能使身心放松、压力缓解的“绿洲”。其实，在工作的同时你也可以享受到它的快乐，可以让自己过得轻松愉快。

有张有弛，像音乐一样有节奏感，才会让工作变成悦心的事情，完成后才会有成就感。工作总是无止境的，调整自己的心态很重要，不要把工作当成自己唯一的生活重心，否则心很快就会疲惫，兴趣很快就会消失，如果想到工作后还有上网，听歌，聚会，聊侃，多姿多彩，你会充满希望，轻松应对。在这种放松的状态中，你也许还会思路大开。

真的，放慢脚步，紧张中找些悠闲，保护自己的身心健康，才是最重要的。

因此，无论你平时工作多忙，都不要把自己逼得太紧，也不要活得太累，要有张有弛，这样生活工作才相得益彰。

愿意的人命运领着走，不愿意的人命运拖着走，智者与命运结伴而行。别把生活和工作当作沉重的负担，如果你仔细聆听，上面布满了幸福的音符。

用心感受生活，就会多一份享受，少一份抱怨；多一些快乐，少一些烦恼；多一些成功，少一些失败。

生命是人从降生到死亡的一个过程。在这个过程中，我们应该细心地去品味生活，发现生活中的幸福与美好。领略生命历程中，亲情、友情、爱情以及对周围事物的微妙的感情。只有用心去观察，用生命去感受，这样的人生才会拥有最美好的生活，才能体会到生活带给我们的每一份感动。

第八章　像蝴蝶一样享受生活

蝴蝶的舞姿，就像流动的音符，蝴蝶有时静静地停在枝头上，一动不动，像一朵奇异的芳花，悄然开放。有时又闪动着翅膀，就像初恋人的心扉。蝴蝶的悠闲，让我们在凝望之余，感受到了蝴蝶的魅力。然而，人们在生活的追求中常常忘掉了真正的自我。用一颗平常心去对待所有问题，好好珍惜现在所拥有的一切才是最重要的！

像蝴蝶一样，享受生活每一天

蝴蝶需要从蛹上那个奇小无比的小口奋力钻出来，那个小窄口在它通过时把它体内的营养液从腹部挤压到翅膀，这样蝴蝶就可以破茧而出，自由的展翅高飞。有时候我们的生活中确实需要这样苦心奋斗的过程，如果上帝将我们的生活安排得一帆风顺，没有一点儿障碍，会使我们残缺不全，我们也不会像我们可以做到的那样坚强，享受每一天，享受生活，也经历些磨难吧。然后自由地飞翔！

居里夫人曾说，生活中没有什么可怕的东西，只有需要理解的东西。每一个珍惜生命的人都应该善待自己、善待生活。每个人的生活都存在着苦，也都有自己的乐。就像喝啤酒一样，浮在酒水上的泡沫就像人生每一个小节的高潮，留在嘴里的总是醇香中夹着一丝苦味。

生活就是这样，真善美带给你热爱，假丑恶带给你绝望，关键在于心的选择。对于拥有抱负的人来说，生活就是一部奋斗史——从失败中发掘成功，从创新中收获硕果。而我们就在不断劳碌中度过一生，每一天、每一刻善待自己，你就是最幸福的人。

人生的全部意义不仅在于活着，而更在于活好，活好就是好好活着，就是活得有滋有味。

好好活着就要活出味道，享受人生，享受阳光。不要抱怨生活，不要指责他人。你要记住，你为快乐而生，你要好好活着。你要让阳光驱散你心中的乌云，你要让阳光赶走你心头的仇怨，你要让阳光清除你心中的垃圾，你要让阳光充满你的每一个细胞，你要让阳光来洗礼你的灵魂，你要让阳光造就你一颗纯洁的心。

你要用这颗心去体验阳光、体验美、体验幸福、体验温馨、体验关爱、体验勤奋、体验劳动、体验汗水、体验思索、体验感激，你要让阳光拓展你心灵的内存，使你拥有更多的心灵体验。

千万不要以为人生还长着呢。岁月长河中自然赋予我们人生旅途的时间，在岁月长河中仅仅是弹指一挥的瞬间。既然是瞬间，那就要好好把握，珍爱自己，珍惜生命。

告诫所有的人们：人生短暂，生命存在时要懂得珍惜，不要当生命走到尽头时才倍加珍惜。想要享受人生，必须善待生命。人生与浩瀚的历史长河相比，可谓短暂的一瞬。权势是过眼云烟，金钱乃身外之物。我们只为活着而认真地活着。看山神静，观海心阔，心理平衡，知足常乐，达到善待人生的最高境界，才能真正快乐地享受每一天。

朋友，人生绚丽多彩，请珍惜生命！

像蝴蝶一样，每天给自己一个希望

每天给自己一个希望，我们将活得生机勃勃、激昂澎湃。哪里还有时间去叹息、去悲哀，将生命浪费在一些无聊的小事上呢？生命是有限的，但希望是无限的，只要我们不忘每天给自己一个希望，我们就一定能拥有一个丰富多彩的人生。

希望，是生活中的阳光；希望，是生命中的甘泉；希望，是人生快乐的音符。像蝴蝶一样，每天给自己一个希望，我们的人生就一定多姿多彩。在通往理想的征途中，常常是荆棘丛生，险山恶水挡道。面对眼前有时无法避免的困难，我们需要希望来指引。

每天给自己一个希望，就是给自己一个目标，就是给自己一点儿信心。希望是什么？是引爆生命潜能的导火索，是激发生命激情的催化剂。

在这个世界上，有许多事情是我们难以预料的。我们不能控制机遇，却可以掌握自己；无法预知未来，却可以把握现在；我们不知道自己的生命到底有多长，却可以安排当下的生活；我们左右不了变化无常的天气，却可以调整自己的心情。只要活着，就有希望。

有位医生素以医术高明享誉医学界，事业蒸蒸日上。但不幸的是，就在某一天，他被诊断患有癌症。这对他不啻当头一棒。他一度情绪低落，但最终还是接受了这个事实，而且，他的心态也为之一变，变得更宽容、更谦和、更懂得珍惜所拥有的一切。在勤奋工作之余，他从没有放弃与病魔搏斗。就这样，他已平安度过了好几个年头。有人惊讶于他的事迹，就问是什么神奇的力量在支撑着他。这位医生笑盈盈地答道："是希望。几乎每天早晨，我都给自己一个希望，希望我能多救治一个病人，希望我的笑容能温暖每个人。"可见，这位医生不但医术高明，做人的境界也很高。

每天给自己一个希望，我们将活得生机勃勃、激昂澎湃。哪里还有时间去叹息、去悲哀，将生命浪费在一些无聊的小事上呢？生命是有限的，但希望是无限的，只要我们不忘每天给自己一个希望，我们就一定能拥有一个丰富多彩的人生。

不论干什么，我们都希望自己能够成功，都试图避免失败或走弯路。每天给自己一个希望，正是指引你处世的一盏明灯。

像蝴蝶一样，轻松快乐度过每一天

幼虫变成蝴蝶，是蝴蝶成长和变化的过程中必须要经历的关键时期，也是最富有戏剧性的精彩场景。

这段忍耐的时期正是区分成功人士与非成功人士的分水岭。不是追求量的增长，而是追求质的变化，用以促进自身创新的时期，就是自我的成熟过程。

生活是什么？生活是一首歌；生活是一场戏；生活是一壶陈年老酒……

一个人若想享受生活，轻松而快乐地度过每一天，首先就要理解人生的真正含义。把自己的心态摆正，用一颗平常的心态，去体味人生，享受人生，去迎接大自然对人生的挑战，深刻认识到酸甜苦辣乃是人生的真谛，兴衰荣辱即是自然界赋予人类永不衰败的交响曲，同时还存在着大自然与万物之间相生相克的深奥道理。

所谓的享受生活，就是不被功名利禄所牵绊，对人生路上的沉浮不仅要看得开，又要想得远，更要拿得起，放得下。不要在鲜花与掌声之中飘飘欲仙；不要在失败与磨难中心灰意冷；不要在顺境中目空一切；不要在逆境中停滞不前。而要在“繁华过尽皆成梦，平淡人生才是真”中去品味人生的真正含义；要能够在“酸甜苦辣皆有味，兴衰荣枯皆自然”中去享受生活的真滋真味！

让我们保持一份生活的明净，在有云的日子里，不再悲伤，在辉煌的岁月中，不要忘形。用一种平常的心态去善待生活的每一天，以平静的心态追求目标。生活需要激情，但不要刺激，不要贪婪，更不要困死在金钱、权利、美色中。要能够正视自己，要努力地进行创造，而不奢求；追求品位，而不要爱慕虚荣。

我们要相信一句话：每个人都是有本质差别的。不管你承认还是不承认，对于有些东西只能无限接近，而永远也无法超越。

享受生活，有什么就享受什么吧。一杯清茶，并不比一杯咖啡逊色，搂着爱人散步并不比坐“宝马”兜风缺乏情趣，全家团聚喝着稀饭的那种境界并不比让情人陪着坐在音乐厅的茫然心情更让人感到真实。

只要学会享受生活，就能做到更加珍惜生活，从而，激发你创造生活，生活才会有奇迹出现。

一个樵夫上山去砍柴，看见一个人正躺在树下乘凉。樵夫见状忍不住问那人:“你怎么躺在这儿，为什么不去砍柴呢?”

那人不解地问:“为什么非要砍柴呢?”

樵夫说:“砍来的柴可以卖钱呀!”

那人又问:“卖了钱又有什么用呢?”

樵夫满怀憧憬地说:“有了钱就可以享受生活了。”

那人听后笑了，说:“那你认为我此刻在做什么?”

“生活在此刻”，就是享受你正在做的，而不是即将要做的。必须摆脱对“下一刻”的迷恋和幻想，它们大多数都不切实际，有的虽然最终会得到，却剥夺了我们此刻的生活。

不要一边吃饭一边想着工作中的事，不要一边工作又一边担心下班后要做的事。要学会欣赏当下的、眼前的万事万物。

我们要为每一天的日出欣喜不已。

我们要为自己所从事的工作带来的生活体验而高兴。

我们要分享与家人、朋友相处时的甜蜜。

我们要学会与自然和谐共处，去聆听风雨之声，去仰望璀璨的星空，与无穷的自然生命力相连接。

我们将不在生活的表层游移，而是深入进去，聆听生活最美的“乐章”，让生活变得更加生动、更有意义。

昨天是一张过期的支票，明天是一笔尚不能取出的存款，唯有今天才是摆在你面前的现金。

享受此刻吧！过好每一个今天，昨天既然已成往事，又何必太费心机。抓住今天，忙碌于今天，你就无暇顾及昨天。

活着的人，要记住，生命是美丽的，美丽总是短暂的。紧紧抓住它吧！今天对于我们来说，只有一次！好好珍惜、享受你的每一秒吧！

像蝴蝶一样，好心情成就完美人生

蝴蝶无声地蜕变，静默地飞翔。它是属于阳光的；它是旖旎的；它是多彩的。每一只在阳光中飞舞的蝶，都有着自己一段美丽的故事，都有着一颗对美好未来无限向往的心。浮世喧嚣，蝴蝶安守生命的馈赠，珍惜每一天生命的拥有，自由地轻舞，让每一个日子都绽放异彩华光。拥抱阳光，俯仰蓝天，醉舞花间，任天地转换，却在它的翅膀下尽览无遗，这是何等惬意的生命历程。

任何人在生活的道路上都会遇到不顺心的事，每个人都可能有旦夕祸福，生命潜藏着未知之数，所以，拥有一个好心态，以微笑面对坎坷的人生，才是人生路上始终充满快乐的真谛，也许你没有多少钱，也没有多大的权，更没有多高的名声，但拥有好心态，拥有快乐，你就是这个世界上最轻松、最惬意、最富有的人。

不管在什么样的生活环境下，只有当我们的心态处于积极健康之时，才能正确地看待得失、成败；正确地处理竞争、压力；正确地对待他人、自己……由此可见，心态对我们的生活影响巨大。心态的影响力到底有多大呢？

有人做过这样一个实验：组织者一共找来了九个人参与实验，然后把他们带到一座曲曲弯弯的小桥旁边，对他们说："你们九个人听我的指挥，走过这个小桥，千万别掉下去，不过掉下去也没关系，底下就是一点儿水而已。"

九个人听明白之后，哗啦哗啦很快都从桥上走过去了。走过去后，组织者打开了旁边的一盏黄灯。透过黄灯，九个人吃惊地看到，桥底下不仅仅只是一点儿水，而且还有几条因为饥饿正在蠕动的鳄鱼。九个人都吓了一跳，暗自庆幸刚才自己没掉下去。正在这时，组织者问："现在你们谁敢再走回来？"组织者一连问了几声，竟没人回应。组织者又说："你们只要勇敢一些，照样可以安全地走回来。不妨采用心理暗示的方法，想象自己就是走在坚固的铁桥上……"他鼓励、诱导了半天，终于有三个稍微勇敢一点儿的人站出来，表示愿意尝试一下。第一个人颤颤巍巍地走回去了，但比上次走的时间多花了一倍；第二个人心理恐惧，哆哆嗦嗦地走了一半就再也坚持不住了，吓得趴在了桥上；第三个人才走了三步就吓趴下了。组织者这时打开了所有的灯光，大家这才发现，在桥和鳄鱼之间还有一层保护网，由于网是黄色的，所以刚才在黄灯下看不清楚。大家现在都不怕了，纷纷说要知道下面有保护网，我们早就过去了。后来几个人就哗啦哗啦又走回去了。只有一个人不敢走，组织者问他："你怎么回事？"这个人说："我担心网不结实。"

这个实验很好地证明了一个原理：心态对一个人具有巨大的影响力。

狄更斯说："一个健全的心态，比一百种智慧更有力量。"由于心态能左右一个人的一切，所以，无论情况好坏，都要抱着积极的心态，莫让沮丧取代希望。生命可以价值更高，也可以一无是处，关键是看一个人的心态如何。一个人有什么样的心态，便有什么样的人生。影响我们人生的绝不仅仅是环境，心态控制了个人的行动和思想，同时，心态也决定了自己的视野、事业和成就。

一位哲人说："你的心态就是你真正的主人。"一位伟人说："要么你去驾驭生命，要么是生命驾驭你。你的心态决定谁是坐骑，谁是骑师。"佛家常说："物随心转，境由心造，烦恼皆由心生。"歌德也曾经说过："人之幸福在于心之幸福。"说的都是一个人有什么样的精神状态，就会产生什么样的生活现实。

人生的方向是由"态度"来决定的，其好坏足以明确我们构筑的人生的优劣。心态的不同必然导致人格和作为的不同，而且会有天壤之别：不良的心态是形成不良性格与不良人生的罪恶根源，而好的心态却能带领我们走向人生的辉煌。

良好的心态和快乐的感觉不会从天而降，它是由知识、修养和奋发向上、豁达开朗、宽宏大量、知足知止等品德组成的。它需要人们积极进行“知识充电”，努力进行“人格调理、滋润、丰盈”，然后才能得到。快乐需要智慧。快乐的人活得都很有味道，很潇洒，也很豁达。他们体悟到生命的无常，所以，清醒地意识到不知何时灾难会突然降临，唯有保持豁达才能从容应付。

像蝴蝶一样，把苦日子过好过甜

像飞舞在阳光下的蝴蝶，像洒在夜空中的每一缕月光，像婉转在树林中的鸟鸣，这绽放在人们脸上的每一丝笑容……都是谱写快乐之歌的音符。

蝴蝶的美丽，是生活甜美的象征，更是无数汗水和努力的结果，看到翩翩而飞的蝴蝶，难道还不能联想到生活的甜美和世间的婉约吗？

在熙熙攘攘的社会中，我们过着尘埃喧嚣的生活，心灵有着太多的包袱，灵魂有着太多的累赘。如果你在普通平凡时能把自己的苦日子过甜，这将是你对得起自己的最大安慰。

正如英国作家萨克雷说的那样：“生活是一面镜子，你对它笑，它就对你笑；你对它哭，它也对你哭。”面对太阳时，阴影将落在你的背后，背对太阳时，阴影将笼罩你。虽然人生的烦恼大都是在逆境中产生的，但只要你善于在逆境中抓住希望，在绝望中摆脱困扰，在痛苦中抓住欢乐，烦恼也就会随风而散。

有一个很著名的故事，说的是美国西雅图的一个鱼市场上，鱼贩子们在鱼腥味很浓，又不被人们看重的小市场上，快乐地从事着别人看不起的工作。几年前，这个市场还是个没有生气的地方，大家整天抱怨。后来，鱼贩子们感到与其抱怨沉重的工作，不如改变工作的品质。于是，他们开始把卖鱼当成一种艺术。

再后来，一个创意接着一个创意，一串笑声接着一串笑声，他们成为鱼市快乐的象征。

人在不能改变环境的时候，就要改变自己的心态。因为只要你及时地改变了心态就一定会抱着一种积极向上的态度，自然而然地就去主动地努力学习、工作和打拼自己的新天地。这样你就非常容易改变自身的环境了，有了良好的心态就可以获得更多便利的“机会通道”！那你就肯定会苦尽甘来！

把自己的苦日子过甜，即使是酸的在你的嘴里都会咀嚼出甜蜜来；即使是辣的在你的嘴里都会品出醇香来。

把自己的苦日子过甜，是你荣辱不惊的一种恬淡；是你居安思危的一种静谧；是你卧薪尝胆的一种顿悟；是你光明正大的一种珍视；是你胸无城府的一种达观；是你踌躇满志的一种博取；是你运筹帷幄的一种睿智；是你满载而归的一种丰裕！

生活在苦日子里的人不只你一个，那么就让我们一起努力吧，一起把生活中苦难的日子当成命运之神赐予我们的厚爱，不管是苦难，还是愉悦，都是生活的一种经历，都是生命的一笔财富，细细品味，把苦日子过甜！

像蝴蝶一样，人生在零度也能沸腾

经历煎熬洗礼而破茧成蝶是蝴蝶今后得以生存的一个重要环节，没有依靠自身实现化蝶的蛹最终只能沦为不能飞的蝴蝶。蝴蝶在竭尽全力破茧的过程中，身体会分泌出液体，从而浸湿翅膀，与此同时翅膀也将得到锤炼，获得飞翔的能力。

自信是人们从事任何事业最可靠的资本，它较之金钱、势力、出身都更有力量。一个人拥有自信就能排除各种障碍，克服重重困难，即使你的人生处在零度，坚定的自信心也能使你沸腾。

日本现在有上万个麦当劳店，一年的营业总额突破40亿美元。创造这两个数据的主人是一位叫藤田田的日本老人，日本麦当劳社名誉社长。

藤田田1965年毕业于日本早稻田大学经济系，毕业后在一家大电器公司打工。1971年，他开始创立自己的事业，经营麦当劳生意。麦当劳是闻名全球的连锁快餐公司，采用的是特许经营资格和经营机制，而要取得特许经营资格是需要具备相当财力和特殊资历的。藤田田当时却只是一个才出校门几年、毫无家族资本支持的打工一族，根本就无法具备麦当劳总部要求的75万美元现款和一家中等规模以上银行信用支持的苛刻条件。

只有不到五万美元存款的藤田田，看准美国连锁快餐文化在日本的巨大发展潜力，决意要不惜一切代价在日本创立麦当劳事业，于是他绞尽脑汁，东挪西借起来。事情进展并不顺利，五个月下来，他只借到了四万美元。面对巨大的资金落差，要是一般人，也许早就心灰意冷，前功尽弃了。然而，藤田田却偏偏有对困难说“不”的勇气和坚定的自信。

于是，在一个风和日丽的早晨，他走进了住友银行总裁的办公室。藤田田以极其诚恳的态度，向对方表明了他的创业计划和求助心愿。在耐心细致地听完他的表述之后，银行总裁说:“你先回去吧，让我再考虑考虑。”

藤田田听后，心里即刻掠过一丝失望，但他马上镇定下来，恳切地对总裁说了一句:“先生，可否让我告诉你我那五万美元存款的来历呢?”

回答是:“可以。”

“那是我六年来按月存款的收获。”藤田田说道，“六年里，我每月坚持存下三分之一的工资奖金，雷打不动。六年里，无数次面对过度紧张或生活拮据的尴尬局面，我都咬紧牙关，克制欲望，硬挺了过来。有时候，碰到意外事故需要额外用钱时，我也照存不误，甚至不惜厚着脸皮四处告贷，以增加存款。我必须这样做，因为在跨出大学门槛的那一天我就立下宏愿，要以10年为期，存够10万美元，然后自创事业，出人头地。现在机会来了，我要提早开创事业……”

藤田田一口气儿讲了10分钟，总裁越听神情越严肃，并向藤田田问明了他存钱的那家银行的地址，然后对藤田田说:“好吧，年轻人，我下午就会给你答复。”

送走藤田田后，总裁立即驱车前往那家银行，亲自了解藤田田的存钱情况。柜台小姐了解了总裁的来意后，说：“哦，是问藤田田先生，他可是我接触过的最有毅力、最有礼貌的一个年轻人。六年来，他真正做到了风雨无阻地准时来我这里存钱。老实说，这么严谨的人，我真是要佩服得五体投地了！”

听完柜台小姐的介绍后，总裁大为动容，立即拨通了藤田田家的电话，告诉他住友银行可以毫无条件地支持他创建麦当劳事业。藤田田追问了一句：“请问，您为什么决定支持我呢？”

总裁在电话那端感慨万分地说：“我今年已经58岁了，再有两年就要退休，论年龄，我是你的两倍，论收入，我是你的30倍，可是，直到今天，我的存款还没有你多……光说这一点，我就自愧不如、敬佩有加了。年轻人，好好干吧，我敢保证，你会很有出息！”

果然。藤田田成功了，而且取得的是让人刮目相看的大成就。

人生路上的艰难很多，只要你展示给人的是一种自信、勇敢和无所畏惧的印象，只要你拥有坚定的信心，敢于迎难而上，你成功的道路就会更加宽广，你的事业也必定会获得巨大的成功。

像蝴蝶一样，经历挫折重新站立起来

人的一生犹如是奔腾的洪水，如果不遇到暗礁和岛屿，就难以激起美丽的浪花。伟大的诗人泰戈尔也说过这样的一句话：“只有经历过地狱般的磨练才能具有创造出天堂的力量，只有流过血的手指才能弹出世界上最美妙的声音！”一个经历挫折和失败后，重新站起来的人，才能够登上人生的更高峰。

“宝剑锋从磨砺出，梅花香自苦寒来”，宝剑只有在经历了千锤百炼的磨砺后才能够变得锋利，梅花的清香也是在经历了寒冬腊月的考验后才散发出来的。

困难和挫折让弱者胆战心惊，失去前进的勇气；让强者的意志更加坚强，精神更加振奋。挫折本身并不可怕，关键在于你对待挫折的态度。只有在挫折面前毫无畏惧的人，才能真正登上成功的高峰。凡是历史上有所作为的人，都是经历了挫折的磨炼后成功的。俄国著名的物理学家列别捷夫说道："平静的湖面练不出精悍的水手；安逸的环境造不出时代的伟人。"

在日本曾有一位药物学家，他为了发明一种专门治疗梅毒的药物，经历了605次的挫折和失败，但是他并没有气馁，也没有就此放弃。而是不断地总结失败的经验，继续试验。终于，苍天不负有心人，在第606次试验的时候他成功了。人们为了纪念他的成就，就将这种药物称为"606"，正是他的这种不怕挫折、百折不挠、永不放弃的精神使他获得了最终的成功。

法国著名作家巴尔扎克曾经说道："挫折就像一块石头，对于弱者来说是绊脚石，让你怯步不前；而对于强者来说却是垫脚石，使你站得更高。"人生漫漫旅途中，遇到困难和挫折是很正常的事，在困难和挫折面前，你强它就弱，你弱它就强。毛泽东是一位生活中的强者，他在率领红军进行万里长征的艰难路上，曾经发出"数风流人物，还看今朝"的豪言壮语。挫折在他面前都要被他的豪情吓退。我们要增强自己抗拒挫折的能力，锻炼自己的意志，学会做一个生活中的强者。要学习海伦·凯勒的那种精神和勇气，即使是处于黑暗寂寞的无声世界中，也能用自己的爱心来帮助全球的残疾儿童；即使是在命运如此不公的情况下，也能写下《假如给我三天光明》，让我们明白了什么叫做真正的坚强，什么叫做生命的绝境中重新奋起的力量。

成功是一朵绚烂多彩的花，而挫折就是滋养花朵的水分。没有经历过挫折的人不会真正地体会到成功的喜悦，没有经历过挫折的成功也不是真正的成功，没有经历过挫折滋养的花朵迟早会因为缺乏养分而枯萎。

西南联大的学生在战争时期的生活可谓是挫折不断。由于家乡沦陷，没有了经济来源，他们平时都要利用课余的时间做家庭教师，或者是到中学讲课，就连商店里的会计，电影院里卖票的，饭店里刷碗的有很多都是西南联大的学生。他们的宿舍里一个屋里要住四十多个人，而且还是土坯房。平时也只能吃到掺和着草屑、稗子、虫子、老鼠屎、沙砾的所谓的"八宝饭"。而正是在如此艰巨的条件下，他们在经历了这样挫折的磨炼后，变得更加坚强，一个个成为了国家宝贵的人才。西南联大八千名在校学生，个个成绩斐然。其中有六位联大的校友获得了“两弹一星功勋奖章”，三位联大毕业生获得了2000年以来国家最高科技奖。而家喻户晓的“诺贝尔奖”获得者杨振宁、李政道也是西南联大的学生。正是挫折磨炼了他们的意志，让他们的信仰像钢铁般坚毅，而正是这种精神和意志引导他们走向了成功。

红杉只有拥有了坚固的根基才能有傲视苍穹的魅力，花朵只有吸入了自信的阳光才能够芳香四溢，而人们只有在经历了挫折的磨炼之后才能够更加坚强、勇敢、自信。就像高位截瘫的张海迪，她并没有向挫折臣服，她说：“人就像一部机器，残疾人就像部分零件损坏一样，不能因此就把整部机器毁掉，那些能用的部分还是大有价值的。”她依靠顽强的意志力进行学习，成为了世界上唯一一位高位截瘫研究生。如果挫折是简陋的花架，那么如果有坚强的意志和决心，成功之花也会似锦；如果挫折是黑暗的夜空，那么如果有坚持不懈的精神，成功之光也会照亮夜空。

只要你勇敢地面对，挫折就是你成功路上一道美丽的彩虹。只要你有坚持不放弃的决心和勇气，你就会发现挫折是你获得成功的催化剂。挫折的出现是为了化作春雨，浇灌出成功之花。经受了挫折考验的人生，将会更加美好。风雨过后，阳光会更加灿烂！

像蝴蝶一样，在绝境中重生

逆境中出人才，成功总是垂青那些逆境中的勇敢者。勇敢者能用自己的意志力在绝境中创造奇迹，获得重生。拿破仑曾经说过：“最困难之时，就是离成功不远之日。”只要你有冲破黎明前的黑暗的勇气，你就能够迎来灿烂的明天。

生长在岩石缝中，却能够傲然挺立的青松，即使它失去肥沃土壤的孕育，丰富雨水的滋养，仍能够蓬勃发展，长成参天大树。它用自己坚强的意志赢得了

"大雪压青松，青松挺且直"的美誉。而与此相反，长在肥沃土壤中的芦苇，吸收充足的阳光和雨水，但是一遇到风吹雨打就会东倒西歪，甚至会连根拔起。正是优越的环境形成了它懦弱的性格。雨果曾说过："痛苦能够孕育灵魂和精神的力量，灾难是傲骨的乳娘，祸患则是人类的乳汁。绝境不仅是一种痛苦的折磨，更能激发出奋发向上的动力，在绝境中奋斗的人们，终将获得成功。"就像塞缪尔·斯迈而斯也曾说过："痛苦，就是用一只强有力的手，操纵一张沉重的铁犁，深深地犁进难以开垦的土地，但是这土地只要翻开，他的肥沃就会让土地结出丰硕之果。"

爱尔兰的一位著名作家布朗在五岁后仍然不能说话，后来又患上一场重病连手指都无法动弹了。他的父母对他感到了绝望。但突然有一天，他看到正在读书写字的妹妹后，突然"啊"的一声，自己用脚拿起笔，写下了第一个英文单词。自此以后，他不停地用脚练习写字。奇迹也在慢慢地出现，一年之后，他竟然能用脚写下26个英文字母了。在失去用手写字的能力后，他用脚写字很是吃力，但是这更激发出了他学习的动力，经过了日复一日，年复一年地不停努力后，他写出了很多部优秀的作品。

正是绝境激发出了布朗的写作激情，正是绝境磨炼出布朗坚强的意志。他用脚所写出的优秀作品，也正是他在绝境中抗争的结晶。在绝境中取得成功，使他的生命更加有意义，使他的人生焕发出更加夺目的光彩。在这个世界上，从来没有真正的绝境。邰丽华——作为一名聋哑人，她在绝境中演出了一场绝美的舞蹈，将人们感动得热泪盈眶。她也让自己的生命在绝境中获得了重生。只要你的心中还存有希望，绝境就永远不会出现。只有当你的内心感到绝望时，你才是遇到了生命中真正的绝境。

有一个人在沙漠中行走，不知不觉中迷路了。这时他的水也喝完了，在又渴又累中，他不停地寻找。突然他看到前面有一潭水，于是他急切地跑过去，捧起一捧，一看，却是一把黄沙。他又接着寻找，又看到一潭水，他立刻扑了过去，却又是一片黄沙。于是他感到越来越绝望了，当再次看到前面出现一潭水时，他告诉自己："那只不过是自己的幻觉。"心中的绝望加上身体的虚脱，他已经无法支撑自己，终于倒了下去。后来，人们发现他时，都觉得很是奇怪："为什么他会渴死在一汪清澈的湖水前呢？"

真正的绝境是自己心灵的绝望。如果这位在沙漠中行走的人，能够让心中的希望不灭，那么他就不会选择放弃，他也就不会轻易地放弃了生的机会。如果你的内心充满希望，你的生命之树就会长青。

叔本华说：“事情本身并不能影响人，影响人的是我们对事情的看法和态度。”在人生之中，我们会遇到种种的困难，甚至是临近绝境的边缘，但是只要我们能够保持一种积极乐观的心态，能够让心中的希望和梦想不灭，拥有坚强的意志和决心，我们就能够在绝境中创造生命的奇迹。

历史上成功的人都有一个共同的特点，那就是他们都有着顽强的意志力。从不相信绝境，他们的内心也不会绝望，他们相信一切的困难都只是暂时的，终究会有柳暗花明的那一天。贝多芬的内心永怀希望，用坚强的意志去抗争命运，最终他创作出了感动人心的旋律。司马迁不曾绝望，即使是在自己的身心受到严重的折磨后，也依然能够用顽强的意志创作出流传千古的《史记》。只要有一种积极向上的心态，生命之花就能够开得绚烂多彩。

绝境正是磨炼一个人意志的有利时机，绝境也是展现你智慧的有利时机。在绝境中坚持信念，把困难看作是前进的动力。只要你的心灵之河永远不干涸，那么没有任何绝境能够让你倒下。绝境是成就人生辉煌业绩的有利时机，让我们在绝境中用坚强的意志谱写出生命的辉煌之歌吧！

像蝴蝶一样，追寻成功的宝藏

人生在世，如果没有遇到任何挫折，就会像无法飞舞的蝴蝶一样，无法享受生命的美丽。而蝴蝶只有彻底实现变态和变化后才能起而飞舞，成为世间的精灵。

挫折是成功的必由之路，经历了挫折，奋斗才有价值，经历了挫折，努力才会有结果。

人生在世，如果没有遇到任何挫折，就会像无法飞舞的蝴蝶一样，无法享受生命的美丽。

而蝴蝶只有彻底实现变态和变化后才能起而飞舞，成为世间的精灵。

在生活中，人们常常会舍近求远，四处去寻找梦寐以求的宝藏。而往往宝藏并不在远方，就在自己的身边，在人们的心里。

印度流传着关于一位生活殷实的农夫阿利·哈费特的故事。

一天，一位老者拜访阿利·哈费特，这么说道："倘若您能得到拇指大的钻石，就能买下附近全部的土地；倘若能得到钻石矿，还能够让自己的儿子坐上王位。"

钻石的价值深深地印在了阿利·哈费特的心里。从此，他对什么都不感到满足了。

那天晚上，他彻夜未眠。第二天一早，他便叫起那位老者，请他指教在哪里能够找到钻石。老者想打消他那些念头，但无奈阿利·哈费特听不进去，执迷不悟，仍死皮赖脸地缠他，最后他只好告诉他："您到很高很高的山里寻找淌着白沙的河。倘若能够找到，白沙里一定埋着钻石。"

于是，阿利·哈费特变卖了自己所有的地产，让家人寄宿在街坊家里，自己出去寻找钻石。

可是，上天似乎跟他开了一个很大的玩笑。

一天，买了阿利·哈费特的房子的人，把骆驼牵进后院，想让骆驼喝水。后院里有条小河。骆驼把鼻子凑到河里时，他发现沙中有块发着奇光的东西。他立即挖出来，原来是一块闪闪发光的鹅卵石，于是他把它带回家，放在了炉架上。

过了些时候，那位老者来拜访这个人，进门就发现炉架上那块闪着光的石头，不由得奔跑上前。

"这是钻石！"他惊奇地嚷道，"阿利·哈费特回来了？"

"不！阿利·哈费特还没有回来。这块石头是在后院小河里发现的。"新房主答道。

"不！您在骗我。"老者不相信，"我走进这房间，就知道这是钻石啊。别看我有些老了，但我还是认得出这是块真正的钻石！"

于是，两人跑出房间，到那条小河边挖掘起来，接着便露出了比第一块更光泽的石头，随后，他们在小河的附近又发现了一些天然的钻石。后经勘测发现：

小河周围的地下蕴藏着一个巨大的钻石矿。而那位去远方寻找宝藏的阿利·哈费特却一去不返。听说他沦落成一个乞丐，最后不知去向。

人们往往看不到自己心中的宝藏，无法认识到真正的“自我”，所以总是将眼前最好的东西轻易放弃，而最终的结果是什么也得不到。

人生的道路充满坎坷，因此跌倒也是在所难免的，差别只在有的人跌得轻，有的人跌得重。跌倒并不代表永远起不来，关键就看你想不想爬起来。如果你因为跌重了而不想爬起来，那么也不要期望别人来扶你，因为，一个丧失了信心的人，别人是无法扶起来的，只有你自己才可以帮你。

有一个经理，他把全部财产投资在一种小型制造业上。由于世界大战爆发，他无法取得他的工厂所需要的原料，因此只好宣告破产。金钱的丧失，使他大为沮丧。于是，他离开妻子儿女，成为一名流浪汉。他对于这些损失无法忘怀，而且越来越难过。到最后，甚至想要跳湖自杀。

一个偶然的机会，他看到了一本名为《自信心》的书。这本书给他带来勇气和希望，他决定找到这本书的作者奥里森·马登，请马登帮助他再度站起来。

当他找到马登，说完他的故事后，马登却对他说：“我已经以极大的兴趣听完了你的故事，我希望我能对你有所帮助，但事实上，我却无能为力。”

流浪汉听完后，脸立刻变得苍白。他低下头，喃喃地说道：“这下子完蛋了。”

马登停了几秒钟，然后说道：“虽然我没有办法帮助你，但我可以介绍你去见一个人，他可以协助你东山再起。”

刚说完这几句话，流浪汉立刻跳了起来，抓住马登的手，说道：“看在上帝的份上，请带我去见这个人。”

于是马登把他带到一面高大的镜子面前，用手指着镜子说：“我介绍的就是这个人。在这个世界上，只有这个人能够使你东山再起。除非坐下来，彻底认识这个人，否则，你只能跳到密歇根湖里。因为在你对这个人作出充分的认识之前，对于你自己或这个世界来说，你都将是个没有任何价值的废物。”

他朝着镜子向前走几步，用手摸摸他长满胡须的脸孔，对着镜子里的人从头到脚打量了几分钟，然后退几步，低下头，开始哭泣起来。

几天后，马登在街上碰见了这个人，几乎认不出来了。他的步伐轻快有力，头抬得高高的。他从头到脚打扮一新，看上去很成功的样子。

“那天我离开你的办公室时，还只是一个流浪汉。我对着镜子找到了我的自信。现在我找到了一份年薪3000美元的工作，我的老板先预支了一部分钱给我。我现在又走上成功之路了。”

他还风趣地对马登说：“我正要前去告诉你，将来有一天，我还要再去拜访你一次。我将带一张支票，签好字，收款人是你，金额是空白的，由你填上数字。因为你介绍我认识了自己，幸好你要我站在那面大镜子前，把真正的我指给我看。”

自信心是一个人做事情与活下去的支撑力量，没有了这种信心，就等于给自己判了死刑。只有自信才能使人克服人生中的一切困难，到达胜利的彼岸。

第九章　像蝴蝶一样快乐生活

蝴蝶是快乐的，蝴蝶“贪婪”地吸取着天空的芬芳、甘露的营养，在田园山水间翩翩起舞，在绿树红花中快乐吟唱。

像蝴蝶一样生活，快乐地生活，就需要改变自己的心态，让自己拥有快乐的生活态度。

快乐更是对生活的理解。富甲一国的人可能并不快乐，市场小贩却可能有他的快乐生活。有一颗平常的心，看世事无常，看沧桑变化，任你狂风又冷雨，我自逍遥。

生活在当今时代的我们要能无忧、无虑、平安健康地过日子还真不容易，一定要有点儿智慧的功力才行！生、老、病、死是生命的事实，任谁都无法逃避得掉，因此相聚时的缘分是不易的，本应好好珍惜。好友、同事，尤其是一家人，得彼此“惜缘”，但如果有一天到了无能为力的地步时，也必须要学会“看得透、舍得掉、放得下”才行！总之，顺境要感恩，逆境更要感恩。因为只有惊涛骇浪，才能激扬美丽的浪花，造就优秀的航手；只有天寒地冻时方显松树之苍劲。种种的苦，种种的难，都是要把你造就。因为有苦才明白乐的可贵，因为有灾难才能明白平安的可贵。有时，人要用心体会一下自己的幸福，而且要常感觉到知足、健康，才会快乐。看得透、舍得掉、放得下的人最潇洒了！

像蝴蝶一样，生活本是一种心情

生活就是一种心情，是一种挣脱羁绊的努力。

正像蝴蝶最终从蛹中幻化，成为舞动的精灵，差不多所有的生命体都要通过变化来维持生命和种族的延续。如果不是这样，那么就只能灭绝或者退化了。生活在这个世界上，就需要不断地提升自己的生活状态，生活的美丽需要美好的心情和美好的愿望。离开了美好的生活愿望，就不能让自身的发展成为自动的选择。

生活就是这样，好的生活状态不仅来源于自身不懈的努力，更来源于认真的选择。生活本身不仅是一种努力，更是一种心情，有了好的心情，那么还有什么不能克服呢？

人类在自然里找到了发展和进化的理念。自然积蓄的成果被人类所活用，根据自然的原理，我们试着创造性地模仿和改变。我们称它为“生态模仿”，这就是来源于自然的最高教诲。

人们每天都在追寻快乐的真谛，特别是成年以后，每每被一些问题困扰，经常失眠，想破头都得不出结论，于是自己痛苦不堪。后来释然，人活着只要快乐就好！

工作后，张华一直为生计奔波，走过很多的城市，见过各种风光。从北京到大连，从烟台到成都，又从上海到南京……直到有了一家自己的公司，暂时结束了这种颠沛流离的生活。

在别人眼里张华是奔波的，他们不能体会张华的快乐。朋友们也不明白张华为什么辞去一份体面的工作，过这种流离的生活。可张华却喜欢这种生活方式，轻松、自由、快乐。他想在最美的地方都留下足迹，人就几十年的生命历程，为什么不能生活得快乐一点？张华喜欢看不同地方的风景，了解不同的人文，吃不同的小吃，在喜欢的地方住一段时间……仅此而已。

越来越明白一个道理，人活着是一种心情！这个世界本来很简单，是我们把它弄复杂啦。接着来的就是痛苦，人之所以痛苦，是由于你没有按照你喜欢的方式生活。多数人是按照别人的要求生活，刻意改变，违背内心，所以痛苦！

我们从来没有思考过为什么做一些事情。比如为什么读书、为什么上学、为什么上班。但是我们一直这样生活，这是世袭的一种习惯。就像关在旋转笼子里的小白鼠，每天拼命地跑，不管多么努力，即便笼子再小，却始终也逃不出笼子。

有这样一个故事：一个打柴的老头走累了，在大树下乘凉，微风吹过，他感觉很舒服。这时有个好心的过路人问他："你为什么还不赶紧打柴去呢？" 老头说："打柴干什么呀？" 过路人说："打柴卖钱呀。" 老头说："卖钱干什么呢？" 过路人说："卖了钱，好买好吃的、好穿的，让你过上舒服的日子呀！" 老头就问过路人："那我现在干什么呢？我现在就很舒服呀！" 过路人无语。

现在的人都有一种时代病，就是累！解决累的根本方法就是要领悟活着是一种心情！

人活着就是一种心情！生活中，保持心理平衡的五大法则如下：

1. 真正重视"一个中心"，以健康为中心，权、名是一时的，财产是后人的，健康才是自己的。

2. 经常实践"两点"，糊涂一点儿，潇洒一点儿。

3. 充分认识"三个忘记"，忘记过去、忘记年龄、忘记恩恩怨怨；注意"三个不"，不要不服老、不急躁、不生气。

4. 努力做到"四乐"，进取有乐、知足常乐、助人为乐、自得其乐。

5. 处世求得"五然"，凡事顺其自然，遇事处之泰然，得意之时惕然，失意之时坦然，艰辛曲折是必然。

心情好，一切都好。因为有了好心情，你就会感觉每天的阳光都是灿烂的；因为有了好心情，人们的心灵便是相知的；因为有了好心情，便不再去埋怨一切的不公；因为有了好心情，便可以和朋友分享快乐，也愿意为他人分担忧愁……

像蝴蝶一样，安享自己的幸福世界

科学家指出，感官上的快感并不是幸福，只是欢乐，而那种无关紧要的恬淡才是幸福。坐看风云起起伏伏，坐拥幸福长长久久。平平淡淡的日子就随它平平淡淡地过，何必成为那欲望的俘虏。流水般的日子就让它流水般地走，何不把握这眼前的幸福……

拥有万卷图书的穷书生，并不想去和百万富翁交换钻石或股票；满足于田园生活的人也并不羡慕任何高官厚禄。

你的爱好就是你的方向，你的兴趣就是你的资本，你的性情就是你的命运。各人有各人理想的乐园，有自己所乐于安享的世界。

《伊索寓言》中有一个关于乡下老鼠和城市老鼠的故事。

城市老鼠和乡下老鼠是好朋友。有一天，乡下老鼠写了一封信给城市老鼠，信上这么写着："城市老鼠兄，有空请到我家来玩儿。在这里，可享受乡间的美景和新鲜的空气，过悠闲的生活。不知意下如何？"

城市老鼠接到信后，高兴得不得了，立刻动身前往乡下。到那里后，乡下老鼠拿出很多大麦和小麦，放在城市老鼠面前。城市老鼠不以为意地说："你怎么能够老是过这种清贫的生活呢？住在这里，除了不缺食物，什么也没有，多么乏味呀！还是到我家玩儿吧，我会好好招待你的。"

于是乡下老鼠就跟着城市老鼠进了城。

乡下老鼠看到那么豪华、干净的房子，非常羡慕。想到自己在乡下，从早到晚都在农田上奔跑，以大麦和小麦为食物，冬天还停在那寒冷的雪地上搜集粮食，夏天更是累得满身大汗，和城市老鼠比起来，自己实在太不幸了。

聊了一会儿，他们就爬到餐桌上开始享受美味的食物。突然，"砰"的一声，门开了，有人走了进来。他们吓了一跳，飞也似的躲进墙角的洞里。

乡下老鼠吓得忘了饥饿。他想了一会儿，便戴起帽子，对城市老鼠说："还是乡下平静的生活，比较适合我。这里虽然有豪华的房子和美味的食物，但每天都紧张兮兮的，倒不如回乡下吃麦子来得快活。"

说罢，乡下老鼠就离开城市回乡下去了。

幸福是一种感觉。一个人的处境是苦是乐全凭自己判断，这和客观环境并不一定有直接关系，正如一个不爱珠宝的女人，即使置身于极其重视虚荣的环境中，她的自尊也不会受到伤害。

幸福是一种感觉，各人有各人的理想和乐园，有自己所乐于安享的世界。你如果觉得好就好，你如果觉得不好就不好。生活固然有种种不如意，但更多的是幸福，很多时候是我们身在福中不知福，欲望太强，不知道知足长乐。好心情只有自己才能给自己。幸福也一样，也是自己给自己，如果你不能改变现状，就改变自己的心情。!

像蝴蝶一样，别让幸福从你身边溜走

幸福就像一只蝴蝶，当你追逐它时，它是难以到手的；但是，当你安静地坐下时，它却可能降落到你身上。

什么是幸福递减？其实它并不是幸福真的减少了，而是说心态不能满足了。当我们处在一个不好的环境中时，一些本来微不足道的东西就能让我们觉得幸福，在我们的感官上一些小东西就能给我们极大的满足感；但是当环境好了之后，这些小的需求已经得到满足了，再拿出这些小东西就不会激起我们的兴趣了，我们不会再觉得满足，当然就不会再觉得有幸福的感觉了。

"身在福中不知福"这句谚语依然响彻耳际，似乎人性的弱点是往往当一件幸福之事环绕自己时，人却变成是昧恩的了。幸福何许物也？每个人都有自我的一个标准，而你可曾想过，一个在茫茫无际的沙漠中徒步孤行、饥饿难耐的人意外地找到一片满是泉眼和瓜果挂满枝头的绿洲，对于那个人来说这无疑是天大的幸福。

或许时空的转换却使我们不得不重新审视那个在沙漠中获得“幸福”之人了。假若那人是生活在具备各种物质条件的生活圈中，那“绿洲”之福就显得微弱至极。当有种类繁多的瓜果、有滋味各异的饮料，在享受安拉恩赐之物时，是否还会想起在另类时空下，同样的恩典却有不同的感受呢？那可真是让幸福大打折扣了！

说得直白一点儿，这都是因为我们内心的变化引起了感觉的变化，山还是那座山，可是看见时的感觉就是不一样了。人处的环境越好，需求、欲望就会越高，对低等的物质、感觉的提供就越习惯，当你认为一些事情是理所当然的时候，肯定就不会觉得幸福了。

人都是有贪欲的，想要的东西越得不到就越想得到，千方百计才得到了就会觉得很高兴，但是得到的东西多了就会变成负担了。这时候，就会往更高的需求进发了，要不然就会觉得生活无趣，现在的一切都不能满足精神的需要了。

这样的例子不胜枚举。朱元璋在没当上皇帝之前曾沿街乞讨，每次讨回的都是些剩菜残羹，白菜、豆腐也成了最大的奢侈，也许他觉得那就是山珍海味。但当他摇身一变，当上了皇帝之时，每天享受的都是御厨掌勺的可口大餐，天南海北的风味一应俱全。有一天，吃腻了宫廷佳肴的朱元璋，回忆起当年乞讨到的白菜、豆腐的“佳美”，随即命御厨烹饪当年的“白菜豆腐汤”。当御厨奉上香气四溢的美其名曰“翡翠白玉汤”的时候，朱元璋品尝后却怎么也找不到当年那股“美味”了。

曾经那些救命的东西给皇帝带来了满足，它们本身的价值和作用一点儿都没有发生变化，只是因为时过境迁，往日的喜悦早就被各种物质满足了。习惯性的东西就不再奇怪了，不再有欣喜了。

所以我们想要活得一直幸福，就要学会感受幸福，不要让我们的感官麻痹了，失去了对幸福的敏感。经常思索幸福的意义，寻找幸福，记得幸福。

在走向富裕和幸福的生活时，请别忘记沙漠中的口渴，别忘记无鱼、无食、吃糠咽菜的三餐，别忘记又饿又累又病的日子，恒念物力维艰，常思一饭一粥来之不易，只有回忆过去的苦，才知现在拥有的甜。

在你们情感得到平稳发展的时候，不要忘记当时的困扰，只有常常感念当时的苦，回忆当时的甜，才能更珍惜今天的来之不易。

1620年，一批清教徒新移民踏上了美国的土地，结果他们面临的第一个冬天非常严酷，天气恶劣，农作物几乎绝产。

将近一半的清教徒移民在饥饿中死掉了，或者返回了英国。留下来的人们忍饥挨饿，虽然“主”告诉他们要诚信、不能偷窃，但是不少人为了谋生，不得不去偷窃。

当时，总督想尽了办法，想让大家熬过这场艰辛，最后他决定让人们在地里尽量多种玉米，希望能够获得好的收成。

清教徒们在英国就习惯于大家一起合作种田，然后把大家的收成全放在一起，按需分配，这也称为合作的农垦方式。

总督以为大家把土地放在一起，建立一个公有的社区，大家就都能过上快乐幸福的生活，结果却事与愿违，社区中产生了很多不满情绪。

在经历了三个饥荒的冬季后，1623年春，总督决定采取一种新的政策，他把土地分到每一家，让人们自己决定种植多少玉米。

结果证明这种做法是成功的，大家都有了劳动的热情，积极参与到劳动中去：妇女们也愿意下地劳动了，有的背上还背着孩子；原来以年老或者有病为借口不肯下地的人也愿意在自己私有的地里劳动，享受更多劳动的果实。这种做法使人们生产出的粮食比预期多，大家都非常满意。

1623年秋天，新移民们终于迎来了一个丰收的季节。于是，他们把每年11月的第四个星期四定为感恩节，用来感谢上帝和亲人、朋友以及自己。在感恩节这一天，人们在餐桌上可以吃到各种各样的水果，还有丰富的其他食物和果汁，其中，最引人注目的大菜是烤火鸡和南瓜馅饼。这种感激之心让每个美国人在感恩节时包括平常，都感到格外幸福和快乐。

幸福是需要提醒的，人们常常不知道幸福就在身边，真的得到了，幸福感就失去了。在事业上，我们要不断进取，得到更进一步的成功，取得不断的满足。在生活上，我们在不断向上的时候还要怀着感激之心，让我们得到的幸福更加持久。

像蝴蝶一样，心灵超脱就幸福

功成名就从一定意义上讲并不难，只要用勤奋和辛劳就可以换取，就是需要把别人喝咖啡的时间都用来拼搏。就一般情况而言，你多得一份功名利禄，就会少得一份轻松悠闲。而一切名利，都会像过眼烟云，终究会逝去，人生最重要的，还是一个温馨的家和脚下一片坚实的土地。

旷世巨作《飘》的作者玛格丽特·米契尔说过："直到你失去了名誉以后，你才会知道这玩意儿有多累赘，才会知道真正的自由是什么。"盛名之下，是一颗活得很累的心，因为它只是在为别人而活。我们常羡慕那些名人的风光，可我们是否了解他们的苦衷？其实大家都一样，希望能活出自我，能活出自我的人生才更有意义。

世间有许多诱惑：桂冠、金钱，但那都是身外之物，只有生命最美，快乐最贵。我们要想活得潇洒自在，要想过得幸福快乐，就必须做到：淡泊名利享受，割断权与利的联系，无官不去争，有官不去斗；位高不自傲，位低不自卑，欣然享受清心自在的美好时光，这样就会感受到生活的快乐和惬意。否则，太看重权力地位，让一生的快乐都毁在争权夺利中，那就太不值得，也太愚蠢了。

学会以淡泊之心看待权力地位，乃是免遭厄运和痛苦的良方，也是得到人生幸福和快乐的智慧所在。要平和地对待生活中的每一件事，要善意地对待周围的每一个人，要永远保持一种真诚、友爱、宽容、健康的心态，用心去感受生活对我们的哪怕是极其微小的恩赐。

从前，在迪河河畔住着一个磨坊主杰克，他是英格兰最快活的人。杰克从早到晚总是忙忙碌碌，同时像云雀一样快活地唱歌。杰克是那样的乐观，以至"感染"了周围的人，他们也都乐观起来了；这一带的人都喜欢谈论杰克愉快的生活方式。有一天，国王也听说了杰克，于是说:“我要去找这个奇怪的磨坊主谈谈，也许他会告诉我怎样才能快乐。”

他一迈进磨坊，就听到磨坊主杰克在唱:“我不羡慕任何人，不羡慕，因为我要多快活，就有多快活。”

“我的朋友，”国王说，“我羡慕你，只要我能像你那样无忧无虑，我愿意和你换个位置。”

杰克笑了，给国王鞠了一躬:“我肯定不和您调换位置，国王陛下。”

“那么，告诉我，”国王说，“是什么使你在这个满是灰尘的磨坊里如此高兴、快活的呢？而我，身为国王，却每天都忧心忡忡，烦闷苦恼。”

杰克又笑了，说道:“我不知道你为什么忧郁，但是，我能简单地告诉你我为什么高兴。我自食其力，我爱我的妻子和孩子，我爱我的朋友们，他们也爱我。我不欠任何人的钱。我为什么不应当快活？这里有这条迪河，每天它使我的磨坊运转，磨坊把谷物磨成面，养育我的妻子、孩子和我。”

“不要再说了。”国王说，“我羡慕你，你这顶落满灰尘的帽子比我这顶金冠更值钱。你的磨坊给你带来的，要比我的王国给我带来的还多。如果有更多的人像你这样，这个世界该是多么美好啊!”

幸福直接与我们自己的心灵有关，而与世俗的一切，与一切的物质都没有什么必然联系。

不要以为幸福直接等于金钱，不要以为幸福直接等于情爱，不要以为幸福就是香车宝马、功名利禄，不要以为幸福直接就是随心所欲、无法无天；幸福是另外的东西，是有灵性的东西，是需要有微妙对应的东西。只有懂得收藏才会懂得品味，只有懂得品味才会抓住幸福。其实，对于大多数人来说，在和平年代里，在家境平安的情况下，只要内心充满阳光，一心一意地享受世界的精彩，就已经是幸福了。

像蝴蝶一样，永远保持活力和激情

蝴蝶为了展开美丽的翅膀，历经残酷的蜕变。同样，人类为了自身的完善，也必须经历变化，这就是自然的秩序和原理。

从完全蜕变的蝴蝶身上我们可以学到，只有完全的变化才能带来完全的成功。

蝴蝶从幼虫阶段开始先后要经历五次蜕皮。为了适应身体的逐渐成长，每次都要经历痛苦的蜕变。而为了成功地实现脱变，激情是内在的动力。

达到最佳的工作状态需要激情，激情之于工作，就是要保持高度的自觉，满腔热情、全力以赴地完成内心渴望完成的工作。

是什么激发了一个人为了完成工作可以面对任何困难而毫不退缩？可以几天几夜不眠不休？可以承受几年甚至更长的时间去做琐碎细致的工作而一直追求卓越？可以不惜一切代价地去做事，不达目的绝不罢休？可以面对无数次拒绝但仍然不会放弃？——是工作的激情。

激情是工作的灵魂，甚至就是工作本身。激情是不断鞭策和激励我们前进的动力，对工作充满高度的激情，可以使我们不畏惧现实中所遇到的重重困难和阻碍。激情是一种强劲的情绪，一种对人、事、物和信仰的强烈情感。激情甚至可以改变历史，多少伟大的爱情故事、多少历史的巨大变革，莫不与激情息息相关。

比尔·盖茨说过："每天早晨醒来，一想到所从事的工作和所开发的技术将会给人类生活带来巨大的影响和变化，我就会无比兴奋和激动。"正是这种激情激励他创立了微软公司——世界上最著名的公司之一，使个人电脑在世界上得以普及。

在所有伟大成就的取得过程中，激情是最具有活力的因素。每一尊震撼人心的雕塑、每一项改变人类生活的发明、每一幅精美的书画、每一首伟大的诗篇以及每一部让世人惊叹的小说，都是激情的人创造出来的奇迹。最好的劳动成果总是由头脑聪明并具有工作激情的人完成的。

对于职场中的人来说，当你正确地认识了自身价值、能力及担负的社会责任时，当你对自己的工作感兴趣，感到个人潜力得到了发挥时，你就会产生一种义务感，并产生一种巨大的精神动力，即使在各种条件比较差的情况下，也不会放松对自己的要求，反而会更加积极主动地提高自己的各种能力，创造性地完成自己的工作。这就是对工作充满激情者的表现。

在工作中，缺乏激情的人缺乏信心，没有将问题变成解决方案的能力，对工作团队及自己扮演的角色缺乏投入，不愿迎接挑战，不愿承担高风险，缺乏成就感，无法受人依赖。

有三个人做了这样的一个小游戏：同时在纸片上把他们认为对工作最有激情的人的名字写下来，还要解释为什么选这个人。

结果公布后，第一个人解释了他为什么会选择他所写下的那个人："每次他走进房间，给人的感觉都是容光焕发，好像生活又焕然一新。他的性格热情活泼，乐观开朗，总是非常振奋人心。"

第二个人也解释了他的理由："他不管在什么场合，做什么事情，都是尽其所能、全力以赴。"

第三个人说："他对一切事情都尽心尽力。"

这三个人是美国几家刊物的记者，他们互相看了对方纸片上的名字之后，发现他们竟然不约而同地写上了澳大利亚墨尔本一位著名律师的名字，这正是因为这个律师拥有无与伦比的对工作的激情。

只有那些对工作有真正激情的人，才有可能把工作做得最好。

激情，使我们的决心更坚定，使我们的意志更坚强，它给思想以力量，促使我们立刻行动，直到把可能变成现实。

一个人如果仅仅是勉强完成任务，那么，他做起事来就会马马虎虎，稍遇困难就会打退堂鼓，很难想象这样的人能始终如一地高质量地完成自己的工作，更别说能做出创造性的业绩了。如果你不能将自己的全部身心都投入到工作中去，你就难以得到成长和发展的机会，无论做什么工作，都可能沦为平庸之辈。

我们的生命，一半是给工作的，如果我们对工作没有激情，工作就会变成无休止的苦役，这是一件非常可怕的事情。

我们完全有可能在平凡的工作中点燃我们对工作的激情，如果把工作看作是创造力的表现，那么一个教师就会以导演的热情讲好她的每一堂课；一个记者就会以探索的视角去看待他报道的新闻事实；一个厨师就会以艺术家的执著去配制他一流的拼盘……

工作的激情，不在于工作本身有趣与否，而在于我们有没有激情投入到工作中去。许多工作，正是因为我们没有投入，也就发现不了其中的乐趣，当然就不会有激情了。不妨做个这样的试验，在这个时间段里，分别以积极的态度和消极的态度去做手头的工作，你会发现再枯燥的工作，只要你努力去做，也会变得有趣起来；而再有趣的工作，如果你兴味索然地去干，也会变得了无生趣。工作的激情，取决于我们的心态，这就是工作的哲学。

像蝴蝶一样，让快乐赶走坏心情

为了破茧成蝶，幼虫在大树上艰难地攀爬。让我们来一起体会一下它们的心情：幼虫打破自己现有的成长状态，不顾成功与否和处境安危，毅然选择了茧的生活。这需要多么大的勇气？幼虫仅仅是为了一个希望，就将自己的身体层层捆住，将自己置于黑暗之中，心静如水，宛如安详的睡眠。

“我心有蝴蝶，任何人都抹杀不了我心中的蝴蝶，我要变成蝴蝶。”在幼虫的心中，没有对过去的悔恨，没有对未来的不安，有的只是面对“目前状况”的平和。

印度大文豪泰戈尔说：“世界上的事最好是一笑了之，不必用眼泪去冲洗。”英国大戏剧家莎士比亚说：“我愿意扮演一个小丑，在嘻嘻哈哈的欢笑声中老去；我宁可用酒温暖胃肠，不用悲哀的呻吟声去冰冷自己的心。”

我们都希望天天拥有一份好心情，但在实际生活中，我们却常常被坏心情笼罩。

失恋、被老板炒鱿鱼、生意失败、股票套牢、没评上职称、与邻居吵架……这些都会使我们变得郁郁寡欢。有时一件鸡毛蒜皮的小事，也会立刻击垮我们，让我们眉头不展。

坏心情是有害的。首先，它会损坏我们的健康。坏心情会使一个女人老得更快，会使我们的表情难看、皱纹增多、头发脱落，会使我们情绪低沉，得抑郁症，甚至精神崩溃，它也会缩短我们的寿命。得过诺贝尔奖的医学博士亚力西斯·柯瑞尔说:“不知道怎么抗拒忧虑的人，都会短命而死。”

一位西方人说:“烦恼是具有最大破坏性且不利于健康的心理恶习。”

因此，我们必须战胜坏心情，要设法摆脱坏心情的纠缠。

卡耐基说过，在我们的生活当中，约有90%的事是好的，10%的事是不好的。如果你想过得快乐，就应该把精神头放在这90%的好事上面；如果你想痛苦，你就把精神头放在那10%的坏事情上吧。

读读俄罗斯伟大诗人普希金的诗吧：当生活欺骗了你时，不要悲伤，不要心急；在苦恼时要善于忍耐，一切都会过去，未来是幸福美好的。生活中不可能没有痛苦和悲伤，欢乐不会永远被忧伤掩盖，快乐的日子终会到来。我们应该像诗人那样，以乐观积极的心态，微笑应对生活中一切令人不快的事。这样我们才能天天都快乐。

坏心情会降低我们的生活质量，影响我们的工作效率，还会破坏和谐的人际关系。古语说:“一人向隅，举座不欢。”你垂头丧气，周围的人也很难高兴起来。

这是一个贪婪的年代，人们的心里总充满着诸多的欲望。

车子是不是该换了？如果股票继续下跌，我该如何是好？这个月的工资涨了没有？什么时候能拿到钱？这些想法总会把人搞得精疲力竭。

人生好像一条河，有其源头，有其流程，有其终点，不管有多长，最终也要到达终点，流入海洋。人生终有尽头，活着的时候，少点儿欲望，多一点儿快乐，有什么不好！

人生中的许许多多，没什么好争执，好埋怨的。在活着的时候，少点儿欲望，多些快乐吧！

快乐在于思想和心想，你思想快乐，心想快乐，就可以快乐。

你思想、心想快快乐乐地过一天，这一天你就会快快乐乐。没有任何人、事、物可以阻挡你快快乐乐。快乐的生活、快乐的人生是由快乐的思想、快乐的心想决定的。

心想事成，心想乐成。主观意志会对人的价值取向产生重大影响。

飞船可以上天，世界可以联网，快乐也可以实现，只要你敢去想。

坐在同一车厢的人，走在同一街道的人，进入同一会场的人，甚至彼此如此贴近的前后排队的人，看起来生命是全无相关的，是全然陌生的，可是多年后，你们相识了，你发现“巧合”和“偶然”编织了奇妙的人生。

有时候，我们可能认为认识某一个人，或发生某一件事，只是单独的事件，甚至觉得若不要认识、不要发生，不知道该有多好！

可是多年后，人生的答案揭晓了！

原来出现的人、出现的事在过程中都有着非常重要的意义。

我们也许会迷上自己的人生。细数自己曾经认识的人，回想曾经遭遇的难题，便想了解其中的因缘关系，想领悟其中的意义。

像蝴蝶一样，养成快乐的习惯

像蝴蝶一样快乐，不仅仅是看到快乐的表面，更要知道化蝶的艰难，对于幼虫来说，虫茧意味着遥遥无期而不可预知的黑暗，也许虫茧就是幼虫感到恐惧的对象吧！如果幼虫在这样的恐惧当中，不能彻底地抛开自己，不能勇敢地面对恐惧，那么它们将永远不能蜕变为真正的蝴蝶。战胜恐惧才能化蝶！这就是获得快乐的源泉！

一个忧郁的人，是因为习惯了忧郁，所以总是忧郁。如杞人忧天——杞人就是习惯了忧郁的人，忧郁的人凡事都忧郁。

一个快乐的人，是因为习惯了快乐，所以总是快乐。如有的人总是乐呵呵，这是习惯了快乐的人，快乐的人凡事都快乐。

快乐是一种习惯，忧郁也是一种习惯。快乐的好习惯可以建立，忧郁的坏习惯可以改掉。改掉忧郁的坏习惯，从建立、培养快乐的好习惯开始。快乐的好习惯建立之日，就是忧郁的坏习惯改掉之时。

养成快乐的习惯，虽然不是一朝一夕的事，但只要坚持下去就可以达到目标。遵循快乐之道、快乐法则，在潜意识里经常暗示自己，在显意识中一点一滴做起。久而久之，习惯的巨大力量主导了你的思维、情绪和行为，你就会从一个有忧郁习惯的人，转变成有快乐习惯的人。这也就是品牌需要注册，才能价值连城的道理。

世界不会挖空心思讨我们的喜欢，生活也就是在许多的辛苦和烦恼中滋长和存续的。

人生并不会一直照我们的意思进行。钱钟书老先生有个很形象的比喻：快乐是哄小孩吃药的方糖，是挂在狗鼻子上的骨头。“快乐”的“快”字也表现出了它的短暂性。

不管我们喜不喜欢，这是人生的一个宝贵真理。几千年来，哲学家在争论，人生为什么这样进行？但是，这不是我们的重点，我们在乎的是人生如何进行。假如我们不了解人生，只依样照单全收，永远解决不了问题，我们将会埋怨万事不由人。

人生没有十全十美的事。人生都要留下缺憾。所以，要学会接受、面对、包容。无论现在有多美好或有多困烦，要懂得逆顺无常、祸福相依的道理。我们怎样面对这艰苦的人生呢？勇气是必要的。我们会变成什么样的人不是依靠人生的际遇，而是依靠我们的决心。有些人受外在环境的制约、控制，若凡事顺利，他们就直上云霄；若遭遇困难，他们就跌入深渊。掌握他们命运的仿佛是星座、命运、偶然、风向或其他人力不可掌握的事物。他们不了解悲惨的情况降临到我们身上时，下决心的机会也会同时来到。我们或决定卑微屈服，或决定昂首面对。我们之所以决定要昂首面对，是因为我们是乐观的、我们坚信明天会更好。这就是乐。苦中之乐，也是最经得起考验的、历久弥香的乐。当你看到美好的前程时——当然是以你有勇气作为基础的，你就解脱了自我，寻找到了快乐。当然，最大的快乐还是在你的美好理想得以实现时得到的。

懂得人生真谛的人，便会领悟欢乐的所在。我们不可能没有烦恼，但不要被它所绑架，所控制；我们也不可能没有痛苦，但不要被痛苦所缠绕，所束缚。欢乐就是在战胜痛苦、走出烦恼中滋长和存续的。

人也有“品牌”。在日常生活中，相信你也听过某某人“很好”，某某人“很坏”的评语。这就是人的“品牌”或曰“口碑”。

人们往往容易对某事某人产生刻板印象甚至个人好恶：认为“矮人多心计”，这就是刻板印象，因为多心计的大块头也不少；喜欢留长发的女孩，讨厌活泼开朗的女孩，这就是个人的好恶。刻板印象和个人好恶会影响一个人对他人的评价，这是无可奈何的事，但我们仍应在这两个因素之外，努力创造自己的“品牌”，尤其是你希望的“品牌”。

打造自己的名声，塑造自己的“品牌”。需要我们从自己的德行开始。树立良好的形象，这样才能使人们写出好的评语，为我们的人生制造出一片晴朗的天空。

人是否拥有快乐，并不是由财富的多少来决定的。由衷的快乐是来自于分享与付出，肯让你周围的人都能因为你而快乐，这才是一个人所拥有的真正的快乐。

人世间，不劳而获的事情终究太少太少。即使幸运之神降临在你的身边，你在取得之前，还是要先学会付出。

有个故事说，某人在沙漠中穿行，遇到暴风沙，迷失了方向。两天后，烈火般的干渴几乎摧毁了他生存的意志。沙漠仿佛是一座极大的火炉，要蒸干他周身的血液。绝望中的他却意外地发现了一间废弃的小屋。他拼足了最后的气力，才拖着疲惫不堪的身子，爬进堆满枯木的小屋。定睛一看，枯木中隐藏着一架抽水机，他立刻兴奋起来，拨开枯木，用抽水机开始抽水。但折腾了好大一阵子，也没能抽出半滴水来。绝望再一次袭上心头，他颓然坐地，却看见抽水机旁有个小瓶子，瓶口用软木塞堵着，瓶上贴了一张泛黄的纸条，上边写着：你必须用水灌入抽水机才能引水！不要忘了，在你离开前，请再将瓶子里的水装满！他拔开瓶塞，望着满瓶救命的水，早已干渴的内心立刻爆发了一场生死决战：我只要将瓶里的水喝掉，虽然能不能活着走出沙漠还很难说，但起码能活着走出这间屋子！倘若把瓶中唯一救命的水倒入抽水机内，或许能得到更多的水，但万一汲不上水，我恐怕连这间小屋也走不出去了……最后，他决定把整瓶的水全部灌入那架破旧不堪的抽水机里，接着用颤抖的双手开始抽水……水真的涌了出来！他痛痛快快地喝了一顿，然后把瓶子装满水，用软木塞封好，又在那泛黄的纸条后面写上：相信我，这绝对是真的。

几天后，他终于穿过沙漠，来到绿洲。每当回忆这段生死历程，他总要告诫后人：在取得之前，要先学会付出。

人生中，在通往成功和富足的路上，我们往往并不是缺少机遇，而是无法好好地把握它。生活有着它丰富的内容，它也会以多种方式给予你无尽的快乐。只是有些人一开始就有些误解，总以为只有从生活中索取才能使一个人快乐。站在生活这一繁琐的课题面前，我们应该明白一个道理，那就是给予比接受更令人快乐！

这一年的圣诞节，保罗的哥哥送给他一辆新车作为圣诞礼物。

圣诞节的前一天，保罗从他办公室出来时，看到街上一名男孩在他闪亮的新车旁走来走去，触摸它，满脸羡慕的神情。

保罗饶有兴趣地看着小男孩，从他的衣着来看，他的家庭显然不属于自己这个阶层。就在这时，小男孩抬起头，问道："先生，这是你的车吗？"

"是啊，"保罗说，"我哥哥给我的圣诞节礼物。"

小男孩睁大了眼睛："你是说，这是你哥哥给你的，而你不用花一美元？"

保罗点点头。小男孩说："哇！我希望……"

保罗认为自己知道小男孩希望的是什么，他希望有一个这样的哥哥。

但小男孩说出的却是："我希望自己也能当这样的哥哥。"

保罗深受感动地看着小男孩，然后他问："要不要坐我的新车去兜风？"

小男孩惊喜万分地答应了。

逛了一会儿之后，小男孩转身对保罗说："先生，能不能麻烦你把车开到我家前面？"

保罗微微一笑，他理解小男孩的想法：坐一辆大而漂亮的车子回家，在小朋友的面前是很神气的事。但他又想错了。"麻烦你停在两个台阶那里，等我一下好吗？"小男孩跳下车，三步两步跑上台阶，进入屋内，不一会儿他出来了，并带着一个显然是他弟弟的小孩，因患小儿麻痹症而跛着一只脚。他把弟弟安置在下边的台阶上，紧靠着坐下，然后指着保罗的车子说："看见了吗？就像我在楼上跟你讲的一样，很漂亮，对不对？这是他哥哥送给他的圣诞节礼物，他不用花一美元！将来有一天我也要送你一部和这一样的车子，这样你就可以看到我一直跟你讲的橱窗里那些好看的圣诞节礼物了。”

保罗的眼睛湿润了，他走下车子，将小弟弟抱到车子前排座位上，小弟弟的哥哥眼睛里闪烁着喜悦的目光。于是三人开始了一次令人难忘的假日之旅。

在这个圣诞节，保罗明白了一个道理：那就是给予比接受更令人快乐。

事情往往是这样，当你是接受方的时候，你只能体会到一个人的快乐，如果你是给予者，你自己会快乐，同时接受的人也会快乐，这样你就拥有了双重快乐。

像蝴蝶一样，保持和气享受家庭快乐

生物学家有感于化蝶过程中蝴蝶所承受的痛苦，想帮助蝴蝶顺利地通过茧子。蛹上有一个比针眼儿略微大的窟窿，而蝴蝶正是从这个窟窿中艰难冲出，来到世上。

这个过程中，蝴蝶忍受了何其巨大的煎熬和痛苦。

这位生物学家用剪刀剪大茧上的洞口，希望蝴蝶可以通过剪大的洞口，轻松地来到这个世上。蝴蝶轻松地来到了世间，这种快乐难以言表。

有人将家庭比作避风的港湾，有人将家庭比作温暖的火炉，也有人将家庭比作温馨的摇篮。这些都说明了一个道理：人人都关注家庭，人人都渴望拥有一个和谐幸福的家庭。古也罢，今也罢，大凡一个人生活的乐苦，心情的好坏，乃至事业的成败，都与家庭是否和美紧密相关。家庭，对于每个人来说都得之不易。

如果你要保持家庭生活快乐，就要让自己保持和气。中国有两句老话：安居乐业、家和万事兴。家，恰如其表，它就像是一把保护伞，替我们挡风遮雨，祛暑避寒！“妻贤夫兴旺，母慈儿孝敬，众人拾柴火焰高，十指抱拳力千斤。”

家庭和睦对一个家庭的健康发展，一个人的顺利成长具有不可替代的作用。家和万事兴，中国人就认这个理。我们都在追求富足的生活，希望自己拥有一个幸福、和睦的家庭，而对于一个国家来说，国家就是一个大家庭，大家庭和睦，国家才能强盛、富裕。“家和”真的很重要，因为只有“家和”，才能“万事兴”。“和”是手段，“兴”是目标。我们的生活就是为了安康、幸福和美满。

纵观那些成功的家庭，男人事业的兴盛和发达，背后无不有一个默默无闻的贤内助在支持着，这样的事例不胜枚举。而一个女人每日光彩的笑容总是和她丈夫的体贴和关怀息息相关。

小蔡是个幸运的人，因为她嫁了一个好老公。她丈夫是一个公司的经理，工作繁忙，但是他从来没有要求小蔡必须照顾家庭，照顾他，而是处处兼顾小蔡的需求，让她干她自己喜欢干的事。现在小蔡还在读硕士学位，在学校里，她的压力在她的笑容中是看不到的。从她的笑容中能感受到她在享受做一个女人的幸福，她说虽然丈夫对她没有要求，但是她也要体谅他工作的辛苦，尽可能地帮助丈夫解决在生活和事业上的困难。但是她在学业上并不是停步不前的，在快乐中她依旧迎风飞翔，她热爱自己的专业，而且在这方面做得很好，她还是自己所在学校百年校庆庆典上学生代表的发言者，这些荣誉是每个人都艳羡的。但是她并没有忘记去照顾自己的丈夫。有一次，小蔡的丈夫出差回来，刚好是在她忙完学校公派的事情之后，她立刻脱下工作服，不顾劳累，精心打扮后去迎接他。而她的丈夫一方面为她的成就感到骄傲，另一方面在得到她的爱之后又激起奋斗的动力。虽然有时候他们也会拌嘴，但是他们的关系总体上是和谐的，他们在一种相互欣赏中共同进步。他们的婚姻是成功的，是“家和万事兴”的一个典型。

“家和”，就要做到：

1．不要让婚姻成为爱情的坟墓

“婚姻是爱情的坟墓”，这一句俗语对于现代人来说已经不再新鲜了，并且有不少人都把它当作一句至理名言，在走进婚姻殿堂的时候不免有些战战兢兢，生怕婚前的甜蜜和温馨被婚后生活的琐碎所替代。

确实，婚姻是两性感情的一个里程碑，也是恋爱时期感情的结束，走进婚姻的人们，需要的是另外一种爱情。这种爱情已经失去了很多包装、虚幻和浪漫，而是多了更多的平淡和真实。它要求双方对他们的感情做进一步的接触，需要更亲密的关系，需要更稳定的关系，需要的是另外一种更亲密的爱情，从而作出把各自的生活完全重叠的决定。结了婚的男人无法再像往日一样，保持自己的完全独立，或者回到自己父母的家中，寻求父母的慰藉。女人也不能再像恋爱时那样春风得意，衣来伸手，饭来张口般受男人宠爱。反之，我们要面对工作和日常生活中遇到的一切烦琐的事情和不快的矛盾，也许我们会争吵，会大动肝火，闹得家庭鸡犬不宁。当我们真实地面对生活，包括无数的挫折和风雨，也包括柴、米、油、盐的生计安排时，我们也许会有一种挫折和气馁的情绪产生。这似乎再一次印证了“婚姻是爱情的坟墓”的说法。“婚姻本身是无所谓好坏的，成败全在于你。”婚姻的目的是为了建立一个新的家庭，延续你的爱情，并为你的爱情果实建立一个储存地。在现实中，夫妇婚后感情与日俱增，两情愉悦，恩爱有加，在于夫妻俩爱情之花常开不败的例子也很多。究其原委，全在于夫妻感情巩固、发展得法，追求一种平淡、恬然的生活。当然只要你善于经营你们的这种亲密而现实的爱情，你们的爱情就会继续发展、升华，绝不会被扼杀在婚姻的摇篮中。

2. 不要让子女在第一起跑线上错位

一个孩子呱呱落地，是从一个家中诞生，来到这个世界的。当他睁开惺忪睡眼，第一眼看到的可能就是他的家、他的父母。家是子女的第一起跑线，家庭氛围对子女的成长是至关重要的。家庭是爱的学校，是塑造子女健全人格的第一环境，是父母与孩子共同学习，一起成长的发展空间。如果这个家庭被吵架、暴力、酗酒、婚外情等包围，孩子无疑会受其影响。若夫妻感情不和，家庭气氛紧张，父母不仅无心照顾孩子，甚至还会将孩子当作“出气筒”。这种家庭氛围会使孩子感情上很痛苦，精神上很压抑，健康和智力都会受到严重影响。心理学研究表明，从小就生活在气氛紧张的“缺陷家庭”中的孩子，智商一般较低，而且存在不少心理问题；而生活在恩爱和睦家庭中的孩子，不但心理比较健康，而且智商也较高。美国一位心理学家通过对一些独生子女调查发现：家庭气氛和睦、常有笑声相伴的家庭，孩子的智商都比不和睦家庭孩子的智商高。

父母离异往往会在孩子的心里投下阴影，容易造成孩子压抑、自卑、孤僻、冷漠的性格。单亲家庭的孩子，因为受父母离异的影响，致使心里多憎恨、少爱心，由于心理发育还不成熟，容易受伤害而变畸形，如不加以小心呵护，最终很有可能会走上犯罪道路。离异双方如果能正确处理个人感情以及孩子教育的问题，无疑对孩子是有好处的。

做人要有为人和善的“心眼”，在社会交往中要和气，在家庭中更要和气，人性和善是美丽的一面，同时更是赢得尊重的一种方式。调整自己的心境，发挥它的优点，世界才会变得更美好。

像蝴蝶一样，把快乐种在心里

蝴蝶之所以美丽，不仅是因为它拥有五彩斑斓的美丽外表，更是因为它赋予了生命更美丽的注解。

历经艰辛、破茧而出的蝴蝶，在其短暂的生命时间里，用最美丽的姿态完成自己一生的飞翔，这正是所谓的“蝴蝶精神”。快乐就好比是一个魔方，它不仅给任何年龄的人带来勃勃生机和活力，更能让萎靡者发现生命的动力，让默默耕耘者在无意中收获，让脆弱者变得坚强，让强者更富有韧性，让智者在哲理中享受。

在很久以前，田野里住着田鼠一家。在秋天来临的时候，田鼠们开始忙着储藏过冬的食物，只有一只叫托雷的田鼠例外。

这只田鼠不但收藏食物，还收藏其他东西。其他田鼠问:“托雷，你怎么收集其他不相干的东西呀?”托雷说:“这些也是过冬必须储藏的!”“那么，你还收藏了些什么东西过冬呢?”“我收藏阳光、色彩和单词。”

那些田鼠听完之后，都哈哈大笑起来，它们觉得托雷是在开玩笑，也不理会它，继续干自己的活。托雷也不在意其他田鼠的嘲笑，继续工作。

转眼之间冬天就来了，天气也变得越来越冷了。田鼠们躲在家里很无聊，这时有只田鼠想起了托雷，它们准备到托雷家看看。

到了托雷家后，田鼠们问:“托雷，你怎么过冬的，你不是说你收藏了其他东西，给我们看看好吗?”托雷说:“那你们先闭上眼睛。”虽然觉得有些奇怪，但田鼠们还是都闭上了眼睛。

这时，托雷慢慢地拿出了自己的第一件收藏品，说:“这是我收藏的阳光。”顿时，黑暗的洞穴变得明朗起来，田鼠们都感觉到了一丝温暖。

田鼠们都感到十分奇怪，便问："有没有色彩呢？""当然有。"托雷回答说。于是就开始给它们描述红色的花朵，绿色的树叶，蓝色的大海，金色的稻谷，说得惟妙惟肖，田鼠们仿佛真的看到了五彩缤纷的世界。

田鼠们觉得又惊又喜，问道："托雷，还有什么能给我们拿出来看看吗？"于是，托雷给田鼠们讲了许多故事，田鼠们都听得入了迷。听完托雷的故事后，田鼠们都兴高采烈，欢呼雀跃，它们说："托雷，你真是一个诗人！"

对于生存来说，精神力量和物质储备都同样重要。收藏阳光、色彩和单词，收藏夏季最美丽的景象，等到严冬来临之际以此温暖我们的身心，这是多么简单的道理，却又是多么实在啊！

所以，想要让我们的心情开朗，一个最简单的办法就是打开自己郁闷的心房，让阳光进来。凡事只需换一个角度，我们的生活就会永远充满阳光。

华罗庚少年时生活十分拮据，在求学时经常仅以一碗面条来充饥，别的同学问他："一碗面条怎么能够吃呢？"华罗庚笑着说："这哪是一碗面条，这是几百根面条哩。"一碗面条可以等同几百根面条，那些苦差事、累事、烦心事，难道没有美好的一面吗？

若是没有严冬，我们如何才能体会夏季的美丽？若丈夫不爱偷懒，如何体现出女人不可或缺的地位？若妻子不要小脾气，如何体现男人的大度？若没有小人，我们的品行有何夸耀之处？

凡事不要总是盯着负面，这样等于将阳光关在心灵的窗外。我们要永远相信和理解生活中美好的东西，永远保持充沛的活力和乐观的情绪，那么快乐就会永远围绕着你。快乐并不是遥不可及的东西，重要的是在你的心里留给快乐一块田地。

对于任何事情以及经验，它们的正面和负面的意义都是同时存在的，把事情和经验转为绊脚石还是踏脚石，完全由你自己决定。每一个人都可以通过改变思想去改变自己的情绪和行为，从而改变自己的人生。我们每天遇到的事物，都包含成功快乐的因素，取舍全由个人决定。

每个人的生活都是独特的，他们有自己独特的权利，任何人没有权力来干涉这种自由意志。

像蝴蝶一样，让快乐的钥匙放在手心

庄周梦见自己变成一只蝴蝶，飘飘然，十分轻松惬意。这时他全然忘记了自己是庄周。一会儿醒来，他对自己还是庄周十分惊奇疑惑。

不知是庄周做梦变成蝴蝶呢，还是蝴蝶做梦变成庄周？简单的一个故事，表现了一种人生如梦态度，又把形而上的“道”和形而下的庄周和蝴蝶的关系揭示了出来。

形而下的一切，只是道的物化而已。不论是庄周还是蝴蝶，本质上只是虚无的道，这中间是没有什么区别的。

李商隐在《锦瑟》里写道：“锦瑟无端五十弦，一弦一柱思华年。庄周晓梦迷蝴蝶，望帝春心托杜鹃。沧海月明珠有泪，蓝田日暖玉生烟。此情可待成追忆，只是当时已惘然。”其中的“庄周晓梦迷蝴蝶”就是说的这一典故。

有一个人一直管不好自己的钥匙，经常不是弄丢了，就是忘了带，要不就是反锁在门里。后来他想老是撬开门也不是个办法，所以配钥匙时便多配了一把，放在隔壁邻居家。他以为这下可以无忧无虑了。没想到有一天他又忘了带钥匙，恰好隔壁的人也都出去办事了，于是他又吃了闭门羹。后来，他干脆又在另一边邻居那里也放了钥匙。他在外边存放的钥匙越多，他对自己的钥匙也就管理得越松懈，为保险起见，他干脆在所有可以拜托的邻居家都存放了钥匙，但最后就变成——有时候，他的家所有的人都进得去，却只有他进不去，因为所有的人手中都有他家的钥匙。

以上这个故事，很耐人寻味。在现实生活中放弃自己的权利，让别人来决定自己生活的人实在不少。他们把自己求学、择业、婚姻……所有的问题统统托付给他人，失去了自我追求、自我信仰，也就失去了自由，最后变成了一个毫无价值的人。人生最大的损失，莫过于失掉了自我的乐趣。

另外还有一个故事：有一位年轻的画家把自己的一幅佳作送到画廊里展出，他别出心裁地放了一支笔，并附言："观赏者如果认为这画有欠佳之处，请在画上作上记号。"结果画面上标满了记号，几乎没有一处不被指责。这位画家的心情很糟糕。他找到了他的老师，把自己的遭遇告诉老师。老师叫他画了张同样的画拿去展示，不过这次附言与上次不同，请每位观赏者将他们最为欣赏的妙笔都标上记号。结果，当画家再取回画时，看到画面又被涂满了记号，原先被指责的地方，却都换上了赞美的标记。

年轻的画家这次并没有狂喜。因为他明白了一个道理：自己的情绪不应该由别人来操纵。

专栏作家哈理斯和朋友在报摊上买报纸，朋友礼貌地对报贩说了声"谢谢"，但报贩却冷口冷眼，没发一言。

"这家伙态度很差，是不是？"他们继续前行时，哈理斯问道。"他每天晚上都是这样的。"朋友说。"那么你为什么还是对他那么客气？"哈理斯再问。朋友答："为什么我要让他决定我的行为？"

每个人心中都有把"快乐的钥匙"，但我们却常在不知不觉中把它交给别人掌管。

一位女士抱怨道："我活得很不快乐，因为先生常出差不在家。"她把快乐的钥匙放在先生手里。

一位妈妈说："我的孩子不听话，让我很生气！"她把快乐的钥匙交在孩子手中。

男人可能说："上司不赏识我，所以我情绪低落。"这把快乐的钥匙又被塞在上司手里。

婆婆说："我的媳妇不孝顺，我真命苦！"……

这些人都做了相同的决定，就是让别人来控制自己的心情。

当我们容许别人掌控我们的情绪时，我们便觉得自己是受害者，于是抱怨与愤怒成为我们唯一的选择。我们开始怪罪他人，并且传达一个信息："我这样痛苦都是你造成的，你要为我的痛苦负责！"

这样的人使别人不喜欢接近，甚至望而生畏。

一个成熟的人能够握住自己快乐的钥匙，他不期望别人使他快乐，反而能将自己的快乐与幸福带给周围的人。

我们身处的地方，不论是环境、人、事、物，都很容易影响我们的情绪，可是千万别忘了，决定快乐的钥匙，只在你自己手中！

像蝴蝶一样，在工作中体验快乐

在蝴蝶的身上，充分体现出绚丽的美和浪漫的情调。工作之余我们应该忘记工作，释放压力，回归生活，像蝴蝶一样轻盈自在，快乐洒脱。那么如何做到像蝴蝶一样生活呢？

一位退休的老人，在乡间买下一座宅院，打算安度晚年。但令他无法安宁的是，他宅院里种着一株果实累累的大苹果树，邻近的顽童，几乎是日以继夜地来“探视”它，同时，他们还带来了石头和棍棒。老人的窗玻璃时常被击破，有时，不堪喧闹的他会走到庭院中驱赶树上或院中的顽童，而顽童回报老人的，则是无数的嘲弄及辱骂。

老人在不堪其扰之余，想出一条妙计。有天，当他如往常一样面对满院的顽童时，他告诉他们，从明天起，他欢迎顽童们来玩，同时在他们要离去前，还可以到屋子里向老人领取一块钱的零用钱。

孩子们大喜，如往常一样地砸苹果，戏弄老人，因为还可以多拿一笔小小的零用钱，故此天天来院中玩得乐不思蜀。

一个礼拜过去后，老人告诉小孩们，以后每天只有五毛钱的零用钱。顽童们虽然有些不悦，但仍能接受，还是每天都来玩耍。

再过一个星期，老人将零用钱改成每天只有一毛钱。孩子们愤愤不平，群起抗议：“哪有这种事，钱愈领愈少，我们不干了，以后再也不来了。”

从此，庭院中恢复了往日的幽静，苹果树依然果实累累，不再饱受摧残。

聪明的老人为了对付贪心的小孩，在原本只为了兴趣和快乐的事物上加入酬劳，再假以时日，使酬劳逐渐降低，原本能够使小孩快乐的游戏，也因酬劳的失去，而变得再也没有任何乐趣可言。

或许不只小孩子会遇到这种事情，我们许多人在工作上也常碰到这种情况，因为金钱的缘故，而使我们原本热爱的工作失去了魅力。

然后，人们开始诅咒金钱是万恶的，因为金钱的加入，而使得单纯的工作兴趣不再有意义。事实上，金钱非善也非恶，贪财才是万恶的根源。真正犯错的，并不是金钱，而是我们对工作与金钱的态度，是我们对付出与获得的心态。

我们可以再一次去审视自己的工作，分析出自己为何要从事这项工作，以及这项工作的最终目的何在。然后回想自己从事这项工作时起初的心愿，紧紧把握住这份心愿，就能不为起伏不定的酬劳所迷惑，从而从工作中获得最大的乐趣。

莫让金钱所产生的阻碍使我们原本单纯热爱工作的心态丧失了。时时弄清楚自己的位置，就能在工作及日常生活中获得极大的快乐，而这份快乐，也将为我们带来更多的人缘和更大的财富。

像蝴蝶一样，不断发掘工作的乐趣

> 有句话说得好："你改变不了环境，但你可以改变自己；你改变不了事实，但你可以改变态度；你不能左右天气，但你可以改变心情；你不能样样顺利，但你可以事事尽心。"将这个道理运用在我们的工作上，也就是说，工作的程序和内容是我们无法改变的，但对待工作的态度和心情却是可以由我们自己来掌控的。

工作的程序和内容是我们无法改变的，但对待工作的态度和心情却是可以由我们自己来掌控的！什么是工作的最高境界？想必所有工作者的答案都是统一的——快乐工作，将快乐和工作合二为一。

但在多数人看来，这个理想的实现似乎并不现实。在他们看来，快乐意味着悠闲无事，工作意味着要失去快乐，这二者根本就不可能共存。

事实是否真的如此呢？工作和快乐是否真的是水火不相容呢？

有句话说得好:“你改变不了环境，但你可以改变自己；你改变不了事实，但你可以改变态度；你不能左右天气，但你可以改变心情；你不能样样顺利，但你可以事事尽心。”将这个道理运用在我们的工作上，也就是说，工作的程序和内容是我们无法改变的，但对待工作的态度和心情却是可以由我们自己来掌控的。

曾在某书上读到过这样一个故事：

两个石匠正在山上凿石头，一位经过这里的哲人问其中一个石匠:“你不觉得做石匠辛苦吗?”石匠无奈地说:“是的，我每天都要面对这些毫无意义的石头，为了完成一件雕塑，有时不知要磨坏多少根铁锥。”说着，他伸出满是老茧的手掌给哲人看，哲人很同情他。哲人又走到另一个石匠身边问了同样的问题，那个石匠微笑着说:“累是累了一些，但是我能用手中的锤子和铁锥赋予石头以生命，感到很欣慰。尤其是我雕塑的作品被运送到很远的城市摆放时，会有许多人看到我的作品，这是一件非常有趣的事情，我为此而感到自豪!”哲人很高兴:“幸运之神也会为你自豪。”

许多年以后，第一个石匠仍在愁眉不展地做着与从前毫无区别的工作。而第二个石匠却成为了一位远近闻名的雕塑师，他的每一件作品都能卖到很高的价钱。

如果我们静下心来想想，转换一个角度来看，第一个石匠和第二个石匠的区别究竟在哪里呢？为什么从事着相同工作的他们，其事业前途却大相径庭呢?

我们会发现，这两个人之间的现实工作区别并不大，都是在从事着相同的工作——雕刻石头，并且他们都十分勤奋辛劳。这两个人唯一的不同，是对工作的态度不同：一个对自己所从事的工作怨声载道、满腹牢骚，只看到了工作艰辛的一面；而另一个则不同，在辛勤工作的同时，他还想到了更为高远的事业目标、人生目标，因而他的工作充满了快乐。

工作快不快乐，表面来看只是一个态度问题，可从深层次来看，却事关事业前途。试想，一个丝毫感受不到工作快乐的人，他对待工作必然是以完成为最终目标，想象能力和创造能力因此受到遏止，事业前途也必然会受到阻滞。而能在工作中不断发掘乐趣的人则不同，他们不仅仅把工作视为谋生的手段，而要当作一项事业来做，当作生命的需要、精神的需要来做。如此，成功的喜悦何愁不能早日到来?

微软公司董事长比尔·盖茨说:“如果只把工作当作一件差事，或者只将目光停留在工作本身，那么即使是从事你最喜欢的工作，你依然无法持久地葆有对工作的热情。但如果把工作当作一项事业来看待，情况就会完全不同。”

托马斯·约翰·沃森说：“如果你工作表现不佳，自然就会觉得工作乏味、无趣。每当此时，我就会告诫自己要像小时候玩游戏一样带着轻松、愉悦而又专注的心态来积极地投入工作。”

从这两位商业领袖的话语中，你领悟到了什么呢？

事实上，快乐工作并非没有方法。就像这两位商业领袖所说，只要你把工作当作自己的事业，只要你竭尽所能地将工作做到最好，快乐工作的情绪自然会到来。

具体来说，我们可以作出这样的结论：要想快乐工作，首先就必须理解你的工作，并胜任你的工作。

在职场上，一直都存在这样一种普遍现象：工作若干年以后，很多工作者对待工作的态度都会渐渐向故事中的第一个石匠靠拢——刚入行时的工作激情在不知不觉中流逝。对现有工作更多是一种忍耐，没有丝毫享受到工作的快乐。

工作的内容和性质没有发生改变，工作者的态度却发生了改变，这究竟是为什么呢？

一般来说，工作的快乐分为短期快乐和长效快乐。短期快乐是一种新鲜感，随新鲜的感觉消失而消失，是最不可靠的。长效快乐则来自对所从事工作的理解和胜任。理解，也就是深刻地知晓工作的意义和价值，能够将自己的人生理想与工作理想进行科学嫁接；胜任，也就是能够做工作的主动者，能够运用自己的智慧与能力把每项工作都做到最好，进而享受工作成效所带来的快乐。

理解是对工作的认识，胜任是对工作的把握，这二者都是快乐工作的底线。没有理解，就不能收获为理想而奋斗的快乐；没有胜任，就会有无穷无尽的工作困境缠绕着你……

如果你能将工作看作是愉快的带薪学习；

如果你能常常对自己说：我是为梦想而努力工作的；

如果你能常常告诫自己：工作乏味，不是工作的问题而是自己的问题；

如果你能意识到：把工作做到最好，是快乐工作的最佳良方。

那么，相信你就已经进入了一种快乐工作的长效状态。这种快乐，不仅会彻底改变你现有的工作状态，甚至会完全颠覆你的人生状态，令你更富激情地去点燃自己的工作梦想、人生理想。

每天都有 24 小时，每天我们都要经历 8 小时的工作时间。在这一天的 1/3 时间里，如果你不快乐地工作，就是对自己的梦想不负责、对自己的人生不负责。要知道，我们的工作中从来不缺少乐趣。在工作中感受不到快乐的人，往往是因为缺乏发现乐趣、感受快乐的心。

像蝴蝶一样，留一份欢喜给自己

蝴蝶是可爱的精灵，蝴蝶的生活是快乐的。我们也要像蝴蝶一样，给别人留一份宽容、一份真诚、一份谅解、一份情义；给自己留一份平和、一份快乐、一份坦然、一份安宁；给彼此留一份眷恋，留一份牵念，也为我们的人生苦旅留一份美好的回味。

实际上，那些唱着歌昂首阔步走路的人，那些怀着许多新的渴望去尝试生活的人，又有几个不负担着沉重的压力？只不过他们将自己的眼泪和悲伤掩藏起来，将欢喜的一面展现给别人，让人觉得他们生活无忧无虑，是世界上最快乐的人，而自己也从这种快乐中真正获得了一份心灵的轻松。

每次在街上游逛，途经一条条长长的街，那些卖瓜果、冷饮、蔬菜的小贩，有的大声地吆喝着；有的就靠在小树旁独自小憩；有的捧着一本书有滋有味地读着，全然没有忧郁和叹息。他们一定生活得比我们艰难和沉重。如果遇到坏天气，或许他们没有一分钱的收入；如果有什么意外，他们必须独自去承担。但是，即使住在低矮的、高价租来的房屋中，依然有喷香的佳肴经他们的手变换出来，依然有快乐的歌声在小屋中飘荡——那就是对贫苦生活无言的抗争啊！即便是这样，苦中作乐、朝不保夕的生活，也给了他们一些别人所没有的东西，那就是劳作的欢欣。

当外界种种困厄侵袭你薄薄的心襟，当你悲天悯人时，为什么不给自己制造一份欢喜呢？

你可以看看云，望望山，散散步，写几首小诗，听一支激昂的歌，把忧伤留给过去。假如从这里所得到的快乐远不能使你摆脱生活的沉重，不妨在心里默默祈祷，并坚信你就是这个世界上最快乐的人。天长日久，一旦在心中形成了一个磁场，并逐渐强化它，尽心尽力去做好每件事，让自己从平凡的生活中得到丝丝欢喜，你真的就可以成为这个世界上最快乐的人。

自认为欢喜，并自得其乐，也是对平淡、无聊，甚至不如意的生活的一种积极抗争。一个人如果一味地沉湎于忧愁的心境，总觉得自己生活得比别人差，处处不顺心，怨天尤人，又怎么能够让自己的生活呈现出五彩缤纷，又怎么去获得生活中的乐趣呢？尽管外界可以剥夺许多诱惑你的东西，让你身处逆境，让你免不了心绪沉闷，但是，如果你仍能积极地去创造生活乐趣，去体悟生活中的欢喜，还有什么能阻拦你前进的步伐呢？

客居异乡，每每觉得无聊苦闷时，就常常独自一人上街去看那些平凡的人世，忙忙碌碌的人群，新奇鲜艳的商品，绿树成荫的小道，嬉戏玩闹的孩童，随处可见的小贩。渐渐参透：每个生活在世上的人其实都不容易，但是也没有一个人就此止步不前——因为生活中的欢喜是要自己去寻找的。

人在顺境之中，可以乐观、愉快地生活。人在逆境中，也能乐观、愉快地生活吗？有的人能做到，有的人就不能。

宋代有位高僧，法号叫靓禅师。一次，靓禅师去施主家做佛事，路过一小溪，因前夜天降暴雨，溪水顿涨，加之靓禅师身体胖重，因而陷于溪流之中。他的徒弟连拖带拽，将其拽到岸上。靓禅师坐在乱石间，垂头如雨中鹤。不一会儿，他忽然大笑，指溪作诗曰：

春天一夜雨滂沱，添得溪流意气多；

刚把山僧推倒却，不知到海后如何。

靓禅师在如此倒霉、尴尬的情况下，尚能开怀吟诗，真是糊涂到家了。但这种糊涂，又何尝不是一种超脱、一种自由、一种大欢喜！

要想在逆境中达观、愉快，除了让自己钝化对外界的负面感知之外，一个重要的方法就是换一个角度，站在另一个立场去看待自己所遇到的不幸，设法从中得到快乐。靓禅师陷于溪流之中，一般人认为他应该垂头丧气，自认倒霉而恨恨不已。而靓禅师偏不这样，而是以一种藐视的态度与溪水对话，并在对话的过程中，宽释了心怀，得到了乐趣，变烦恼为大笑，这是何等宽广的胸怀啊！

你能像靓禅师那样乐观地对待生活吗？如果不能，你就试着转变一下观念，记住：

你改变不了环境，但你可以改变自己；

你改变不了事实，但你可以改变态度；

你改变不了过去，但你可以改变现实；

你不能控制他人，但你可以掌握自己；

你不能预知明天，但你可以把握今天；

你不能样样顺利，但你可以事事尽心；

你不能左右天气，但你可以改变心情；

你不能选择容貌，但你可以展现笑容；

你不能决定生死，但你可以提高生命的质量。

当坎坷和挫折接踵而来，一次次落在你的肩头时，你是否觉得自己是这个世界上最不幸的人？当你的生活屡遭磨难，你是否觉得忧愁总多于欢喜？其实，欢喜只是一份心情，一种感受，就看你如何去寻找。

第十章 像蝴蝶一样自由生活

许许多多的蝴蝶舞动着它们五颜六色的翅膀，在盛开的花丛中自由地飞翔，闻到了它们扇动起来的阵阵花香，不由得深深吸了一口气，顿时感到心旷神怡。多么希望现实就是庄周梦蝶，多么希望自己能够变成一只蝴蝶，加入那千万只随风而舞的大军中，成为一只崇尚生命与自由同在的精灵。

人的一生中可以得到的太多，而我们需要得到的太少，所以，有一种重要的东西是放下。放下的不是不好的，相反有时还对我们充满了诱惑，可痛定思痛，却不是我们最需要的。多爱自己一点点就是要放弃多余的东西，留下自己最需要的东西。这样才能使自己活得幸福，过得潇洒。

像蝴蝶一样，每天为自己腾出一点时间

不论庄周还是蝴蝶及任何人物的梦，醒来梦中万事皆成空。好梦终有梦醒时，人就这么一辈子，你可以积极地把握它，也可以淡然地面对它。为富为贫均应清正高洁，心怀一片爱心，有一颗美好的心灵，这样或富或贫的生活都必然是快乐的。这是为你自己腾出的一点儿时间，在这段时间里你什么都不要做。

你可能会不屑一顾，认为谁都会给自己留一点儿时间。这是毫无疑问的，毕竟人不能24小时连轴转，总得让自己停下来一会儿。如果你这样认为，就误解了这条法则的内涵。给自己腾出一点儿时间来，这点时间不是用来躺在浴缸里或者浇花剪草的，也不是用来冥思苦想或者读书看报的。在这点时间里，除了呼吸什么也不要做，不要思考，更不要忧愁，尽情地享受生活的愉悦。

上帝给了一个工作特别繁忙的人一个任务，让他牵着一只蜗牛去散步。上帝对他说："给你一个任务，牵着这只蜗牛去散步吧，不要放开它。"

于是这个人带着上帝给他的任务，牵着蜗牛去散步。

他不能走得太快，虽然蜗牛已经在尽力地往前爬，但是每次它只能挪那么一点点。

他不停地催促它，大声地呵斥它、责备它。蜗牛用抱歉的眼光看着他，仿佛在说："人家已经尽了全力！"他使劲拉它，甚至想踢它。蜗牛受了伤，流着汗、喘着气往前爬，但是还是那么慢吞吞的。这个人就想：真奇怪，为什么上帝叫我牵一只蜗牛去散步？这对于我来说简直就是折磨，对于蜗牛来说也是煎熬！

他不禁昂头向天质问："上帝啊！为什么？"天上一片安静，上帝没有回答。"唉！也许上帝又去抓蜗牛了！"这个人想，"好吧！松手吧！反正上帝已经不管了，我还管什么？"任蜗牛往前爬，这个人就跟在后面生闷气。

突然间，他闻到了花香，才知道：哦，原来这边有个花园。他又感到微风吹来，才知道：哦，原来夜里的风这么温柔。他又听到鸟叫，听到虫鸣，看到满天的星斗亮丽多姿。咦？以前怎么没有这些体会？

他忽然想起来，原来他弄错了！上帝是叫蜗牛牵他去散步啊！

这则寓言告诉我们要适时地享受生活。

很多人没能做到这一点。想一想吧，即使我们在独处时，也会把相当一部分时间用来为他人担忧，为家人、朋友和所有我们爱的人着想，完全留给自己的时间几乎为零。建议大家每天给自己腾出一点儿时间来，这并不是一条革命性的倡议，做到这一点儿也并不困难。你最好能拿出半小时，要不，10 分钟也可以，把这点时间完全留给自己。你可能会觉得这样做有点自私，或许真是这样吧，但是你这样做有充足的理由：你是你自己生命之旅的船长、引擎、发动机和坚硬的磐石，你需要一点儿时间使自己获得新生，获得激励和鼓舞，需要一点儿时间来给自己加油，否则，你的燃料将会耗尽，你的引擎也将无法转动，你自己就会停滞不前。

在这段完全属于自己的时间里，你要把脑袋里的所有事情清除一空。如果你愿意而且有条件的话，你甚至可以让自己平躺在地板上，随意把身体摆放成什么形状，想翻身的时候就翻身；你还可以这样对自己说："太阳悬挂在头上，蔚蓝的天空中飘过几朵白云，大自然非常沉静，控制着这个世界。我是大自然的孩子，也能和整个宇宙调和一致。"这有助于你完全放松下来，有助于你进入完全自我的空间。当然了，如果你觉得这样做像是在完成作业，你也大可对此置之不理，完全依照你自己的方式去享受这段时间。

给自己腾出一点儿时间来，什么也不做，你会发现这条法则简直就是无价之宝，它可以帮助你把所有的烦恼和焦虑都抛到九霄云外去。如果你在这段本该全身心放松的时间里还试图去做一点儿什么的话，那你必将会失去更多的东西。比如，你在一个特定的独处时间里去喝咖啡，那么这段时间就变成了咖啡时间，而不是完全留给我们自己的时间了；如果你在这段时间里听起了音乐，那么我们应该称之为音乐时间；如果你选择和几个朋友聊天，那么它又变成社交时间了；如果你在这段时间里读报，那也完全背离了这条法则的宗旨。重申一遍，给自己腾出一点儿时间，在这段时间里什么也不做，让这段时间变得更简单一些、更纯粹一些。

像蝴蝶一样，活好就要潇洒

蝴蝶是令人疼惜和怜爱的。快乐的时候，可以像蝴蝶一样，自由地飞舞，散发着动人的活力。伤心的时候，也能像蝴蝶一样，安静地躲在花丛里，闻着花香，藏着无人知的心事。潇洒，就应该是指那种顺境不放纵、逆境不颓唐的超然豁达的精神境界。

生命的过程就如同一次旅行，如果把每一个阶段的“成败得失”全部扛在肩上，今后的路还怎么走？为你的“旧包袱”举行一场葬礼，将它埋葬，与过去的不愉快说再见，跟往事干杯吧，用乐观的思想代替悲观，以镇定代替不安，用愉快代替烦恼。这样，你将在以后的人生旅程中轻装上阵，生活会更加轻松而有质量。

刘心武曾经说过：“在五光十色的现代世界中，让我们记住一个古老的真理——活得简单才能活得自由。”

简单不是庸碌无为，不是随波逐流，不是与世无争，更不是游戏人生。

简单是一种平凡，但不是平庸；简单是一种平淡，但不是单调。

简单是一份温馨，简单是一种幸福。不求大喜，亦不愿大悲，只乐于饭前一份报，饭后一杯茶的生活。

简单是一种智慧，是一种经历复杂之后的更上一层楼的彻悟，是一种心灵的净化；简单源于对现实清醒的认识，是来自灵魂深处的表白。

简单是一种美，是一种朴实且散发着灵魂香味的美。在喧嚣的世俗里增加了一份宁静，不做作，不虚饰，洒脱适宜，襟怀豁然。简单不仅给予你一双潇洒和洞穿世事的眼睛，同时也让你拥有一个坦然充实的人生。

简单是“得而不喜，失而不忧”，是心胸宽阔、与人为善，是洒脱，是从容，是追求人生的真正价值。简单人生里的太阳每天都是新的，简单人生无须去刻意追求，自然的都是美的。简单人生是潇洒，是恬淡，是洒脱，是坦荡……

有位哲人曾说过，天底下只有三件事：

一件是“自己的事”，诸如：上不上班，吃什么东西，开不开心，结不结婚，要不要帮助人……自己能安排的都是自己的事。

一件是“别人的事”，诸如：别人好吃懒做，别人婚姻不幸福，别人对我很不满意，我帮助别人，别人却不感激……

一件是“老天爷的事”，诸如：刮风下雨，地震……人能力范围以外的事情，都属于“老天爷”的管辖范围。

人的烦恼就是来自于：忘了自己的事，爱管别人的事，担心“老天爷”的事……

人要轻松自在活得简单很容易：打理好“自己的事”，不去管“别人的事”，不操心“老天爷的事。”

孔子周游列国，有一天看到两个猎人在比手画脚，好像为了什么事而争论得面红耳赤。

孔子便询问他们在争论什么，原来是为了一道算术题。矮个儿猎人说三八等于二十四，高个儿猎人坚持说三八二十三，各持己见，争论不休，以至于几乎动起手来。

最后，二人打赌请孔子作裁定，并打赌如果谁的答案正确，对方将一天的猎物给胜者。

没想到，孔子竟然叫认为三八等于二十四的矮个儿猎人将猎物交给说三八等于二十三的高个儿猎人，高个儿猎人拿着猎物走了。这种裁判矮个儿当然不服气。

他气愤地说：“三八二十四，这是连小孩子都知道的真理，你是圣人却认为三八等于二十三，看样子你也是徒有虚名啊！”

孔子笑道：“你说得没错，三八等于二十四是小孩子都懂的真理，你坚持真理就行了，干吗还要与一个根本就不值得认真对待的人，讨论这种再明显不过的问题呢？”

矮个儿猎人似有所思，孔子拍拍他的肩膀，说道：“那个人虽然得到了你的猎物，但他却得到了一生的糊涂；你失去了猎物，但得到了深刻的教训。”

矮个儿猎人听了孔圣人的话点了点头。

难得糊涂是一种很高的境界，生活中少些多余的认真和计较，多些自信和信任，多些聪明的糊涂，多些理解和谅解，生活就一定会多些开心、快乐与和谐。

没有最好的生活，只有最好的设计。生活轻松快乐与生活劳累烦闷的感觉，大半是由自己营造出来的。

简单的生活就是多一些精神上的享受，少一些物质上的烦恼；多一些宽容，少一些忌恨；多一些思考，少一些浮躁。只有这样，才能在这个芸芸众生的大千世界里，让自己的生活多一些色彩，少一些后悔；多一些朋友，少一些对立；多一些温馨，少一些孤独；对待生活期望值不要太高，这样你才能时时开心，天天快乐。

记住：最简单的生活往往才是最精彩的。因为简单，我们可以省去许多麻烦和烦恼，本身就是幸福；因为简单，我们可以保留一种轻松，以平静的心态轻装上阵，快意人生，成就幸福；因为简单，在我们生活即将重新轮回的时候，我们可以因为没有虚度光阴而最后一次品味幸福。

像蝴蝶一样，找到真正属于自己的生活

蝴蝶是完全变态昆虫，也叫“四变态”昆虫。蝴蝶将卵产在植物的叶子上，接着，卵孵化出来后就成了毛毛虫。毛毛虫不停地啃食树叶，一种蝴蝶只吃一种植物的叶子。毛毛虫要经过几次蜕皮变大，吐丝将自己包裹起来，形成茧，茧里的毛毛虫已经变作了蛹。蛹经过几天的羽化后，咬开茧壳，就飞出了蝴蝶。

蝴蝶的一生只有十几天的生命，它们经过不断地增加营养，痛苦地几次蜕化，勤奋地织茧，最后才有美丽的蝴蝶。不经千般风霜苦，哪得扑鼻梅花香？

一条生活在大海里的鱼总感到自己的生活十分乏味，一心想离开大海，去别

的地方生活。

一天，这条鱼被渔夫打捞了上来，它高兴得在网里摇头摆尾。“这回可好啦！总算逃出了苦海，可以自由呼吸了。”它在心中这样想着，并乐得蹦了起来。

这条鱼蹦得的确很高。当听到渔夫与他儿子讨论用什么方法将它烹饪的时候，它重重地摔了下来，疼痛使它昏了过去。

当它醒来时，它发现自己正待在一口破旧的装满水的水缸中，是它那身漂亮的斑纹救了它。渔夫决定把它养起来，他认为少吃一条鱼实在无所谓，何况它是一条那么美丽的鱼！

鱼在那只破水缸里欢畅地游来游去。尽管缸很小，相对于它以前生活的大海来说，小得简直不值一提，但它已经很满足了。于是，这条漂亮的鱼就在这口水缸中快乐地生活起来。

每天渔夫都会往水缸里放些鱼虫，鱼很高兴，不停地晃动身子，展示着漂亮的斑纹，以讨渔夫欢喜。这么做往往会使渔夫很快乐，于是又撒下一大把鱼虫，鱼大口地吃着，累了则可以停下，打个盹儿。鱼儿开始庆幸自己的美妙命运，庆幸现在的生活，庆幸自己的一身花衣。想到当初在海中，每天不得不自己出去寻找食物，还得时时提防天敌的突然袭击。那些朋友可能已几天没吃过东西，也可能已成了他人的腹中之物。想到这儿，它就大口咽下一群鱼虫，自言自语道：“这才是生活。”

在它眼中，这分明是一条漂亮的鱼应得的待遇。

日子一天一天地过去了，鱼儿一天一天地游来游去。尽管它似乎有些厌倦，但它再也不愿回到大海了。“我是一条漂亮的鱼。”它总这样对自己说。

渔夫要出海了，这次可是出远海，十天半月才能回家，留下儿子一人。

第一天，鱼儿没按时吃到鱼虫。第二天，依然没有吃到，它开始抱怨渔夫的儿子这样怠慢一条漂亮的鱼。第三天，它渐渐支持不住，饿得发慌。这时，它想到以前在海中虽然十天找不到食物，但自己依然行动敏捷，现在身子发了福，而且游水的本领也大不如从前了。第四天，鱼儿终于有吃的了，不是鱼虫，而是渔夫的儿子吃剩的残羹。顾不上嫌弃，鱼儿大嚼起来，它饿得实在不行了。渔夫的儿子总是隔三差五地倒些残羹，为此，鱼儿抱怨不停。

终于，消息传来，渔夫出海遇难了。渔夫的儿子收拾东西准备搬走，什么都带上了，唯独忘了那条漂亮的鱼儿。鱼儿在缸里大喊：“带上我，别丢下我！”但是没有人理它。

四周静悄悄的，只剩下一口破水缸，一条漂亮的鱼。

鱼很悲伤，想到昔日渔夫待它实在不薄，现在却遇难身亡；想到自己今后无人照料，只有困于水缸中等死。鱼儿开始抱怨，抱怨水缸太小，抱怨伙食太差，抱怨渔夫的儿子对它无礼，抱怨渔夫轻易出海，甚至抱怨它决意离开大海时伙伴们为何不阻止自己，抱怨它所认识的一切，只忘了抱怨自己。

它又开始幻想：一个富商路过此处，发现了漂亮的自己，于是把自己小心地收好，养在自己家中的大水塘里，每天都有可口的鱼虫……

太阳升起来了，四周静悄悄的，只剩下一口破水缸，一条漂亮的死鱼。

生活就是这样，你可以在属于自己的空间里自由翱翔。任何爱慕虚荣、幻想在别人的世界里获得幸福的人往往会迷失自己，永远也找不回真正属于自己的生活，只会被生活的浪涛所淘汰。

像蝴蝶一样，选择适合自己的路

美丽的蝴蝶被厚厚的茧紧紧包裹着，这让它喘不过气来，它痛苦地挣扎，企图挣脱那沉重的茧。挣扎了一阵，它累了，茧似乎没有因它的挣扎显出一点儿破裂的痕迹。它有些丧气，它想停下来歇歇气，甚至想放弃。可是，外面世界对于它的诱惑实在太大了。它一咬牙，用力向外顶——它看到了一点儿光，再用力一冲——它就看到了自己心中理想的天堂！

蝴蝶，无声地飞翔，围着自己喜欢的花儿飞舞。蝴蝶，自由的精灵。它是无声的，寻找它的时候，需要用心去感受。

寻找蝴蝶，需要的是一双能够发现美的眼睛，更需要感悟生命的心。

在阳光灿烂的日子里，在鲜花盛开的地方，都有蝴蝶静静地飞翔。

人生在世，就像是棋盘上的棋子，各有其位。没有哪两粒棋子占据同一个位置，也没有哪两个人拥有一样的人生。

在很多时候，人们总会不顾一切地去追求最好的东西，却往往忽略了它是不是适合自己。最好的不一定是最适合自己的，只有适合自己的才是最好的。

我们的人生也是一样，每个人都要找到最适合自己的路，才能拥有简单快乐的人生。鲁迅先生说："什么是路？就是从没有路的地方践踏出来的，从只有荆棘的地方开辟出来的。"每个人所走的路都不同，有时人们走的路很平坦，很快到达人生的巅峰；有时人们走的路很崎岖，高低不平，沟沟坎坎，让你辛苦让你累，甚至像爬高山一样，越来越陡，越来越险；有时会出现两条或更多的岔路，需要人们去选择。

不管什么样的路，都是靠自己一步一个脚印走出来的，不同的路造就了不同的人生。有句名言叫："走自己的路，让别人说去吧！"走自己的路固然不错，然而，走适合自己的路才是最重要的。

有一山，高耸入云，飞鸟难越，不知其几千万米。山前山后有两条路供攀登顶峰，一览天下大观。山前大路石级铺就，笔直坦荡；山后小路，荆棘丛生，蜿蜒曲折。

一天，父子三人到山脚。父亲举手遮阳，仰望峰顶，声如洪钟："你俩比赛爬上这山，上山有两条路，大路夷以近，小路险而远——选择哪条路，你们自己裁夺。"哥俩思忖再三，各自凭着自己的选择，踏上征程。

时间过去了两个月，一个西装革履的身影出现在峰顶，哥哥走来了。他面色潮红，略显发福，油光可鉴的额头下眼神明亮。他神采飞扬地掸了一下笔挺的襟袖，走向充满期待的父亲，气宇轩昂地朗声说："我赢了，我赢了！这一路真是春风得意。在坦荡的大路上我只需向前，向前！舒缓的坡度让我走得从容。平整的石砌让我心旷神怡。这里没有岔道让我伤神，这里更有浓荫为我遮阳。我的心灵没有欺骗我，是英明的选择助我胜利。实践证明：在平坦和崎岖间，只有傻瓜才会放弃平坦，选择崎岖。聪明的选择使我有了多么得意的旅程啊！我获得了胜利，我理当获得胜利！"

父亲慈祥地看着他："你选择得的确聪明，一路走得也风光十足——我的好儿子……"

这之后不知过了多久，再一个身影出现了：他步伐稳健，全身透出不尽的活力，尽管黑且瘦削，衣衫褴褛，但双目炯炯有神，映射着青春光采。弟弟微笑着走向父亲和哥哥，从从容容地讲起路上的故事："哦，这是多么有意义的一次旅程！感谢您，父亲，感谢您给我选择的机会。一路上陡峭的山崖阻挡着我攀爬的脚步，丛生的荆棘刺破我裸露的臂膊，疲惫的身心增添着孤独的酸楚。但我坚持住了。终于我学会了灵活与选择，学会了机敏与自护，学会了独立与坚忍。偶尔路边也会有美丽的景色，这时我就会放慢脚步。在山脚下，我看见山花烂漫，彩蝶纷飞，于是我与山花同歌伴彩蝶共舞。在山腰，我看见绿草如茵，华木如盖，清澈的小溪静静地流淌在林间，朝圣的百鸟尽情放歌于林梢。我拥抱自然的和弦，追逐欢快的浪花。这些往往是我最快乐的时光。可更多的时候是阴冷浓雾的环抱，荆榛丛棘的阻隔。放眼望去，黄叶连天，衰草满路，但我在黄叶阵中看到丰硕的果实，从衰草丛内悟出新生的希望。在萧瑟的紧逼环绕中，我感觉自己在成熟，一寸寸地成熟。再往上，是没有一点儿生机的寒风和石砾，我曾想放弃，但曾经的艰辛温暖着我，启迪着我，给我力量，给我信心，使我忘掉比艰险更艰险的死寂，抛掉比痛苦更痛苦的迷茫！我最终到达了这里！一路上，我阅尽山间春色，也饱尝征途冷暖，为此，我感谢您，父亲，感谢您给我选择的权力，我从自己心灵的选择中懂得了很多很多……"

哥哥眼中露出不解，但旋即消失，他不无得意地说："可是你输了！"

"是的，"父亲遗憾地说，"孩子，你输掉了比赛……"

弟弟极目远眺，脸上露出平和的微笑："但，我赢得了人生！"

这个故事告诉我们：走自己开辟的路，永远比走别人为你铺就的路收获更多的人生体验。

每个人一旦走上了人生这条路，就不能再回头。人生的路有时平坦，有时崎岖，有时又出现了岔口，但每一种路所延伸的都是不同的人生。平坦的路会让人心情舒畅，但是，切记千万不要松懈和骄傲，因为坦途过后说不定就是荆棘与陷阱，一不小心就掉入了沼泽或无底的深渊。崎岖的路会让人懊恼，但是千万不要放弃和灰心，没有比人更高的山，没有比脚更长的路，征服这座山之后，会有无数美丽的风光为你洗去风尘，迎接你的栖息。

有时你走的路似乎已到了尽头，而一切又无法重来。这时也不要绝望，应当相信天无绝人之路。要知道当上帝关闭了一扇门时，往往会打开另一扇门，即便上帝关住了所有的门，也无法封住你的退路。

人应该坚定地走适合自己的路，在旅途中，别忘了欣赏一下美丽的鲜花，但当你沉浸在缥缈的花香中时，不要忘记了赶路，更不要为一朵花停留太久，为它耽误前程。要把持住自己，不要偏离了正道，甚至滑落到罪恶的轨道上。朋友们，学会驾驭自己吧，坚定地朝自己的目标前行，善于走自己的路！

像蝴蝶一样，积极生活由自己选择

蝴蝶的美丽并不是与生俱来的，在成为一只美丽的蝴蝶之前，它必须经过怎样艰难和痛苦的蜕变，这不是我所能够想象的。自然，教科书上有着更为细致的说明，但是，这一些更为真实的痛苦历程却常常被我轻而易举地抹灭掉。人总是习惯于注意那些美丽的结果，却常常忽略掉形成这样一种结果的过程。

人生旅程中最重要的事，就是积极生活，做生命的主人。愿不愿意积极地生活，这是个人的选择；每个人都是自己的指挥官，想要过什么样的生活一切主动权皆掌握在自己手里。

一个人面对生活的态度，决定着人生的整个基调。那些拥有积极心态的人，他们总是看到生活中光明的一面，他们不仅有选择、拒绝的能力，而且能够担负自己的责任，塑造自己的未来，发挥自己的潜在能力；而那些具有消极心态的人则是被动消极的，他们总是看到生活中灰暗的一面，他们的一生碌碌无为，受消极潜意识和本能的盲目驱使，生活变得麻木而无味，注定将一无所成。

我们的人生掌握在自己的手里，如果要想使生活充满阳光，要想驾驭好自己的人生，我们别无选择，我们只能选择乐观积极地生活。一旦作了积极的决定，就意味着在日常生活中，俯拾即是机会。每一次经验都是全新的开始，每种不同的想法都是对生活不断的挑战。在取得主动的地位后，便能镇定自若地调兵遣将，决定应付的方式和态度。

在这个世界上，积极心态这种东西任何人都可以免费获得，但凡成功的人，最初都是从良好的心态开始的。心态就是所有奇迹的萌发点。

百货店里，有个穷苦的妇人，带着约摸四岁的男孩儿在转圈子。走到一架快照摄影机旁，孩子拉着妈妈的手说："妈妈，让我照一张相吧。"

妈妈弯下腰，把孩子额前头发拢在一旁，很慈祥地说："不要照了，你的衣服太破旧了。"

孩子沉默了片刻，抬起头来说："可是，妈妈，我仍会面带笑容的。"

亚伯拉罕·林肯说："人下决心想要愉快到什么程度，他大体上也就愉快到什么程度。你能决定自己的头脑中想些什么，你就能控制自己的思想。"对于生活中的是非曲折，最大的忌讳是过多地抱怨生活，从而自暴自弃。这种人除了在自己的心中装满委屈和遗憾之外，剩下的就只是浪费大把的光阴。

我们应当换个角度来看问题，你想，在你一生的历程中，你能彻底杜绝因外来因素而受到的各种伤害吗？除非你逃离到世外桃源，即使这样，也恐怕你不能不受到一些委屈。说严重一点儿，有很多人正是因为老是觉得自己委屈，才无力抗争生活而不能成为一个强者。当然，伤害和委屈并不可怕，并不能置人于死地，关键要看你的心态如何。再换一个角度，有一点儿伤害，有一点儿委屈，反而会让你觉出善待自己的意义。

没有一种生活是完美的，也没有一种生活会让一个人完全满意，我们做不到从不抱怨，但我们应该让自己少一些抱怨，而多一些积极的心态去努力进取。生命是自己的，想活得积极而有意义，就要勇敢地挑起生命的重大责任。要谈论欢乐的时刻，鼓舞未来的计划，为自己以往的回忆和现在体验到的积极因素感到高兴。别把生活想得太高、太全，实际上绝大多数人的生活都是由小问题组成的。一个人发明了震惊世界的东西，叫伟大，叫不朽，但一个人能够发现生活中的小快乐、小温馨，同样能营造出活着的价值，这是每个普普通通的人都面临的人生课题。也许，在这些普普通通的人中，可能就有你。有了这种心态，每天收拾一下自己零乱的情绪，装点一下自己的感受，例如上街、喝茶、买菜、做饭都可以获得满足感；写一篇短文、唱一首歌、作一支曲、跳一次舞、散一次步，都可以觉出生活的踏实。

生活很平淡很简单，当你在为痛苦不幸伤心哭泣时，请调转一下眼光调整一下心态来积极地面对生活，这样你就会发现原本的痛苦正是为你走向快乐作的铺垫。

像蝴蝶一样，给自己解解压

蝴蝶追逐花朵，如同我们追逐着爱情。直到现在，我也不知道，那位对爱情依然还有想象的蝴蝶，是否已经找到了她的爱情，是否已经找到了她可以停泊的花朵。唯一可以确定的是，在网络深处的某个地方，她一定依然且歌且舞着，用一种优美的姿势拥抱生活。我想，蝴蝶是热情的，即便是以我寂寞的眼光也无法夺去它的眩丽，即便是短暂的美丽也无法抹煞它于其中洋溢的热情。

课堂上，一位老师端起一杯水，问在座的学生:“同学们认为这杯水有多重?”有的学生说400克，有的说500克不等。老师则说:“这杯水的重量并不重要，重要的是你能够端住它多久？端一分钟，大家觉得没有什么问题；端一个小时，可能会觉得手酸；端一天，可能你就要叫救护车了。当然，这杯水的重量始终是一样的，但是你端得越久，就越会觉得沉重。我们承担的压力也一样，如果我们一直把压力放在身上，不管时间长短，到最后我们都会觉得压力越来越沉重而无法承担。我们必须做的是，放下这杯水，休息一会儿，然后再将它端起来，这样我们才能够端得更久。”

我们每一个人都可以是一个舞者，面对生活，也许我们应该如同一只蝴蝶一样舞蹈一次、美丽一次。

快节奏的都市生活中，每个人身上或多或少都有着形形色色、多个方面的压力。这样时间长了，就会有种力不从心的感觉，有一种紧张、焦虑的情绪状态，同时也提不起精神做事情。当身上肩负来自各方面的压力无法释放时，时间一长，心灵和身体都不堪沉重的压力，于是紧张、焦虑、失眠、性欲减退、亚健康等接踵而来。所以为生命减压成为当前最时尚的说法，它对提高人们的生活质量，维护自身身体健康有着重要的作用。用来减压的方法有很多，挑选一下，看看你适合哪一种。

1. 去自然养生馆做次理疗。

提起去自然养生馆，或许更多的人想到的是，它应该是女性专属。然而并非如此，男人也可以理疗。当你走进自然养生馆的理疗间，首先便能闻到那芳香精油散发的独特味道，然后再来一杯热饮，让它温暖你的身体，再把老化的皮肤角质交给牛奶、燕麦和海盐，在宽大的按摩浴缸中放松每一根神经，直到彻底把压力和污垢一并赶出体外。这是一种不错的减压方式，你可以根据自己的年龄、肤质和体质量身定作一套适合自己的方案。它不仅耗时不多，而且效果也不错，可以每周抽出两个小时去理疗一次，它会让你重拾青春的气息。

2. 享受丰盛美餐。

每天，我们的大脑都在高速运转着，这种运动会消耗极大能量，当外界的事物使你感觉到压力时，它首先是“高压”的最先受害者，同时给大脑带来营养的缺乏，所以及时给它输送养料非常重要。你可以和谈得来的同学和朋友吃顿营养丰富的晚餐，听舒缓的音乐，把公事抛之脑外，不要吃那些刺激的食物，然后再来一点儿香醇的葡萄酒，将那一切烦恼都抛至九霄云外，要把时间控制在一两个小时之内。当享受了这顿轻松惬意的大餐后，你会感觉到生活原来如此美妙。

3. 放慢跑步的速度，加快行走的步伐。

清晨起床或者傍晚时分，你可以到公园或操场慢慢地跑、快快地走。这种方法是一种缓解压力的好办法，而且它简便易行。最好去室外运动，一般情况下室外的空气质量都比室内要好。慢跑快走不仅可以减压，而且对保持骨骼健康也很有帮助，经常慢跑快走的人与其他人相比，腿骨的密度平均要提高5%。

4. 峰谷浪尖终极享受。

如果你经常去桑拿房或使用按摩浴缸，建议你来一套沐浴的“终极享受”，向压力发起猛攻，先是感受水流冲击和抚触的震撼，然后在能直接面对生存压力的桑拿房里以毒攻毒，最后冷热水交替淋浴，让肌肉和皮肤在温度的变化中极度放松，整套下来，一个高质量的睡眠将让你第二天信心十足。

像蝴蝶一样，别让心中的顽石阻路

蝴蝶的美丽似乎也很短暂。每到冬季来临，看着美丽的蝴蝶迎着渐冷的北风表演最后时刻的舞蹈，那是一种令人扼腕的忧伤，如同英雄末路和美人迟暮一样，总有些无可奈何的意味。

如同花开花谢一样，蝴蝶的美丽总是长不过冬天。年年岁岁花相似，岁岁年年人不同。花不同，蝶自然也不同了。我们看到的花不是往年的花，我们看到的蝶也不再是去年的蝶。但我仍然不由自主地幻想着，也许会有那么一只蝴蝶，它可以熬过严冬，可以在来年继续美丽一次，舞蹈一次。

有些时候，阻碍我们去发现、去创造的，仅仅是我们心理上的障碍和思想中的顽石。有一块宽度大约有五十公分、高度有十公分的大石头，摆在一户人家的菜园里，每当人们从菜园走过，都会不小心踢到那块大石头，不是跌倒就是被擦伤。

“父亲，为什么不把那块讨厌的石头挖走？”儿子愤愤地问道。父亲回答说：“谁让你走路一点儿都不小心呢！它摆在那儿，还能训练你的反应能力。要把它挖走可不是件容易事，它的体积那么大，你没事无聊挖什么石头呀！在你爷爷那个时代，它就一直在那儿了。”

就这样又经过了几年，当时的儿子娶了媳妇，也当了爸爸，然而这块大石头还摆在菜园里。有一天媳妇气愤地说：“父亲，菜园那块大石头，我越看越不顺眼，改天请人搬走好了。”

父亲回答说：“算了吧！那块大石头很重的，可以搬走的话在我小时候就搬走了，哪会让它留到现在啊？”不知道大石头让她跌倒多少次了，媳妇心底非常不是滋味。

有一天早上，媳妇带着锄头和一桶水，将整桶水倒在大石头的四周。十几分钟后，媳妇用锄头把大石头四周的泥土搅松。媳妇早有心理准备，可能要挖一天吧，谁都没想到几分钟就把石头挖起来了，看看大小，这块石头没有想象的那么大，人们是被那个巨大的外表蒙骗了。

你抱着下坡的想法爬山，便不会爬上山去。如果你的世界沉闷而无望，那是因为你自己沉闷无望。改变你的世界，必先改变你自己的心态——搬走那块顽石。

不要把自己当作鼠，否则肯定被猫吃。

在瑞典，有个富贵人家生下了一个女儿。然而不久，她便患了一种无法解释的瘫痪症，从此丧失了走路的能力。

女孩生日那天，家人在大轮船上为她庆祝生日。她坐在轮椅上，与家人一起乘船旅行。船长的太太告诉她说，船长有一只天堂鸟，它非常漂亮，并且给她讲了有关这只天堂鸟的许多奇迹般的故事。她被有关这只鸟的故事给迷住了，极想亲自看一看。于是保姆把女孩留在甲板上，自己去找船长。女孩耐不住性子等待，她要求船上的服务生立即带她去看天堂鸟。那服务生并不知道她的腿不能走路，只顾带着她一道去看那只美丽的小鸟。奇迹发生了，孩子因为过度渴望，竟忘我地拉住服务生的手，慢慢地走了起来。从此，孩子的病便痊愈了。女孩长大后，又忘我地投入到文学创作中，最终成为了第一位荣获诺贝尔文学奖的女性。她便是忘我的塞尔玛·拉格洛夫。忘我是走向成功的一条捷径，只有在这种环境中，人才会超越自身的束缚，释放出最大的能量。

生活，它被琐碎的事情遮住了。我们活着，可是我们并不是时时对生活及生命都有所体验。相反，我们思索的时候很少。更多的时候，我们倒像无生命的机器一样活着，更别提去放飞想象的翅膀了。什么是想象？想象是绿叶对根的情意，是种子对春天的呼唤，是鸟儿对蓝天的向往，是鱼儿对大海的企盼。想象如飘浮天边的云彩，可望而不可及，它像环绕的朦胧薄雾，近在眼前又捉它不到；它像美丽的月亮，给人美好的希望，可又无法把玩，任那思绪缥缈在人心灵的深处。想象它不是现实，看起来可有可无。而它又切实地存在，它有一种让人向上的动力，把它变成现实的动力。

作为艺术家，不能离开它，艺术有了想象而变得充满活力。想象是一位妙龄少女，让艺术家为之倾倒，让观众为之着迷。想象光顾李白，才会有飞流直下三千尺的美丽诗句；想象赋予俞伯牙、钟子期高山流水觅知音的境界。想象的土壤在哪里，艺术的花就在哪里生长。它无影无形，人们看不见摸不着。它似乎在和人们捉迷藏，它在美丽的诗篇里，它在神秘的童话里，它在画家的色彩里，它在音乐家的音符里，它在千古的石窟里，它在科学家的实验室里，每一个发明都是奇迹的再现。

在科学的世界里不能没有想象，它是科学的幸运星。人类有伟大的想象，才会有伟大的作品，有伟大的奇迹。金字塔、万里长城、空中花园都有想象的功劳，是想象让人类的智慧得以结晶。如果没有古人对远望的渴望与想象，就不会有今天的望远镜，是想象将渴望变成了现实。史前的人类，对未来充满了想象和信心，才在跌跌撞撞中走到了科学文明繁荣的今天。

想象，它给人们指明了前进的方向，提供了前进的动力，给人类以明媚的希望。是什么支撑一位母亲几十年如一日含辛茹苦地抚育出一位有成就的儿子，答案毋庸置疑，当然是想象。在母亲孤助无援、伤心绝望时，她就想象着儿子光耀门楣的一天。又是什么支撑着一位农夫历经无数个酷暑严寒常年耕作于田间，还是想象。当他不分黑天白夜劳作时，他想象着收获时的丰收景象，那一望无际的醉人的金黄。

人类如果没有了想象，世界将不会有希望。幻想并不等同于想象，空虚是幻想的代名词。

是什么让你的精神世界如此痛苦不堪，为何你的精神世界不能够像孩子一样纯洁？

好奇？纯洁？天真可爱？对事物保持永远的新鲜感？学会单纯的快乐！

每个人都有自己独特的精神世界。但是无论什么样的精神世界，都不可以缺少像艺术家一样的激情。没有激情，生活犹如一潭死水，没有激情，工作停滞不前，没有激情，爱情枯萎……

人是有灵魂的高级动物，这种灵魂可以称之为我们的精神世界。只要是人都会有“人逢喜事精神爽，闷在心头瞌睡多”的状态。康有为说过：“开创则更定百度，尽涤旧习而气象维新；守成则安静无为，故纵脞废萎而百事隳坏。”

所以，我们应该摒弃精神世界的垃圾，找回快乐精神的源泉，让想象的翅膀在希望中放飞。

像蝴蝶一样，做自己愿意做的事

蝴蝶，作为一个小生灵，它的美丽不是天生的，这种美丽中包涵着一种变异。蝴蝶的最初形态是蠕动着的幼虫，在变态为成虫前，它的形态一直是丑陋甚至是肮脏的。小小的毛毛虫在成长过程中不断吐出苦丝，作茧自缚。不知道过了多久，它才慢慢地从茧上的小口挣扎而出，这是上天的安排，它要通过这一挤压过程将体液从身体挤压到翅膀，这样才能在脱茧而出后展翅飞翔。其心志之苦，筋骨之劳，可想而知。谁能说这不是另一种凤凰涅槃呢？

当我们感受着蝴蝶翩翩飞舞的美丽灵性时，我们真的就懂蝴蝶了吗？她的前世今生，她给人类的一切愉悦和启示，她的宿命……当我拷问自己我是谁，我从哪儿来，又到哪儿去的时候，我总在想：蝴蝶是谁呢？她从哪儿来，又到哪儿去？

小时候，每一次蝴蝶飞到家里，妈都说，蝴蝶不能扑打，要请他上座，他是神爷爷，也有可能是祖先来看我们了。所以，从小我对蝴蝶就产生了一种神秘感和敬畏感，不敢扑打，不敢接近它，因为它是灵异的，它好像是来自另一个神秘莫测的世界。长大后，对蝴蝶的好奇和热情没有减弱，我甚至企图走进它那个扑朔迷离的世界。

蝴蝶，作为一个小生灵，它的美丽不是天生的，这种美丽中包涵着一种变异。蝴蝶的最初形态是蠕动着的幼虫，在变态为成虫前，它的形态一直是丑陋甚至是肮脏的。小小的毛毛虫在成长的过程中不断吐出苦丝，作茧自缚。不知道过了多久，它才慢慢地从茧上的小口挣扎而出，这是上天的安排，它要通过这一挤压过程将体液从身体挤压到翅膀，这样才能在脱茧而出后展翅飞翔。其心志之苦，筋骨之劳，可想而知。谁能说这不是另一种凤凰涅槃呢？我终于明白，为什么蝴蝶有仙气，是灵异的了。如果你没有勇气去做自己愿意做的事情，又不愿意在现在的工作中改变消极、厌恶的态度，那么你就永远与成功无缘。那些成功人士之所以获得成功，就因为他们能在逆境中坚持做自己愿意做的事。

做自己愿意做的事，虽然可能会有一定的困难，但这并不代表着做不到。我们应该树立起这样的观念：一辈子只做有意义的事，只做自己愿意做的事。

有一位土木建筑工程师不喜欢自己的工作，想转行，却迟迟下不了决心，因为他已经跟土木建筑打了二十几年的交道，如果突然换一份其他工作，他会感到很不适应，尽管他不喜欢现在的工作，却无法抛开累积二十多年的土木建筑专业知识。

抛不开过去的沉重包袱却又想改变，这必然是个矛盾，既然知道自己再继续做下去也不会有兴趣，就应该果断地作出决定：转行！做自己喜欢的事情毕竟是令人愉快的，也更容易激发自己的想象力和创造力，并最终取得卓越成就。

每个人都必须当机立断，去做自己喜欢做的事情，当知道自己已经走错方向时，就要及时地掉转头，朝正确的方向走，才会到达理想的目的地。如果明知错了还要继续，最终会一败涂地。

但情况通常是，做你自己喜欢做的事情，是很困难的。大多数的人，多半都在做他们讨厌的工作，却又必须逼自己把讨厌的事情做到最好。

他们经常失去了动力，时常在遇到事业的瓶颈时没有办法突破；他们不断地征求别人的意见，却还是照着一般的生活方式生活；事情得不到进展，只能原地踏步，这些当然不是他们想要的，但是由于种种原因，他们当中却很少有人试着去改变自己的状况。要找出自己真正喜欢的工作，只需要把自己认为理想和完美的工作条件列出来就一目了然了。

一位颇有名气的心理学专家在述说自己最终寻找到自己最喜欢的工作的经历时这样说："每次换工作之前，我从来都没有仔细想过'我到底要的是什么'，直到我把那些理想和完美的工作条件列出来。"

另外，不要为自己找任何的主客观理由。不管你所处的环境是多么恶劣，也不管你的担子有多么重，你绝对有能力扭转，你所想象的美好终会有成真的一天。然而如何才能实现呢？只要你凡事都热情地去做，拿出你蕴藏于身的能力来，这股力量就可以改变你人生中的任何层面。但关键是看你如何把它释放出来。

你愈投入，事情就愈显得容易。当你认真地去做时，一切都变得很有可能，也便无所谓麻烦与困难。障碍就像田径赛的栏栅，等着被征服。外来的干扰应该被视为学习的机会，并能激励人继续进步。反之，当你缺乏生活的激情时，精力与热情也跟着低落，任何事都会对你产生很大的威胁，事事让你感到棘手、头痛，一件简单的事情也要费好大的劲儿才能完成。

成功人物之所以杰出，不在于他们有多么好的运气，相反，他们的运气大多看上去并不太好，甚至是糟透了。关键是他们能站在一个更高的高度去看待问题，去做一些意义深远的事情。我们应该树立起这样的观念，一辈子做有意义的事，做自己愿意做的事，让自己的人生绚丽多彩。

像蝴蝶一样，简化生活寻找快乐良方

多彩斑斓的蝴蝶在原野里翩翩飘飞着，它们在阳光中尽情地释放着自己的快乐，或独自而行，或结伴双飞，或群蝶漫舞。

不论生命的长短，不在意尘世的纷乱，如洁美的夏荷一样有着出污泥而不染的品性。

小小蝴蝶呀，你沉寂于小草之中，也飞舞在山巅之上……

你是否经常有“很累”的感觉？你是否想过究竟是什么让我们如此劳累与疲惫？

如果仅仅只是劳累与疲惫还不算最糟糕，最糟糕的是：我们甚至还对今后的日子产生恐惧甚至绝望，觉得只有永远像一个战士般冲杀，才不会落在人后。欲望的都市里到处都充斥着痛苦的灵魂，在许多昏暗的酒吧里唱着空虚寂寞，喝得要死要活；有人在放纵，有人在毁灭。生活越来越繁复，而心情越来越烦闷；人与人走得越来越近，而心灵却隔得越来越远；楼越来越高，人情味越来越薄；娱乐越来越多，快乐却越来越少……

在生活变得越来越复杂，超出你的想象和理解的时候，你是否怀念过从前不名一文但依然快乐的时光？没有电视机也没有其他的便利条件，穿的衣服也好，家具也好，都是家人按照最古老最朴素的方式制造的，让人好安心。在一个偏远、宁静的小村庄，那里的人对于一朵鲜花的赞赏，比一件名贵的珠宝要多；一次夕阳下的散步，比参加一场盛大的晚宴更有价值。他们宁可在一棵歪脖子老树下打牌下棋，也不愿去参加一场奖金丰厚的棋牌竞技。他们重视的是简单生活中的快乐，不会远离阳光、新鲜空气与笑声……感谢简单，他们因此而拥有幸福与快乐。

那些简单生活的日子似乎一去不返了，但真的就没有其他可能了吗？

近年来，在西方发达国家兴起一种叫“简单生活圈”的活动。这种在草根人士中盛行的活动，强调的是如何简化自己的生活，提倡完全抛弃物欲。在我们的欲望之上，我们会自我设限，而且这种设限并非来自外力，而是自己心甘情愿——你了解到其中的深意，并能真正地享受你现在所拥有的一切。简单生活，使自己有更多空闲的时间、金钱与能量，你可以有更多的机会与自己及家人相处。

许多人都会因自己跟不上邻居的生活水平，平日忙忙碌碌于单调乏味的工作而变得心情沮丧，而且持续着这样的恶性循环，最后生活中只有压力、疯狂的消费与被浪费的时间而已。大多数人都会陷入这种无止境的需求、渴望与物欲当中。似乎许多人都相信多就是好——更多的东西、更多的事情、更多的经验等等。但是生命的真相真的仅止于此吗？

在某些时候，我们会忙到没有时间享受生活，似乎一分一秒都在计算之中，都被排在计划之中。我们经常由一个活动赶到下一个活动，对手边正在做的事毫无兴趣，反而对“下一场”是什么充满期待。

除此之外，大多数人都会想要更大的房子、更好的车子、更多的衣服与更多的东西。无论我们已经拥有多少，总是感觉永远不够。我们对物欲的需求已然是个无底洞。

简单生活圈这个有趣的概念，并不去刻意强调限制富人的财富，而是在鼓励大多数人认清生活的真相。有一些收入微薄的人，他们也主张简单生活圈的概念，同时认为自己所得已足够自己所需。这同样是想得开、放得下，绝对令人佩服。

有时候简化生活代表着你会选择住一间便宜的小公寓，而不是拼命挣扎着要买一间大房子。这样的决定让你的生活轻松自在，因为你有能力负担便宜的租金。另外一种简化的例子是吃得简单、穿得简单、生活得简单，而且互相交换旧衣物。总之，所有的重点都在让生活更自在、更简单。

几年前，希明将在豪华商务区的办公室搬到了另一个地方，这个简化的策略带来许多好处。首先，这间办公室比原先那间要便宜很多，减少了一些财务上的压力。另外，新办公室离家很近，他不需要花时间长途跋涉才能到办公室，以前需要60分钟的车程，现在只要步行5分钟就行了。希明一年几乎要工作50周，现在这个简化的策略，使他无形中一年省下了200多个小时。当然，以前的办公室看起来气派一些，但是真的值得他那样付出吗？回头看看，还真不值得呢！他说："再给我一次机会，我还是会作同样的决定，毕竟我的客户都开车，而那里停车位很紧张。"

简单生活圈不是单一的决定，也不是自甘贫贱。你可以开一部昂贵的车子，但仍然可以使生活简化。你可以享受、拥有、渴望好东西，但仍然能过着一种简单的生活方式。关键是诚实地面对自己，看看生命中对自己真正重要的是什么？如果你想要的是多一点儿时间、多一点儿能量、多一点儿心灵的平静，建议你多花一点儿时间来想一想如何简单生活圈的概念。

当人在物质上的要求减少时，精神上的收获会增加。爱默生曾说："快乐本身并非依财富而来，而是在于情绪的表现。"当我们腾出心灵的空间，从各个角度去体验人生，当我们开始了解到自以为必需的东西很多是可以不要的时候，就可以发现：我们现在拥有的东西已足够让人快乐了。

像蝴蝶一样，把握好生活的节奏

一只蝴蝶，只有有了某种激情的迸发，才能够真正释放出自己的美丽。人活于世，如果能够美丽一次，就算是极其短暂，也不枉来世间走过一回。

蝴蝶就是一个天生的舞者，舞蹈便是蝴蝶的生命，美丽便是蝴蝶的一生。

开心的人懂得需要适当地放慢节奏，需要在人生旅途中欣赏沿途的美景，需要体验生活的乐趣，而郁闷的人却总是嫌脚步太慢，从而沦为生活的奴隶。

现代人生活节奏太快，带来的负面影响越来越多。环境危机，心理疾病，比如抑郁症，焦虑症等等，都可以从压力与速度上找到根源。我们工作是为了更好地生活，这句话如果反过来就成了，“我们生活是为了更好地工作。”违背了我们生活的初衷，现在有的人却逐渐地背离生活的主旨。

现代人也已经开始反思快节奏给我们带来的危机。

1986年开始，意大利人卡尔洛·佩特里尼推动“慢食运动”，“慢食”风潮从欧洲席卷全球。一群关注“如何生活是好”的先锋，在各个领域和层次，以各种创新的方式，体现“慢”的态度。

比如说“慢食”，应该在轻松的环境下吃精心烹制的食品，不接听手机，不查看掌上电脑。意大利的“慢一族”喜欢每天花两个小时来吃午餐；法国的“慢人”们更是每天三顿饭都精雕细镂，该有的程序一个都不能少；有些美国人还在自家院子里种菜，从头到尾地享受食物带来的乐趣。

“采菊东篱下，悠然见南山。”东晋陶渊明早在1000多年前已用诗词表达了自己向往田园生活的心情。现如今，在快节奏的社会生活中，广州出现了这样一群都市人，他们为了逃离城市的喧嚣，竟到市郊另辟天地开创出“懒人部落”，过上了“世外桃源”般的生活。

据《羊城晚报》报道，广州的这群都市人放弃了城里五光十色的热闹，选择到郊外山清水秀的僻静山谷，租下百亩荒地，共同建设家园，过起一种田园牧歌式的简朴生活：在自家庭院前后种植蔬果花草、喂养鸡鸭鱼，更多的时候是在钓鱼、晒太阳、发呆。他们称这种生活形态是懒人的活法，所以就叫“懒人部落”了。在部落里，成员们实行的是“原始共产主义”，即所有建设成本和生产成本共同投入，共同劳动，劳动成果平均分配，生产以自给自足为目标。

豪戈尔曼·斯特尔里戈夫是俄罗斯一个富豪。近日他突然厌倦了穷奢极欲的生活，放弃了自己的私人飞机、豪宅，带着家人回到乡下，重新过上清贫的农夫生活。当人们问其原因时，他说，以前我总是追求快，快速地工作，高效地工作，却忘记了享受生活，尽管我非常富有，但我并不开心，终日忙碌而感受不到快乐。

物质财富的确很重要，但有的时候它并不能带来你所期望的快乐。还是适当放慢速度吧，这样才能变得开心。

当你在寒风凛冽的街头为客户奔波劳碌，当你为赶上最后一班公交车拼命狂奔，当你在办公室中忙碌而机械地处理着业务……你有没有发现你的神经被敲打得日益衰弱？而心脏在这马不停蹄地追赶中也渐生疲惫？此时此刻，你有没有想到要过“慢生活”？你觉得推行这项运动可行吗？现代人该怎样充分享受生活的乐趣？

1982年，美国物理学家劳瑞·多西首创“时间病”一词，用于描述“时光飞逝”“时间不够”“必须加快速度迎头赶上”等急迫的情景。如今，全世界都为时间所困扰，我们都属于对速度膜拜的一族。为什么我们总是步履匆匆？什么是治疗时间病的良方？放慢节奏是否可能、甚至是否值得尝试？

21世纪的最初几年，每一件事以及每一个人都面临着加快速度带来的巨大压力。不久前，世界经济论坛创始人兼主席克劳斯·施瓦布先生用极端的措辞清楚地指出：“我们正从一个大鱼吃小鱼的世界步入一个快鱼吃慢鱼的世界。”他的这一提醒比达尔文的商业世界法则更能引起巨大的反响。在这个忙碌而喧闹的时代，一切都要争分夺秒。英国心理学家盖伊·克莱斯通认为，现在加速已经成为人类的第二天性。“我们已经逐渐形成了迅速、省时及效率最大化的内在心理状态，这种心理与日俱增。”

由于以上这种心理状态，难怪抑郁症逐步成为人类健康的杀手！物质生活水平提高，可“满意度”却在逐步下降，这就是我们的时代。快节奏的生活让我们无法感到快乐，只能在我们肩膀上一次又一次地增加负重。在这样的时代，如果不知道自己调节，那就无法感受快乐。

如果工作量适当的话就可能是健康的，然而，当前职业人对于工作量的掌握已经失控。比如“休假病”的传播，对适当休假的厌恶。在对 5000 名英联邦工人进行的调查中，60% 的人表示不会用满 2003 年的假期。平均而言，美国人的带薪假期使用不足 1/5，即使生病，雇员也不愿离开办公室——1/5 的美国人本该在家卧床休息或去看病的时候却坚持上班。

郁闷的人总是快节奏地工作，那让我们看看快节奏带来什么样的恶果。

日语中有一个词“过劳死”，意思是因工作劳累过度致死。

最著名的过劳死例子就是龟井修治，他在日本 20 世纪 80 年代后期股市繁荣期间，常常每周在股市上花费 90 小时的时间。他效力的公司在时事通讯及训练手册上对他的超人精力大加宣传，将他树立为全体员工的学习典范。根据日本的规定，休息时间极少，但在有限的休息时间里，他还要为资深同事传授销售技巧，他单薄的肩膀上压上了许多额外的担子。1989 年，日本股市泡沫破灭，他更是倍加努力地工作。1990 年，他因心脏病猝死，年仅 26 岁。

终日为工作奔波，除了工作还是工作，那样的人和机器有什么两样？这个世界是绚丽多彩的，而不是单一颜色的。除了工作，人们还有好多要做的事情，有的时候人们需要停下来休息一下，看看周围的风景，然后带着美好的心情上路，这样在创造美好人生之时也体验了生活的意义。

这个时代不缺乏速度，却缺乏放松。高速度发展固然重要，但过分追求发展让我们忘记生活的意义是与我们初衷相悖的。

适当的放松不但可以感受生活真谛，体验生活乐趣，同时也为以后的发展积蓄力量——不要让速度透支了你的健康。